先进光刻机关键技术与应用

无铁芯永磁同步平面电机设计与应用

朱 煜 张 鸣 胡楚雄 胡金春 著

科 学 出 版 社

北 京

内 容 简 介

本书聚焦无铁芯永磁同步平面电机技术，系统阐述其设计理论、关键技术及工程应用。针对光刻等前沿领域对多自由度高精度运动平台的需求，梳理磁浮平面电机从一维到二维磁钢阵列的技术演进，剖析典型构型特点与应用场景。重点围绕建模、驱动、控制三大环节，构建二维周期与非周期磁场下的统一推力模型，探讨刚体/柔体动力学电流分配策略、计算驱动方法及多轴解耦控制技术，并通过大行程模块化电机与动磁式电机并行优化设计实例，展现理论与工程实践的结合。

全书融合理论建模、控制算法与实验验证，为精密制造、自动化物流等领域提供从基础原理到应用设计的技术框架，适合相关科研人员及工程技术人员参考。

图书在版编目（CIP）数据

无铁芯永磁同步平面电机设计与应用 / 朱煜等著. -- 北京 ： 科学出版社, 2025. 7. --ISBN 978-7-03-082700-5

Ⅰ. TM351.02

中国国家版本馆 CIP 数据核字第 2025102ML8 号

责任编辑：孙力维　赵艳春 / 责任校对：魏　谨

责任印制：肖　兴 / 封面设计：蓝正设计

科学出版社 出版

北京东黄城根北街 16 号

邮政编码：100717

http://www.sciencep.com

北京九天鸿程印刷有限责任公司印刷

科学出版社发行　各地新华书店经销

*

2025 年 7 月第　一　版　开本：720×1000　1/16

2025 年 7 月第一次印刷　印张：11 1/4

字数：220 000

定价：118.00 元

（如有印装质量问题，我社负责调换）

前　言

平面电机作为实现多自由度精密运动的新型驱动装置，在以先进光刻为代表的高端制造领域扮演着关键角色。随着智能制造对纳米级精度与高动态响应能力的要求不断提高，传统串联机构的局限性日益凸显，无铁芯永磁同步平面电机因具有无齿槽效应、高动态响应等特性，成为学术界与工业界关注的焦点。

本书立足超精密运动控制的技术需求，系统整合作者团队在平面电机领域的研究成果，围绕“建模—驱动—控制—应用”主线展开论述。首先追溯技术发展历程，对比分析不同磁钢阵列构型的原理与性能，揭示多自由度耦合、边缘效应等关键挑战。继而构建统一推力模型，突破传统解析方法的局限性，实现对任意线圈形状与磁场分布的精准描述；提出计算驱动与多轴解耦控制策略，解决模型失配与动态耦合难题。最后通过模块化设计与并行优化实例，展示从理论到工程落地的完整技术路径。

本书注重理论深度与工程实用性的结合，既可为高校相关专业师生提供学术参考，亦能为企业研发人员提供技术借鉴。感谢团队成员在实验验证与案例开发中的贡献。期望本书能为推动我国精密运动控制技术的自主创新提供有益参考。

作　者

2025 年 5 月

目　录

第 1 章　绪　　论

1.1　应 用 需 求

近年来，光刻、基因测序、生物制药生产线自动化传输等前沿科技领域的蓬勃发展，对运动平台提出了前所未有的高要求。特别是对于那些需要在三维空间中执行多自由度运动的任务，不仅要求平台在平面内(沿 z 轴变化的 xy 平面)实现大范围的直线运动(x、y 轴)，还要求在 z 轴方向及绕 x、y、z 轴的小角度旋转(R_x、R_y、R_z)上具备微调能力，部分场合甚至要求同时实现 x、y 轴大范围直线运动与绕 z 轴的大范围旋转(R_z)运动(见图 1.1)。更进一步地，这些应用还要求运动平台具备高动态和高精度的特性，从而满足从宏观大范围移动到微观精准运动的多元化需求。

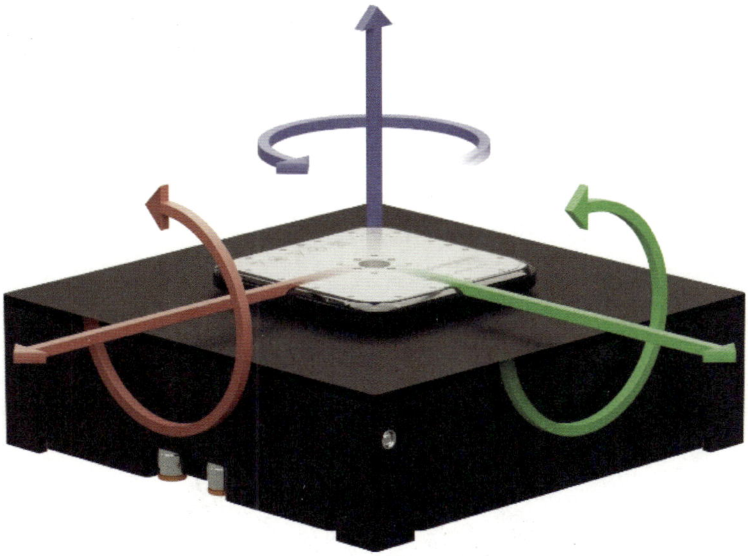

图 1.1　平面多自由度示意

图 1.2 形象地展示了平面运动需求的多样性，从基因检测的精密定位，到半导体光刻的纳米级精度轨迹跟踪要求，再到无菌环境下物料的精准传输，以及柔性自适应制造中对动态适应性的高要求，无一不凸显了对高性能运动平台的迫切需求。上述应用可归纳为两大类：精密/超精密运动定位与高性能工业自动化物料

输送。前者强调运动平台应具备高速度和高加速性能、微米乃至纳米级的精确定位能力；后者虽然对精度和动态性能要求略低，但侧重于平台的运动范围，需实现大跨度、灵活可拓展的作业空间。

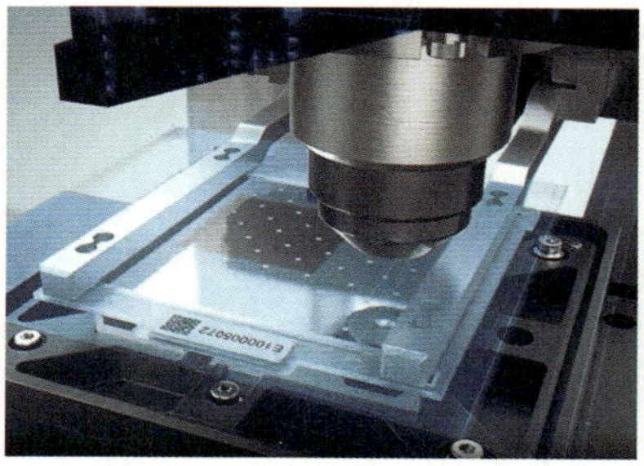

(a) 基因检测[1]

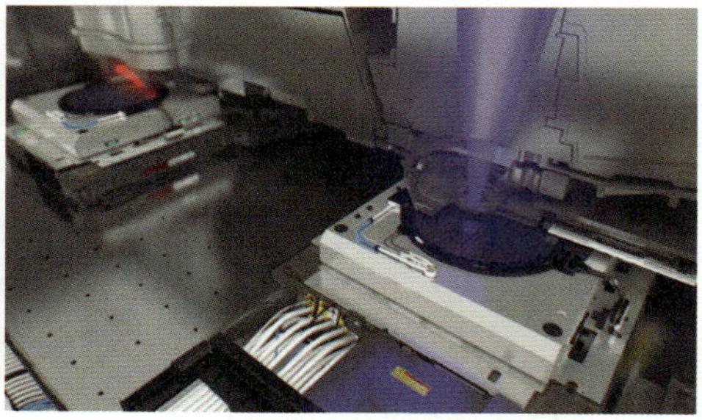

(b) 半导体光刻[2]

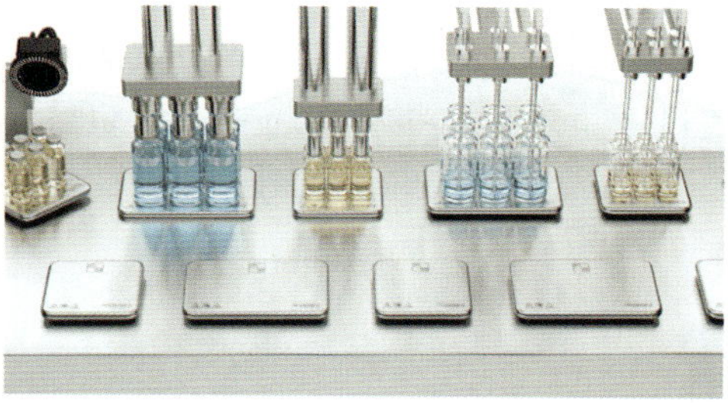

(c) 无菌运输产线[3]

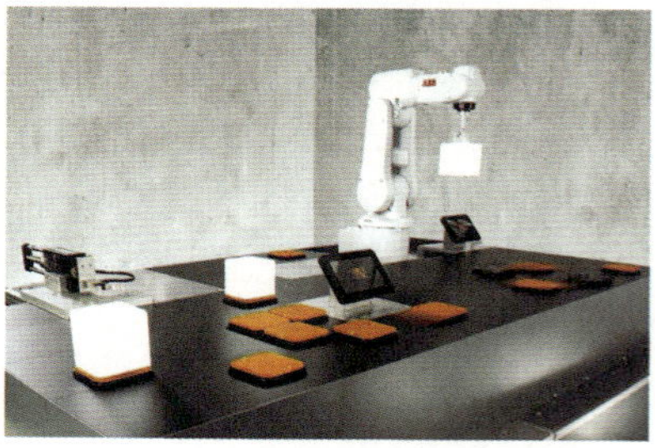

(d) 柔性自适应制造[4]

图 1.2 平面运动需求案例

传统意义上，多自由度运动的实现依赖于单自由度运动平台的串联组合，如图 1.3 所示。这种方式虽然可行，但往往伴随着系统复杂、体积庞大、响应速度

图 1.3 传统多自由度运动叠加示意

慢和精度受限等问题。因此，学术界与工业界逐渐将注意力转向单一磁浮平台技术，该技术实现了多自由度运动的并联直驱，不仅简化了机械结构，减轻了质量，还极大地增强了平台的动态响应能力和控制精度，成为应对上述挑战的关键技术路径。

无铁芯永磁同步平面电机是实现单一磁浮平台的一种重要技术方向，它通常由磁钢、线圈阵列以及辅助机械，按照某种拓扑构建而成。

本章首先系统回顾无铁芯永磁同步平面电机的发展历程，从早期一维磁钢阵列的探索，历经二维磁钢阵列的革新，到现今在精密制造与自动化物流领域的广泛应用，勾勒出技术演进的脉络。在此基础上，深入剖析支撑这一技术飞跃的关键创新点，包括创新的电机建模技术，展示该技术如何通过精确模拟电机内部电磁场，为优化设计提供坚实的理论基础；电流分配策略，展示如何通过电流分配算法确保电机高效、精准地响应控制指令；多轴运动控制技术，特别是针对高动态、高精度要求下的解耦控制方案。这些都是推动平面电机技术迈向更高性能的重要驱动力。

本章还将通过具体的实践案例，阐述这些技术突破如何解决实际问题，如在半导体光刻、基因测序及生物制药自动化生产线等精密与超精密领域，如何通过磁浮平面电机的定制化设计，满足从大范围快速搬运到微米级乃至纳米级精度定位的多样化需求。本章从综合视角着眼，不仅为读者描绘出平面电机技术的全貌，也展示了其如何在自动化与精密控制的广阔舞台上，不断推动工业应用向前迈进。

1.2　磁浮平面电机发展历史

在 20 世纪 90 年代的学术探索中，麻省理工学院(MIT)的 Trumper 教授团队率先迈出创新步伐，他们着手于一项全新的挑战——设计单一运动平台，以直接满足光刻机硅片台在六自由度平面运动上的精密运动需求。Kim 作为 Trumper 教授的学生，设计并制造了首个六自由度磁浮无铁芯平面电机运动台[5,6]，实现了 50mm×50mm 的大范围运动和 5nm 定位噪声，如图1.4(a)及图1.5(a)所示。该电机实际上是 4 个直线电机的并联组合，电机定子配置三相绕组，绕组回转轴与磁钢阵列排列方向平行，并固定于基座(后文中将构成这种绕组的线圈称为竖立线圈)；电机动子采用一维 Halbach 磁钢阵列，固定于铝制平台动子底部。

Kim 等的开创性工作奠定了磁浮平面电机领域发展的基石，但存在初始设计的局限性，即线圈阵列与磁钢阵列的配对使用要求，以及避免电机间相互耦合的需要，限制了电机行程扩展的潜力。此外，绕组布局的特性导致仅部分回路电流能有效利用磁场产生洛伦兹力，其余远离磁场的回路电流无法产生推力，降低了整体效率。

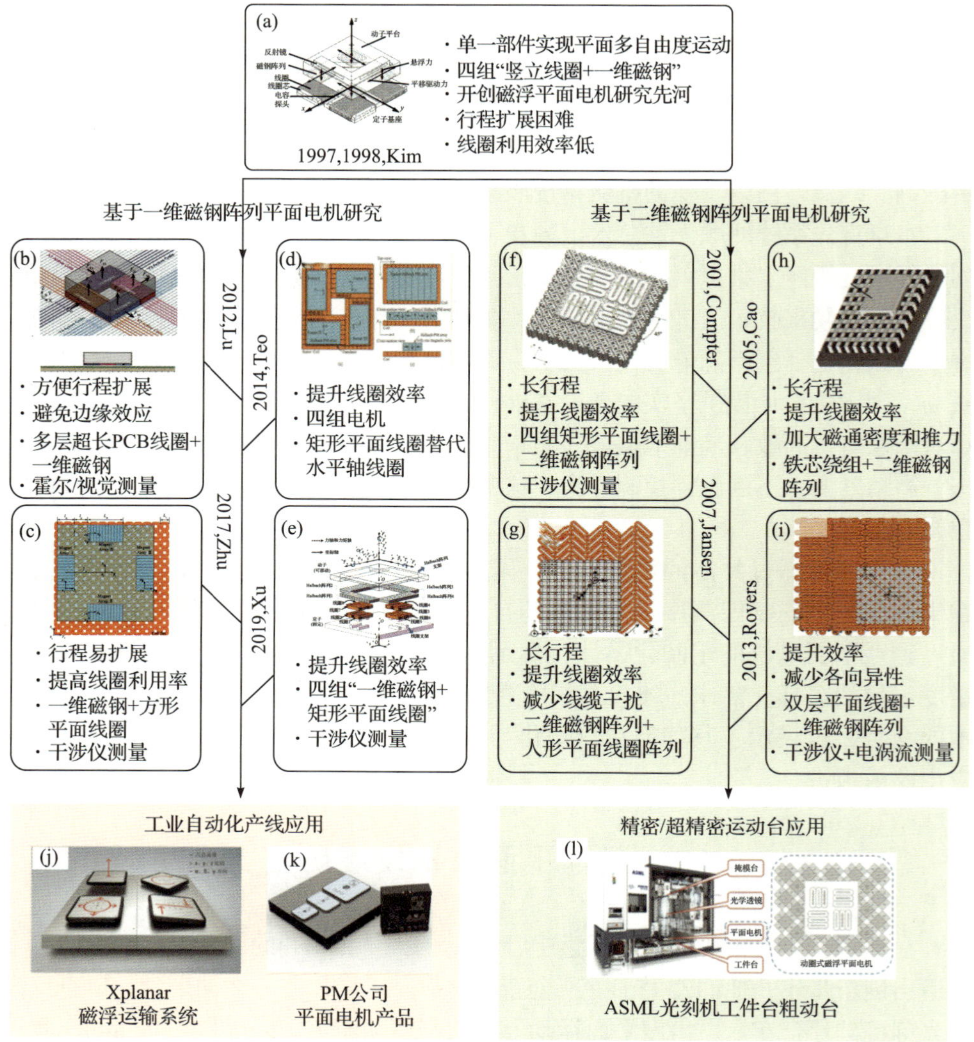

图 1.4　磁浮平面电机发展脉络

针对这些局限，学术界展开了广泛研究，分化出两大技术方向。其中，一个方向是，Lu、Zhu、Xu 等研究者基于一维磁钢阵列，通过调整绕组布局，提高电机效能，并引入二维线圈阵列以扩展行程[7-14]。而另一个方向，Compter 和 Jansen 等另辟蹊径，提出二维磁钢阵列的概念，显著增强了平面电机的行程扩展能力[15,16]。这些学术成果不仅推动了理论发展，也促进了实际应用的繁荣，尤其是在高性能自动化生产线和精密运动平台领域，磁浮平面电机逐渐崭露头角，成为工业界备受瞩目的新秀。

本节将循着磁浮平面电机的发展轨迹，细致探讨一维与二维磁钢阵列的平面电机研究进展，以及这些技术在产业应用中的实践，全面描绘磁浮平面电机从理论探索到实际应用的进化历程。

1.2.1　基于一维磁钢阵列的平面电机研究

在后续一维磁钢阵列平面电机的研究中，学者针对 Kim 等的设计中行程受限的问题，提出了共享线圈阵列的方案。加拿大英属哥伦比亚大学 Lu 和他的合作伙伴[7,8]设计了一种新颖结构，其中，4 组一维磁钢阵列共用一个超长的 PCB 线圈阵列，这种结构通过分层正交排列线圈绕组，突破了行程限制，如图1.4(b)和图1.5(d)所示。他们为这一创新申请了专利保护[9-12]，并成功进行了商业化应用[17]。

为了进一步优化，研究者采取更为高效的策略，即把轴线平行于磁钢阵列的竖立线圈改进为轴线垂直于阵列的平面线圈，以增强线圈的利用效率并降低能耗。Kim 与 Nguyen 的联合团队[18]，以及武汉大学 Xu 的团队[13]都采用了类似的方

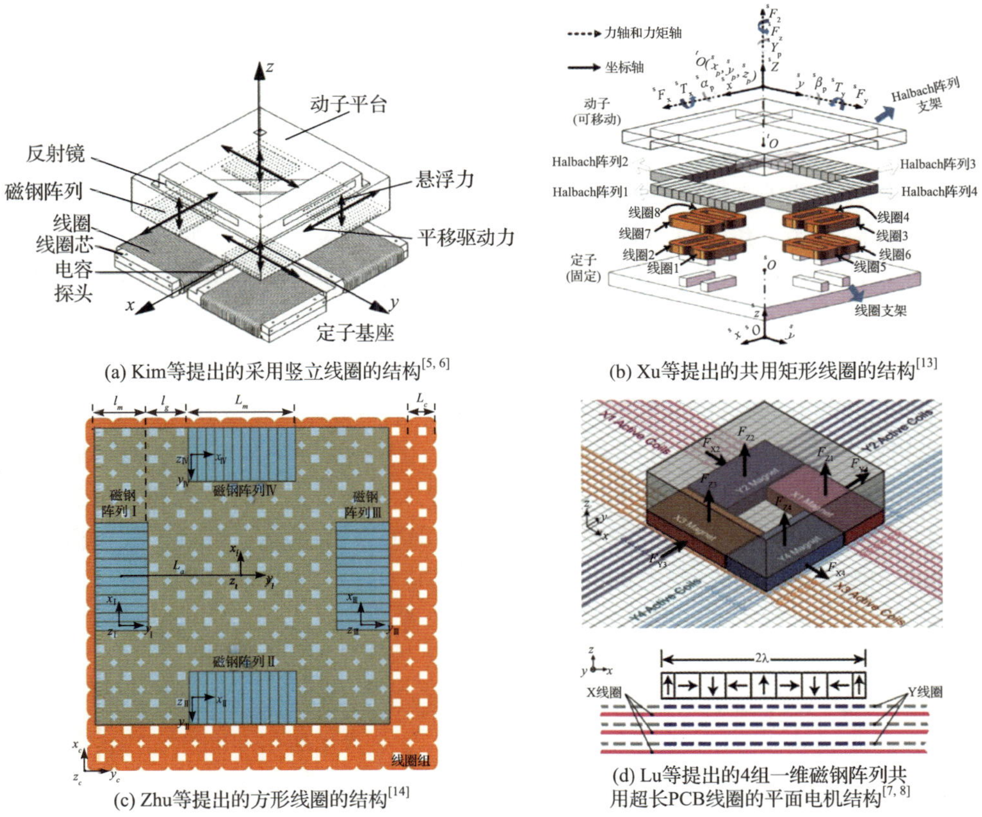

(a) Kim等提出的采用竖立线圈的结构[5,6]

(b) Xu等提出的共用矩形线圈的结构[13]

(c) Zhu等提出的方形线圈的结构[14]

(d) Lu等提出的4组一维磁钢阵列共用超长PCB线圈的平面电机结构[7,8]

图 1.5　基于一维磁钢阵列的磁浮无铁芯永磁平面电机

案，如图1.4(e)和图1.5(b)所示。此外，新加坡国立大学的 Zhu 等[14]进一步提出方形线圈的设计，如图1.4(c)和图1.5(c)所示，这一方案不仅提升了线圈效率，还为实现电机的二维运动扩展提供了可能。

尽管一维 Halbach 磁钢阵列的平面电机设计(见图1.5(a)～(d))通过独立驱动各个磁钢阵列来实现平面运动，但仍面临一些固有限制。例如，超长 PCB 线圈虽能显著扩大行程，却只有部分线圈在有效磁场范围内工作，其余线圈则带来不必要的能量损失。加之，PCB 线圈的散热难题也阻碍了大负载和高速加速的应用。此外，尽管方形线圈的二维阵列[14]在理论上允许更大行程，但其驱动效率相比矩形线圈却大打折扣[19]，导致能量浪费。

综上所述，基于一维磁钢阵列的平面电机在行程扩展和线圈效率方面存在一定的不足，难以充分发挥磁浮平面电机的潜在性能。而平面二维磁钢阵列的问世，则引领了新的设计思路，有效地兼顾了行程扩展和性能释放，开启了磁浮平面电机设计的新篇章。

1.2.2　基于二维磁钢阵列的平面电机研究

在应对行程限制的挑战上，荷兰埃因霍温理工大学 Compter 团队于 2001 年取得重要突破，他们设计出一种基于二维磁钢阵列的无铁芯永磁平面电机，这一创新技术体现在图1.4(f)和图1.6(a)中。该设计通过将二维 Halbach 磁钢阵列作为定子，与无铁芯线圈动子结合，构成“动圈式”磁浮平面电机，每个驱动单元内置一维线圈阵列的三相绕组，共用同一个二维 Halbach 磁钢阵列，显著提升了电机的运动范围，使行程扩展变得更为灵活便捷。得益于矩形平面线圈的应用，相较于一维磁钢阵列方案，该电机不仅运动范围更大，还显著提高了线圈的使用效率，实现了行程与效率的双重优化。

清华大学 IC 装备团队曹家勇等的研究[20]则另辟蹊径，提出了以二维 NS 磁钢阵列为定子、配备铁芯线圈动子的“动圈式”电机(见图1.4(h))，这种设计通过铁芯增强磁通密度，从而提升推力，但同时也引入了齿槽力、磁路饱和以及磁滞效应等不利因素，增加了悬浮控制的复杂性和精度控制的难度，限制了其在精密和超精密应用中的可行性。因此，考虑到无铁芯电机的诸多优势，如高精度、高动态响应、清洁和维护简便等，本书主要聚焦于无铁芯磁浮平面电机及其核心技术的探讨。

为了减少线缆对动子运动的干扰，Compter 等创新性地设计了“动磁式”磁浮无铁芯永磁平面电机(见图1.6(b))，其定子由 9 个三相绕组线圈阵列构成，动子则采用二维 Halbach 磁钢阵列。随后，荷兰埃因霍温理工大学的 Jansen 进一步发展了“动磁式”电机，提出 HPPA(herringbone pattern planar actuator)构型(见图1.4(g)和图1.6(c))，该电机定子采用鱼骨状矩形线圈阵列，优化了推力波动和功耗。研究表明，采用矩形平面线圈的电机(见图1.6(d))在悬浮和加速状态下表现更佳，推力波动小，功耗低。为了克服 HPPA 的各向异性问题，该校学者进一步研发了双层线圈磁浮平面电机(Double Layer Planar Motor，DLPM)样机[21]，如图 1.4(i)、图1.6(e)和图 1.6(f)所示，这标志着磁浮平面电机技术在结构优化和性能提升方面又迈出了重要一步。

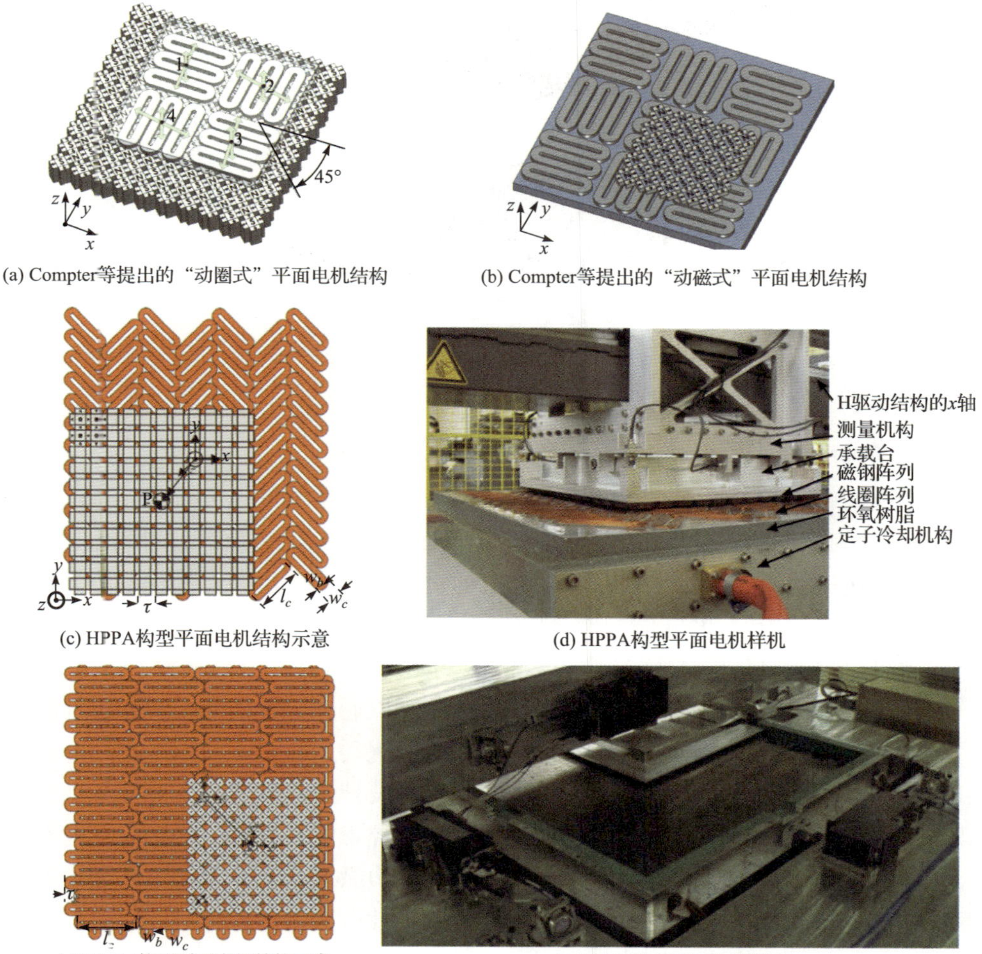

(a) Compter等提出的“动圈式”平面电机结构　　(b) Compter等提出的“动磁式”平面电机结构

(c) HPPA构型平面电机结构示意　　(d) HPPA构型平面电机样机

(e) DLPM构型平面电机结构示意　　(f) DLPM构型平面电机样机

图 1.6　基于二维磁钢阵列的磁浮无铁芯永磁平面电机[22,23]

1.2.3　动圈式与动磁式平面电机对比分析

磁浮平面电机可以分为动圈式与动磁式两类，核心差异在于动子的构成元素：在动圈式电机设计中，线圈组件作为动子活动部件，而磁钢阵列则固定在定子上，如图 1.7(a)所示；反之，动磁式电机的动子部分由磁钢阵列构成，线圈则配置于静止的定子组件中，如图 1.7(b)所示。

(a) 动圈式结构

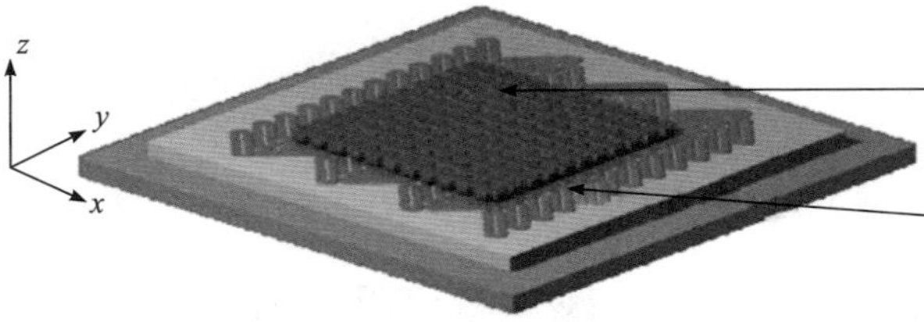

(b) 动磁式结构

图 1.7　平面电机的两类典型结构

这两种电机结构展现了各自独特的性能特点。

动圈式电机的特点在于通过精心的结构布局和对动子的位置控制，可以确保线圈边缘与磁钢边缘之间保持足够的距离，从而避免磁钢边缘效应的困扰。然而，动圈式电机的线圈与外部电源及冷却系统通过线缆相连，这种连接在动子运动时可能引起扰动，给运动精度提升带来负面影响，同时也限制了动子行程的无限延展潜力。

动磁式平面电机无须将线缆与动子连接，可以通过定子线圈模块化设计的方式，形成“无限行程”的能力，并且由于无线缆扰动，相比于动圈式平面电机，其具有更高的控制精度上限；但是，线圈模块化设计导致动子在大范围运动时需要在不同线圈单元间进行测控的切换，增大了测控难度。此外，磁钢阵列的有限尺寸使得设计和控制必须考虑边缘效应，而规避边缘效应意味着相应区域内的线圈不能通电，降低了电机效率；若想不规避边缘效应则需引入针对边缘磁场的建模与控制，会进一步增加设计与控制的难度。

动磁式与动圈式平面电机各具特色，实际应用中需根据具体情况做出选择。在高性能工业自动化物料输送场景中，由于动磁式平面电机具备行程无限制的优势，特别适合需要大范围运动的自动化生产线，故被广泛采纳；而在精密或超精密运动平台领域，若精度需求为微米级别，动圈式平面电机以其成本效益、无须考虑边缘效应及简化控制系统的特点成为优选；但当精度要求升级至纳米级别时，尽管设计与控制难度提高，动磁式平面电机仍因具备更高的精度潜力而备受青睐。

1.2.4 磁浮平面电机的产业应用

磁浮平面电机技术自 20 世纪末被提出以来，从理论探索逐步走向广泛应用，在精密制造和工业自动化传输领域展现了巨大潜力。荷兰飞利浦公司作为该领域的先驱者在磁浮平面电机技术的早期研发中扮演了关键角色，一方面，联合荷兰埃因霍温理工大学开展理论研究，为磁浮平面电机运动平台技术打下坚实基础；另一方面，则在磁浮平面电机商用方面进行探索，先后研制了动圈式和动磁式平面电机样机。此后，随着技术的成熟与市场需求的增长，多家企业相继推出创新产品，推动了磁浮平面电机技术的商业化进程，下面分别介绍其在两个典型场景下的应用情况。

1. 精密/超精密运动平台的前沿应用

磁浮平面电机技术本就是针对光刻机工件台应用需求而发明的，该技术最早进入工业应用就是在这个领域。早在 21 世纪初，荷兰飞利浦公司针对磁浮平面电机的工业应用进行了先驱性的开发，陆续研制了动圈式和动磁式六自由度磁浮平面电机样机(见图 1.8)，为后续的工业应用奠定了基础。

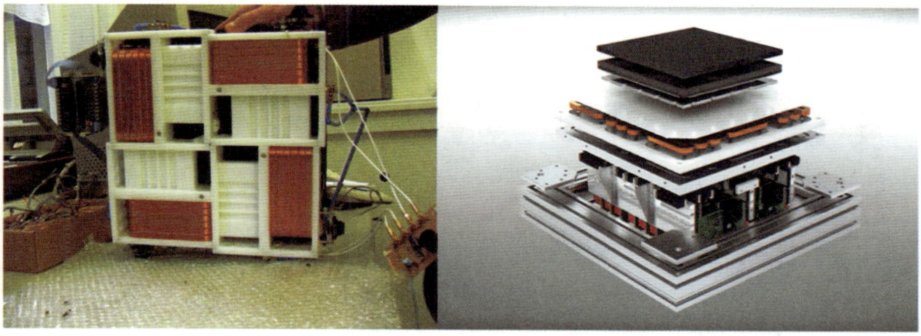

图 1.8 飞利浦公司研制的动圈式磁浮平面电机(左)和动磁式磁浮平面电机(右)[24,25]

动圈式磁浮平面电机因无须顾虑边缘效应和控制切换，测控难度低，首先实现了工业应用。国际光刻机领导者 ASML 公司与飞利浦公司合作，将动圈式磁浮平面电机应用于 DUV 与 EUV 光刻机的工件台粗动台(见图1.4(l)、图1.9)，显著提升了运动控制的精度与效率。通过 ASML 公司的专利布局[26-28]，可以洞悉其采用的动圈式平面电机构型(见图1.9(b)、图 1.9(c))，这种设计通过粗动台与微动台的精细配合，构建了一个既可实现大范围运动，又能保持高精度、高速度和高加速度的超精密运动平台系统，充分展示了磁浮平面电机在尖端制造技术中的核心地位。

搭载磁浮平面电机双工件台的浸没式光刻机于 2008 年首度亮相，并凭借技术带来的性能优势迅速拉大了与竞争对手在市场份额上的差距，使得 ASML 公司超

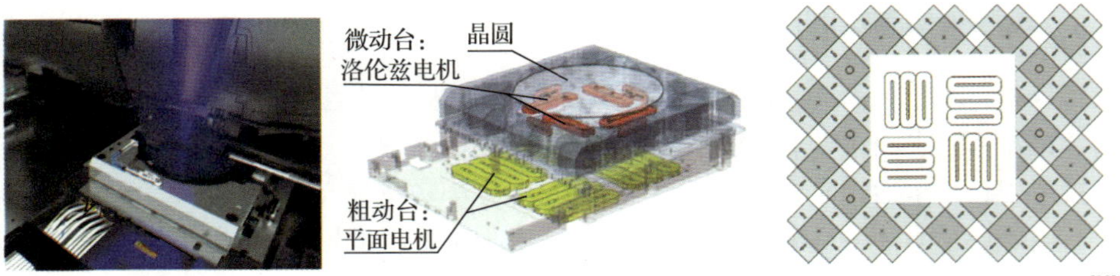

(a) 光刻机工件台　　(b) 工件台粗精结构示意　　(c) 粗动台动圈式平面电机布局[29]

图 1.9　平面电机在光刻机工件台的应用

越 Nikon 公司成为高端光刻机的霸主。国内方面，清华大学与北京华卓精科科技股份有限公司合作开发的光刻机双工件台，同样采用磁浮平面电机驱动粗动台，使我国成为第二个掌握这一尖端技术的国家，体现了该技术在精密运动控制中的重要价值。

2. 工业自动化物料输送领域的应用

磁浮平面电机技术在光刻机领域的成功应用增强了人们将其应用于其他工业领域的信心。图 1.10 展示了磁浮平面电机在工业自动化物料输送领域的应用。2017 年，加拿大的 Planar Motor 股份有限公司(PMI)成立，专注于工业应用中的磁浮技术，特别是智能传送机器人系统的研发。PMI 的产品能够在任何方向实现无接触、无摩擦的高精度运动，极大地提升了物料搬运的灵活性和效率。

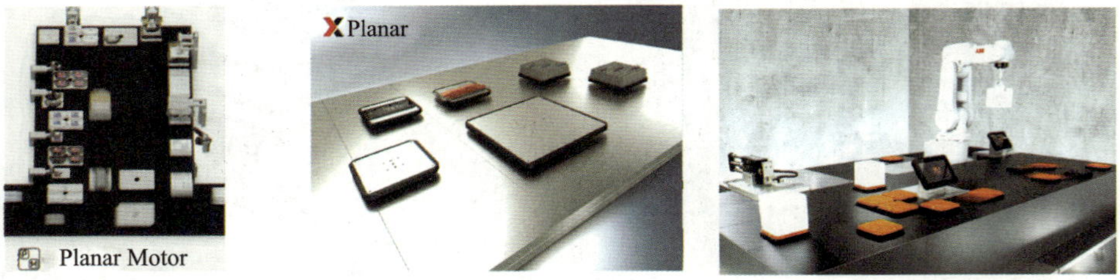

(a) Planar Motor公司平面电机　(b) 倍福自动化XPlanar平面磁浮输送系统　(c) ACOPOS 6D平面磁浮技术

图 1.10　平面电机在工业自动化物料输送领域的应用

随后，德国倍福自动化(Beckhoff Automation)有限公司也在磁浮平面电机技术方面取得了重要进展。2021 年，倍福推出极为类似的 XPlanar 系统，该系统可实现高达 4m/s 的速度和 2g 1)的加速度，重复定位精度可达 50μm，适用于需要相对更高动态响应和精准定位的应用场景[30]。上述两种产品都具备模块化特点，可以根据实际需求灵活布局，适应各种复杂的生产线设计。同样在 2021 年，工控领域的巨头 ABB 公司入股 PMI，双方合作将 PMI 的磁浮技术整合到 ABB 的机器自动化产品线中，推出 ACOPOS 6D 系统[31]。这一系统结合了 PMI 的磁浮技术和 ABB 的自动化控制技术，为不同行业的客户提供高度灵活和适应性强的制造

1) g 为重力加速度，$g = 9.8\text{m/s}^2$。

解决方案，特别是在食品、制药和电子制造等领域。

国内市场方面，佛山市增广智能科技有限公司自 2017 年起开始研发类似 XPlanar 系统的产品，名为磁浮魔毯，如图 1.11 所示。2023 年，该公司推出首代自主研发的磁浮魔毯，随后在 2024 年迭代至第二代 RM MagiFloater 产品，在动磁式磁浮平面电机的应用领域赶上了国际先进水平。

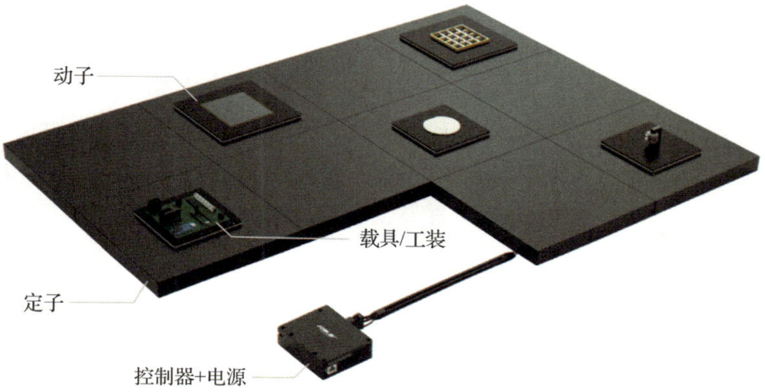

图 1.11　磁浮魔毯

总之，磁浮平面电机技术的产业应用正处于快速发展阶段，国内外企业在这一领域的创新与合作不断深化，技术迭代迅速，应用场景日益广泛。尤其是国内企业，如北京华卓精科的崛起，标志着中国在磁浮平面电机技术领域已经达到国际先进水平。随着技术的持续演进和市场接受度的提高，磁浮平面电机技术有望在更多领域催生出颠覆性的生产模式变革。

1.3　磁浮平面电机关键技术

磁浮平面电机技术凭借其独特的优势，已成为学术界与产业界共同关注的焦点。在其研发及应用过程中，优化设计、电流分配和运动控制等环节至关重要。每个环节均面临着独特的挑战和需求，例如，优化设计需要平衡电磁性能和结构刚度，电流分配需要实现多自由度驱动的有效解耦，运动控制则需要保证高精度和高动态响应。解决这些挑战，正是实现高性能磁浮平面电机的关键所在。通过对这些关键技术的深入分析，本节旨在为读者提供全面的技术概览，并为理解磁浮平面电机的工作原理和性能奠定基础。

1.3.1　平面电机设计方法

在磁浮平面电机设计领域，目标是通过对设计参数和形状的精心选择，实现电机性能的最优化。这些参数包括线圈尺寸、磁钢特性、线圈形状，以及其他关键结构特征与参数，它们共同决定了电机的电磁性能，如推重比和损耗功率等。设计过程遵循一个系统化的流程，首先，基于预定的性能目标，建立一个将设计参数与性能目标相联系的函数模型；然后，通过精确的优化算法确定这些参数的最佳组合。在这一过程中，电机的电磁力建模是核心环节，它能够详细描述电机性能与设计参数之间的复杂关系。因此，本节将重点介绍现有基于电磁力建模的设计方法。

电磁力建模的核心任务是开发一个准确的推力模型，这对于平面电机的设计和控制至关重要。相关研究和设计实践已经证明，推力模型不仅是实现平面电机性能优化的基石，也是运动控制中不可或缺的工具[7,28]。在设计阶段，追求的是模型的精确度，而不是实时性，因此，对模型的计算速度要求并不苛刻。然而，在运动控制领域，除了要求模型具有高精度，还需要模型能够支持实时计算，以满足在伺服控制周期内完成计算的需求。

在本书中，推力模型的概念较为宽泛，它描述了单个线圈在单位电流激励下，在磁场中受到的力和力矩，以及这些力和力矩如何随着线圈位置和姿态的变化而变化。本书所指的“推力”涵盖驱动刚体进行六自由度运动所需的三个方向的力和三个方向的力矩。根据电磁力模型是否以解析表达式的形式呈现，可将建模方法分为非解析和解析两大类。

1. 非解析类电磁建模方法

非解析模型，即那些不以解析表达式形式呈现的推力模型，主要包括有限元法、实验法和建模数值积分法。中国台湾省台湾大学的 Lai 和 Yen 通过使用通用的有限元仿真软件，对由圆形磁钢阵列和圆形线圈阵列构成的平面电机进行建模[32-34]，该模型详细描述了单个线圈与单个磁钢之间的电磁作用关系。得益于圆形组件的特殊对称性，在不考虑绕 x、y 轴的转动时，该模型将单个线圈和磁钢之间的相对运动自由度简化为只有径向和轴向两个方向，为有限元建模提供便利。然而，采用这种设计方法得到的平面电机，其动子的运动范围存在局限性。尽管如此，有限元仿真建模方法适用范围广泛，可用于分析较为复杂的电机结构。

夏威夷大学马诺阿分校的 Berkelman 等认为，传统的有限元方法效率不高，因此采用直接实验测量的方式，获取了一些离散位置处的推力情况。随后，他通过构建查表插值的方法，获得了能够进行实时计算的推力模型[35,36]。Berkelman 和华盛顿大学的 Miyasaka 在后续研究中指出，尽管实验测量方法理论上能够获得包含制造误差的最“准确”的推力模型，但这种方法往往需要精巧的位置测量装置，尤其是在磁钢和线圈之间相对运动自由度较多时，测量难度和数据存储量都会显著增加。因此，他们采用专用的边界数值积分程序，提出一种高效的数值建模方法，同样基于查表方法实现了多自由度的大行程运动[37]。

荷兰埃因霍温理工大学的Jansen等和德国中部黑森工业大学的Lahdo等对单个磁钢和单个线圈之间的电磁作用过程进行了详细讨论，并采用不同的建模方法进行对比[28,38,39]。他们的建模方法流程是，先进行磁场建模，然后进行推力建模。尽管这些研究均给出了最终推力的数学表达式，但这些表达式中往往包含多重积分计算，需借助数值计算方法求解。该方法基于电磁作用原理推导表达式，构建了从位置、机械参数到推力的映射关系函数，相比纯有限元方法计算速度更快，更适用于电机的优化设计。然而，这些研究主要聚焦理论分析，未深入探讨其在控制领域的实时计算可行性。在此基础上，Boeij 等和 Gajdusek 对单个线圈与二维 Halbach 磁钢阵列的推力进行建模[40-43]，采用磁荷法建立磁场模型，并通过洛伦兹力积分求得推力。由于没有得到解析解，他们采用数值计算的方法建立查表模型，以实现推力模型的实时计算。

总体而言，非解析类方法包括有限元仿真软件计算、实验直接测量和建模数值积分三种方法，这些方法对平面电机及其变种的结构形式具有普遍的适用性[44]。然而，它们也存在明显劣势。首先，三种方法普遍建模时间较长，难以直接应用于实时计算。虽然通常可通过查表方法实现平面电机的实时控制，但当运动自由度增加时，查表方法会面临计算和存储上的维度灾难。在设计方面，这类非解析类建模方法通常用于设计校核或迭代式优化设计，由于计算量较大，更适用于小行程或者运动自由度较少的设计场景，难以解决复杂的优化设计问题，且因计算量庞大，优化设计迭代的时间成本较高。

2. 解析类电磁建模方法

为了克服非解析类方法在设计和控制过程中的局限性，研究人员着手开发了解析类电磁建模方法。这类方法利用矢量或标量磁势精确求解磁场模型，并依据洛伦兹力的计算公式，将线圈推力表示为与线圈在 x、y、z 轴上的位置相关的解析式，从而显著提升模型的计算速度。但这种表达形式主要适用于描述电机在特定姿态下，沿三个主要自由度(x、y、z)运动时的推力情况，对于复杂运动姿态则可能需要额外考量。

为了提升设计和控制过程的精度，学者们探索的解析类电磁建模方法能够提供清晰的数学表达式，不但有助于设计人员从物理意义层面理解不同设计参数对电机性能的影响，还可以加速模型计算。解析类电磁建模主要分为两大类：基于麦克斯韦应力张量的求解方法和基于洛伦兹法则的求解方法。

美国麻省理工学院的 Kim 等研究者采用麦克斯韦应力张量方法进行电磁建模[5]。他们将求解区域划分为气隙区域和磁极区域，通过求解拉普拉斯方程和泊松方程得到磁位解析式。该方法能够精确计算磁钢阵列在气隙中的磁感应强度，以及线圈阵列的等效磁感应强度，最终推导出电磁力计算公式。

另一方面，荷兰埃因霍温理工大学的 Jansen 等研究者基于洛伦兹法则进行推力计算[16,45-47]。他们首先根据麦克斯韦方程获得线圈所在区域的磁场模型，并将线圈简化为通电导线。再利用洛伦兹法则进行了求解和积分，得到线圈推力的解析表达式。与麦克斯韦应力张量法相比，洛伦兹法则的求解过程更为直观，容易推广，因此，后续推力模型研究大多沿用这一思路。

然而，为了获得这些解析表达式，研究者不得不在线圈形状上做出妥协，使得这些方法主要适用于几何形状简单的线圈，如矩形平面线圈、竖立线圈和圆形线圈，无法直接应用于复杂形状线圈的解析建模。

针对应用最广泛的矩形平面线圈，荷兰埃因霍温理工大学的 Jansen 等进行了深入的建模研究。他们通过结构简化，成功建立了矩形线圈的解析表达式模型，并为基波模型提供了可实时计算的解析表达式。清华大学 IC 装备团队也做出了显著贡献，团队成员张生果等[48-52]、闵伟[53]和姜恩泽[54] 分别对矩形线圈平面电机的建模、优化以及不同简化建模方式进行了深入探讨。哈尔滨工业大学的寇宝泉课题组[55-64]和新加坡国立大学的 Zhu 等[14,65-67]对作为矩形线圈特例的方形线圈进行了系统性研究，揭示了其在平面电机电磁场中的响应特性。此外，华中科技大学、江苏大学和韩国科学技术院的研究人员也对矩形线圈的动圈式或动磁式平面电机进行了建模分析[68-71]，进一步扩展了该领域的研究视野。

上述研究聚焦于特定姿态下的矩形线圈建模，如线圈长边与矩形磁钢的边线夹角为 45°的情形，而如何将这些成果推广到其他形状和姿态的线圈，仍是待解决的问题。

在平面电机电磁建模领域，竖立条形线圈因其独特的电流回路特性而受到关注。东京大学的 Ohsaki 课题组[72-74]、加拿大英属哥伦比亚大学的 Lu 课题组[7,8,75]，以及浙江理工大学的 Guo 课题组[76]均对此类线圈开展了系统性研究。这些研究团队将竖立条形线圈视为开环线圈，仅考虑其较长直边的电磁效应，而忽略短直边，由于磁钢磁场分布在垂向呈指数快速衰减，短直边几乎不产生电磁力。这种方法简化了模型，深化了对竖立条形线圈平面电机电磁行为的理解。

为了提升平面电机在面内大范围旋转的能力，清华大学 IC 装备团队的刘峰[77]和宋玉晶[78]利用圆形线圈的旋转不变性开展建模工作。他们成功推导了采用圆形线圈的平面电机解析表达式模型，并通过实验验证了模型的准确性。这一成果不仅增强了对圆形线圈动态旋转行为的理解，也为该类平面电机的设计和优化提供了有力的理论支撑。

传统解析表达式方法在电磁建模研究中，往往局限于对特定姿态下的矩形、方形、竖立条形和圆形线圈平面电机进行建模。这种方法通常针对单一类型的线圈，限制了其在结构优化设计中的直接应用与扩展性。如图 1.12 所示，这些线圈都具有关于 x 轴和 y 轴的对称性，这种对称性虽然简化了推导过程，但也导致推力模型几乎无法适用于其他不对称形状的线圈。

此外，如图 1.12 所示，大多数研究者在进行线圈推力建模时，选择与磁钢边线成 45°的红色坐标系，这是因为在该坐标系下有利于磁场解析表达式的推导。然而，在红色坐标系下，基波(如 $k=1$，$l=1$)表达式可通过傅里叶级数简化为单一方向的正弦/余弦函数，但高阶谐波(如 $k=3$，$l=1$)的耦合项会变得复杂，难以用简单的解析形式表达，导致对任意谐波的全面描述能力不足[16]。相对地，与磁钢边线平行的黑色坐标系能够一致地描述各阶谐波，这对于实现更高精度的建模至关重要，但也给磁场建模带来了更大的挑战。

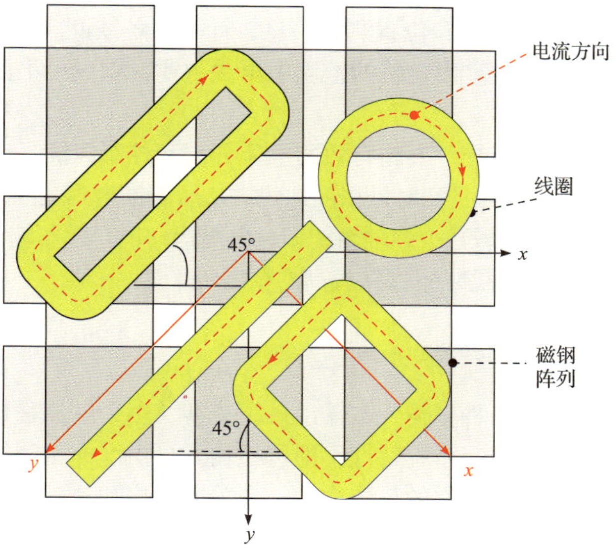

图 1.12 矩形、竖立条形、方形、圆形四种形式的线圈

1.3.2 平面电机驱动及控制方法

磁浮平面电机的驱动及控制过程可以简化为图 1.13 所示的框架，在该框架中，控制器首先根据给定的六轴输入轨迹 r，结合测量反馈的位置信息，计算平面电机六自由度(简称六轴)所需的期望力 dF。接着，基于期望力 dF、实时位置信息和推力模型，进行电流分配，精确计算出每个线圈所需的电流 dI。最终，磁浮平面电机在 dI 的驱动下实现六轴轨迹 y 的输出，完成六轴轨迹的直接驱动。

平面电机的驱动控制过程包含两个关键环节：控制器设计和电流分配。控制器根据轨迹输入和位移测量反馈，确定各逻辑轴1) 期望的输出力；而电流分配则

1) 逻辑轴是指控制系统中的抽象运动自由度坐标系，其将物理空间中的六自由度运动($x/y/z$ 平移$+R_x/R_y/R_z$ 旋转)解耦为六个独立控制通道。不同于实际物理存在的机械轴或电磁驱动轴，逻辑轴是控制算法层面的概念框架，通过数学建模将复杂的多自由度耦合运动转化为六个正交的控制维度。

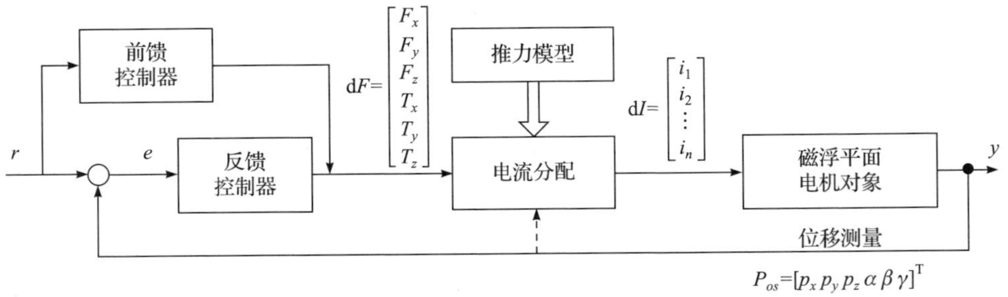

图 1.13　磁浮平面电机运行框图

根据期望力指令、推力模型和位置测量信息，计算出各线圈(可能串联或并联)所需的电流。这两个环节在平面电机的控制中至关重要，构成了平面电机驱动和控制的核心。

对于磁浮平面电机系统，实施有效的电流分配和控制以满足运动需求至关重要。在电流分配方面，目标是实时且精准地建立从所需推力到线圈阵列所需电流的映射。在运动控制方面，需减少多轴系统多自由度运动耦合的影响，确保平面电机在大行程平面及各种轨迹需求下保持较高的精度水平。

1. 平面电机电流分配方法

磁浮平面电机作为一种多输入多输出系统，涉及多个电流输入与平面多自由度运动输出，通常呈现超定系统特性，即可控输入自由度大于刚体运动自由度。这种冗余自由度意味着在这样的系统中，一个关键挑战和基础工作是如何根据控制输入信号进行多线圈的电流分配，在实现期望的运动的同时，对系统进行优化实现性能最优。

电流分配方法的核心是将期望力转换为各线圈所需的电流。目前，主流的电流分配方法是 D-Q 方法和最小二乘法[22,23,79]。

D-Q 解耦算法适用于三相绕组相位互差 120°的平面电机构型，能够直接通过传统的电流分配方法建立推力与三线圈电流的关系。这种算法计算效率高，适合实时驱动，但对线圈与磁钢的相对位置(相位)设置要求严格，仅适用于特定的线圈-磁钢构型。对于无铁心电机，在理想有效正弦磁场分布情况下，这种方法可以实现电机推力零波动且阻性功耗最小。目前，图 1.9(c)所示的四组三相线圈组成的动圈式平面电机主要采用此算法[80]。

最小二乘法电流分配方法通过电磁力建模，构建动子位置与电流和电机输出力/力矩的关系函数。这种建模无需 D-Q 解耦算法中的正弦磁场分布假设，更适用于一般磁场分布场景。基于这个关系函数，该方法采用最小二乘法求解电机输出期望力/力矩所需的电流，使各线圈电流的 2 范数之和最小(功耗最低)。由于不受电机构型限制，最小二乘法适用于多种平面电机[16,81,82]。

值得注意的是，平面电机的超定系统特性意味着，电流分配对应的期望力，不仅包含刚体六自由度控制必需的六轴力，还可纳入更多控制目标的受控力。超定自由度越多，可以实现的控制目标越多，但会增加电机设计的复杂度，并降低主运动自由度的驱动性能。近年来，研究人员不仅关注实现期望的六轴力，以保证平面电机的刚体动力学特性，还在研究如何通过电流分配抑制平面电机动子的柔性模态现象。在磁浮平面电机的运动过程中，非理想刚性的动子容易因分布力激发模态变形，抑制柔性模态可以减少振动，提升系统的测量和运动精度，对实现精密/超精密运动平台应用具有重要价值。目前，这方面的研究主要由荷兰埃因霍温理工大学的学者[81,82]开展。

电流分配方法的关键技术表明，其对实现磁浮平面电机的精确运动至关重要。D-Q 分解方法和最小二乘方法作为电流分配的主流方法，分别以快速求解和广泛适应性为特点。此外，利用平面电机超定系统特性，通过 D-Q 分解或最小二乘框架抑制动子柔性模态，是提高平面电机精密/超精密运动性能的重要途径。这些电流分配方法对实现平面电机在精密/超精密运动应用和工业自动化物料输送中的性能不可或缺。

然而，随着以集成电路制造装备为代表的超精密制造装备不断突破机械运动精度极限，对驱动子系统的物理特性要求也达到新的高度。当前电机驱动器常用的电流分配方法中，D-Q 分解与最小二乘法均基于理想(不一定是理想正弦)的推力名义模型，但由于这些模型与电机实际特性存在偏差(通常由未建模的磁场高次谐波、线圈与磁钢的制造与安装偏差、边端效应等因素引起)，会不可避免地导致实际驱动推力与目标指令间产生误差，继而引发推力微波动现象，该现象造成的电机驱动过程的弱非线性，阻碍了运动精度的进一步提升。

为了解决这些问题，研究者提出一种新的电流分配方法——计算驱动方法。该方法利用实时相电流与动子位移数据，在线逆向建立电机自身的输入与输出推力模型，并基于该模型校正驱动电流，实现精准推力输出。这种方法不依赖任何标称理论模型，而是基于电机实际输入输出数据，从而避免了传统驱动方式中推力模型与实际失配引起的推力误差，特别是电机动子在不同位置时细微模型不一致引发的微弱推力波动，极大提升了电机实际输出推力的线性度，降低了电机控制器设计难度。

2. 平面电机控制方法

在磁浮平面电机的控制系统中，电流分配是实现从六轴期望力到电流转换的关键步骤，其在模型层面有效解耦了各轴间的输出力。然而，在实际运行中，由于质心偏移、初始相位偏移等实际模型与名义模型的偏差因素，多轴耦合效应仍然会出现。这种耦合效应导致传递函数矩阵中非对角线元素的存在，成为影响控制精度的关键因素。

图 1.14 展示了六自由度磁浮运动系统的动态误差数据，其中，一轴进行跟踪控制，其余五轴执行定位控制。图 1.14 中的红色曲线表示缩放后的 x 方向参考轨迹加速度，直观表明，即使某一自由度处于定位控制状态，其他轴的运动也会引发规律性动态误差，这是多自由度耦合现象的典型体现。

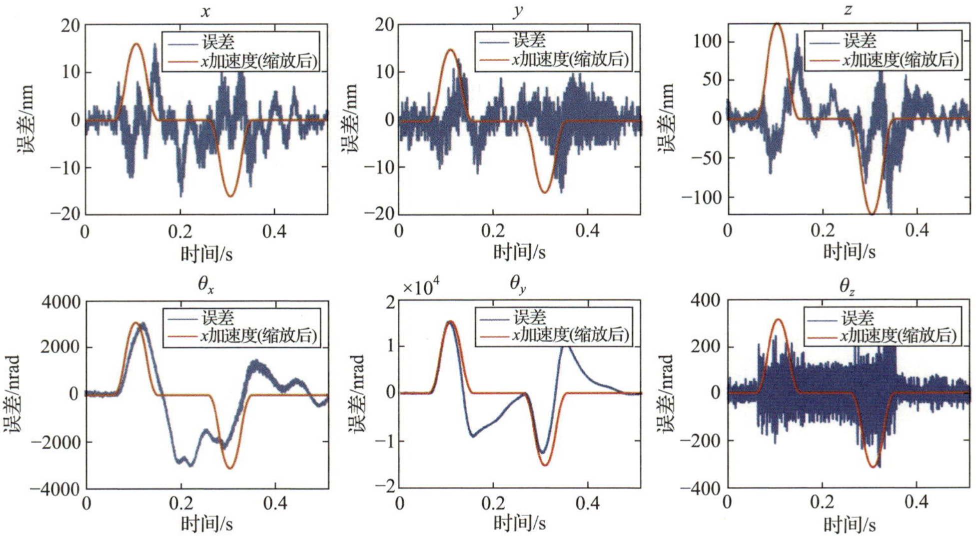

图 1.14　多自由度超精密运动控制系统多自由度耦合现象示意图：x 方向做轨迹跟踪控制，其他五个自由度执行定位控制，红色曲线为缩放后的 x 方向参考轨迹加速度

多自由度耦合对系统的动态性能和稳态性能均有影响。为了满足多自由度精密/超精密运动控制系统的性能要求，实现多自由度解耦是必要的。解耦过程通常包括动力学模型解耦[83]和 MIMO 控制器解耦两个阶段。

动力学模型解耦旨在通过预补偿手段在控制器设计之前实现系统解耦，可以视为预补偿器(pre-compensator)的应用，通过精确出力分配和控制预补偿来实现。理想的动力学模型解耦能够使系统完全解耦，使得传递函数矩阵的非对角线元素为零。

但在实际应用中，动力学模型解耦往往难以完全消除耦合，因此，需要借助 MIMO(多入多出)控制器抑制残余耦合引起的动态误差。MIMO 控制器设计策略包括去中心化控制(decentralized control)和中心化控制(centralized control)[84,85]。去中心化控制形式的前馈与反馈控制器矩阵为对角阵，本质上延续单自由度控制器设计思路，要求系统已完成良好的动力学模型解耦。该控制方法因简单、易用且有效，被光刻机工件台等多自由度系统广泛采用。更一般的 MIMO 控制器设计策略是中心化控制，该方法采用的控制器矩阵可不局限于对角阵，允许存在非零非对角线元素，公式(1-1)直观呈现了 2×2 MIMO 系统，去中心化形式和中心化形式控制器的差别，其中，$\boldsymbol{F}$ 表示前馈控制器矩阵，$\boldsymbol{G}_c$ 表示反馈控制器矩阵。

$$\underbrace{\boldsymbol{F}=\begin{bmatrix} F_{11} & \\ & F_{22} \end{bmatrix} \quad \boldsymbol{G}_c=\begin{bmatrix} C_{11} & \\ & C_{22} \end{bmatrix}}_{\text{去中心化控制}} \Rightarrow \underbrace{\boldsymbol{F}=\begin{bmatrix} F_{11} & F_{12} \\ F_{21} & F_{22} \end{bmatrix} \quad \boldsymbol{G}_c=\begin{bmatrix} C_{11} & C_{12} \\ C_{21} & C_{22} \end{bmatrix}}_{\text{中心化控制}} \tag{1-1}$$

尽管 MIMO 控制器的研究已经取得诸多积极进展，但是多自由度精密/超精密运动控制领域中，MIMO 控制器设计技术尚未形成系统化和流程化体系，高效的动力学模型解耦能够显著降低后续 MIMO 控制器设计的难度。充分的动力学模型解耦可以显著减小多自由度耦合误差，提升系统稳态性能和动态性能；耦合效应的减弱有利于单自由度反馈控制器在保证稳定裕量的前提下获取更高的控制带宽，进一步提升系统的稳态性能和动态性能。

1.4　本 书 大 纲

在无铁芯永磁同步平面电机领域，尽管已有显著的研究进展，但在设计、控制和驱动方面仍存在挑战。特别是在设计建模方面，目前缺乏直接适用于平面电机结构优化的解析型建模方法。在控制领域，由于平面电机的多自由度耦合特性，动力学解耦控制面临重大挑战。此外，在驱动方面，传统的电流分配方法(如 D-Q 分解和最小二乘法)虽然在一定程度上实现了平面电机的驱动解耦，但这些方法基于理想的推力模型，难以应对实际电机中的复杂非线性和高频变化，导致推力精度不足，限制了电机在超精密应用中的性能。

本书以无铁芯永磁同步平面电机为研究对象，旨在系统论述设计、控制和驱动等关键技术，并面向工业应用。结合实际应用案例，本书将展示这些关键技术在实践中的应用过程。

在设计和控制需求的推动下，本书首先对平面电机的推力模型进行深入研究。在第 2 章和第 3 章中，给出一种统一的解析推力模型，该模型不仅满足一般建模方法的要求，还在线圈形状和边缘效应方面实现了统一。第 2 章中的模型能够描述任意形状线圈在周期磁场下的行为，并通过高阶谐波的统一化表达提高建模精度，满足平面电机基本运动要求。第 3 章进一步给出扩展统一模型，整合了边缘效应，使平面电机能更有效地利用边缘磁场，提高效率，优化负载传输，并减少驱动器的非线性，从而提升精密性能。

在驱动及控制方法方面，本书第 4 章介绍电流分配方法，包括 D-Q 分解方法和最小二乘法，实现平面电机的驱动解耦。第 5 章则给出一种计算驱动方法，通过逆向辨识电机的实际输入输出数据，实时校正驱动电流，提高电机推力输出的线性度和精度。第 6 章针对多自由度超精密运动控制系统的耦合问题，分析多自由度耦合模型和动态误差产生机理，并给出一套多因素作用下的多自由度解耦方案，实现高性能的动力学模型解耦，为平面电机在工业应用中奠定基础。

基于推力模型、电流分配、计算驱动和多轴解耦控制的关键技术研究，本书第 7 章和第 8 章介绍两种应用实例。第 7 章探讨模块化平面电机在工业自动化物料运输中的系统级应用；第 8 章则介绍精密/超精密动磁式磁浮平面电机在精密运动台中的应用。

第 9 章对平面电机在建模仿真、驱动控制、设计制造及应用等方面的未来发展趋势进行展望。

参 考 文 献

[1] 华大智造. DNBSEQ-T7 万级测序通量[EB/OL]. [2023-06-08]. https://www.mgitech.com.

[2] ASML. Metrology & inspection systems[EB/OL]. [2023-06-08]. https://www.asml.com/en/products/metrology-and-inspection-systems.

[3] Planar Motor. Hygienic/Aseptic XBots[EB/OL]. [2023-06-08]. https://www. planarmotor.com/en.

[4] ABB. ABB expands flexible manufacturing portfolio with innovative magnetic levitation shuttle system[EB/OL]. [2023-06-08]. https://new.abb.com/news/detail/73573/abb-expands-flexible-manufacturing-portfolio-with-innovative-magnetic-levitation-shuttle-system.

[5] Kim W J. High-precision planar magnetic levitation[D]. Cambridge: Massachusetts Institute of Technology, 1997.

[6] Kim W J, Trumper D L. High-precision magnetic levitation stage for photolithography[J]. Precision Engineering, 1998, 22(2): 66-77.

[7] Lu X D, Usman I R. 6D direct-drive technology for planar motion stages[J]. CIRP Annals, 2012, 61(1): 359-362.

[8] Lu X D, Usman I R. Force ripple attenuation of 6-DOF direct drive permanent magnet planar levitating synchronous motors[J]. IEEE Transactions on Magnetics, 2015, 51(12): 1-8.

[9] Lu X D. Displacement devices and methods for fabrication, use and control of same: WO 2013059934A1[P]. 2013-05-02.

[10] Lu X D. Displacement devices, moveable stages for displacement devices and methods for fabrication, use and control of same: US 10348177B2[P]. 2019-07-09.

[11] Lu X D. Displacement devices and methods for fabrication, use and control of same: US 10116195B2[P]. 2018-10-30.

[12] Lu X D. Displacement devices and methods and apparatus for detecting and estimating motion associated with same: US 10222237B2[P]. 2019-03-05.

[13] Xu F, Lv Y, Xu X, et al. FPGA-based real-time wrench model of direct current driven magnetic levitation actuator[J]. IEEE Transactions on Industrial Electronics, 2018, 65(12): 9635-9645.

[14] Zhu H, Teo T J, Pang C K, et al. Integrated design of a secondary stage for magnetically levitated dual-stage positioning system[C]//Proceedings of the 2017 IEEE International

Conference on Advanced Intelligent Mechatronics (AIM), F. IEEE, 2017.
[15] Compter J C. Electro-dynamic planar motor[J]. Precision Engineering, 2004, 28(2): 171-180.
[16] Jansen J W. Magnetically levitated planar actuator with moving magnets: electromechanical analysis and design[D]. Eindhoven: Eindhoven University of Technology, 2007.
[17] Planar Motor Inc. Planar Motor[EB/OL]. [2022-07-11]. https://www.planarmotor.com/.
[18] Nguyen V H, Kim W J. Two-phase Lorentz coils and linear Halbach array for multiaxis precision-positioning stages with magnetic levitation[J]. IEEE/ASME Transactions on Mechatronics, 2017, 22(6): 2662-2672.
[19] Rovers J M M. Multiphysical modeling of high-precision electromechanical devices : towards nanometer-accurate planar motors[D]. Eindhoven: Eindhoven University of Technology, 2013.
[20] Cao J Y, Zhu Y, Wang J, et al. A novel synchronous permanent magnet planar motor and its model for control applications[J]. IEEE Transactions on Magnetics, 2005, 41(6): 2156-2163.
[21] Rovers J M M, Jansen J W, Lomonova E A. Design and measurements of the double layer planar motor[C]//Proceedings of the 2013 International Electric Machines & Drives Conference, F. IEEE,2013.
[22] Lierop C M M. Magnetically levitated planar actuator with moving magnets[D]. Eindhoven: Eindhoven University of Technology, 2008.
[23] Jansen J W, Lierop C M M, Lomonova E A, et al. Magnetically levitated planar actuator with moving magnets[C]//Proceedings of the 2007 IEEE International Electric Machines & Drives Conference, F. IEEE,2007.
[24] Frissen P, Compter J C. Contactless lifting of an object by an inverted planar motor: WO 2009083889A9[P]. 2009-07-09.
[25] Philips.Magnetic levitation stage with planar motor[EB/OL].[2022-07-11]. https://www.engineeringsolutions.philips.com/news/magnetic-levitation-stage-planar-motor/.
[26] Frissen P, Compter J C, Peijnenburg A, et al. Displacement device: WO 0118944A1[P]. 2001-03-15.
[27] Martines R F. Lithographic apparatus and device manufacturing method: US 6836315B2[P]. 2004-12-28.
[28] Jansen J W, Smeets J P C, Overboom T T, et al. Overview of analytical models for the design of linear and planar motors[J]. IEEE Transactions on Magnetics, 2014, 50(11): 1-7.
[29] Kimman, Maarten, Hartger, et al. Multiphase linear motor, multiphase planar motor,stage, lithographic apparatus and device manufacturing method: WO 2017137181A1[P]. 2017-08-17.
[30] BECKHOFF. XPlanar 平面磁悬浮输送系统 [EB/OL]. [2022-07-11]. https://www.beckhoff.com.cn/zh-cn/products/motion/xplanar-planar-motor-system/.
[31] 中国工业新闻网. ABB 发布 ACOPOS 6D 平面磁悬浮技术[EB/OL]. [2022-07-11]. http://www.cinn.cn/qzpd/202102/t20210204_238332.shtml.
[32] Lai Y C, Yen J Y. Design of a novel 6-DOF planar maglev system[J]. Journal of Magnetism and Magnetic Materials, 2006, 304(1): e386-e390.
[33] Lai Y C, Lee Y L, Yen J Y. Design and servo control of a single-deck planar maglev stage[J]. IEEE Transactions on Magnetics, 2007, 43(6): 2600-2602.

[34] Yen J Y, Lee Y L, Lai Y C. A single deck 2D magnet levitation platform[C]//Proceedings of the 2007 IEEE/ASME International Conference on Advanced Intelligent Mechatronics, F. IEEE, 2007.
[35] Berkelman P, Dzadovsky M. Novel design, characterization, and control method for large motion range magnetic levitation[J]. IEEE Magnetics Letters, 2010, 1: 0500104.
[36] Berkelman P, Dzadovsky M. Magnetic levitation over large translation and rotation ranges in all directions[J]. IEEE/ASME Transactions on Mechatronics, 2011, 18(1): 44-52.
[37] Miyasaka M, Berkelman P. Magnetic levitation with unlimited omnidirectional rotation range[J]. Mechatronics, 2014, 24(3): 252-264.
[38] Custers C H, Jansen J W, Lomonova E A. Static decoupling of force and torque components in a moving-magnet planar motor[C]//Proceedings of the 2017 IEEE International Electric Machines and Drives Conference (IEMDC), F. IEEE, 2017.
[39] Lahdo M, Ströhla T, Kovalev S. Repulsive magnetic levitation force calculation for a high precision 6-DoF magnetic levitation positioning system[J]. IEEE Transactions on Magnetics, 2016, 53(3): 1-6.
[40] Boeij D J, Lomonova E A, Vandenput A J. Look-up table based real-time commutation of 6-DOF planar actuators[C]//Proceedings of the 2007 IEEE International Conference on Control Applications, F. IEEE, 2007.
[41] Boeij D J. Multi-level contactless motion system[D]. Eindhoven: Eindhoven University of Technology, 2009.
[42] Boeij D J, Lomonova E A, Duarte J. Contactless planar actuator with manipulator: A motion system without cables and physical contact between the mover and the fixed world[J]. IEEE Transactions on Industry Applications, 2009, 45(6): 1930-1938.
[43] Gajdusek M. Controlling a contactless planar actuator with manipulator[D]. Eindhoven: Eindhoven University of Technology, 2010.
[44] Compter J C, Lomonova E A, Makarovic J. Direct 3-D method for performance prediction of a linear moving coil actuator with various topologies[J]. IEEE Proceedings-Science, Measurement and Technology, 2003, 150(4): 183-191.
[45] Jansen J W, Lierop C M M, Lomonova E A, et al. Modeling of magnetically levitated planar actuators with moving magnets[J]. IEEE Transactions on Magnetics, 2006, 43(1): 15-25.
[46] Jansen J W, van Lierop C M M, Lomonova E A, et al. Ironless magnetically levitated planar actuator[J]. Journal of Applied Physics, 2008, 103(7): 07E905.
[47] Jansen J W, Janssen J, Rovers J, et al. (Semi-) analytical models for the design of high-precision permanent magnet actuators[J]. International Compumag Society Newsletter, 2009, 16(2): 4-17.
[48] Zhang S G, Zhu Y, Mu H H, et al. Decoupling and levitation control of a six-degree-of-freedom magnetically levitated stage with moving coils based on commutation of coil array[J]. Proceedings of the Institution of Mechanical Engineers, Part I: Journal of Systems and Control Engineering, 2012, 226(7): 875-886.
[49] Zhang S G, Zhang S, Liu W C. Harmonic analyses with measuring electromagnetic forces and torques for magnetically levitated planar motors[C]//Proceedings of the 2015 3rd International Conference on Advances in Energy and Environmental Science, F. Atlantis Press, 2015.

[50] Zhang S G, Dang X P, Wang K, et al. An analytical approach to determine coil thickness for magnetically levitated planar motors[J]. IEEE/ASME Transactions on Mechatronics, 2016, 22(1): 572-580.
[51] 张生果. 六自由度动圈式磁浮平台线圈阵列电流分配及悬浮控制[D]. 北京: 清华大学, 2012.
[52] 张生果. 磁浮平面电机驱动及控制技术[M]. 北京: 科学出版社, 2015.
[53] 闵伟. 磁浮无铁芯永磁平面电机结构分析与设计[D]. 北京: 清华大学, 2011.
[54] 姜恩泽. 磁浮平面电机建模与运动控制研究[D]. 北京: 清华大学, 2011.
[55] 寇宝泉, 张鲁, 李立毅. 复合电流驱动永磁同步平面电机的设计方法[J]. 中国电机工程学报, 2011, 31(21): 110-118.
[56] Kou B, Zhang L, Li L, et al. Modeling and analysis of a magnetically levitated synchronous permanent magnet planar motor[J]. Journal of Applied Physics, 2012, 111(7): 07E706.
[57] Zhang L, Kou B, Li L, et al. Modeling and design of an integrated winding synchronous permanent magnet planar motor[C]//Proceedings of the 2012 16th International Symposium on Electromagnetic Launch Technology, F. IEEE, 2012.
[58] Zhang L, Kou B, Zhang H, et al. Characteristic analysis of a long-stroke synchronous permanent magnet planar motor[J]. IEEE Transactions on Magnetics, 2012, 48(11): 4658-4661.
[59] 寇宝泉, 张鲁, 李立毅. 复合电流驱动的永磁同步平面电机[J]. 电工技术学报, 2014, 27(3): 139-146.
[60] Xing F, Kou B, Zhang L, et al. Design of a control system for a maglev planar motor based on two-dimension linear interpolation[J]. Energies, 2017, 10(8): 1132.
[61] Kou B, Xing F, Zhang L, et al. A real-time computation model of the electromagnetic force and torque for a maglev planar motor with the concentric winding[J]. Applied Sciences, 2017, 7(1): 98.
[62] Zhang L, Kou B, Xing F, et al. Modeling and analysis of a magnetically levitated synchronous permanent magnet planar motor with concentric structure winding[C]//Proceedings of the 2014 17th International Symposium on Electromagnetic Launch Technology, F. IEEE, 2014.
[63] Zhang L, Kou B, Xing F, et al. A magnetically levitated synchronous permanent magnet planar motor with concentric structure winding used for lithography machine[J]. Journal of Applied Physics, 2015, 117(17): 17B525.
[64] 张鲁. 同心式绕组永磁同步平面电机的基础研究[D]. 哈尔滨: 哈尔滨工业大学, 2014.
[65] Zhu H, Teo T J, Pang C K. Conceptual design and modeling of a six degrees-of-freedom unlimited stroke magnetically levitated positioner[C]//Proceedings of the 2014 IEEE/ASME International Conference on Advanced Intelligent Mechatronics, F. IEEE, 2014.
[66] Zhu H. Integrated servo-mechanical design of high-performance magnetically levitated positioning systems for multi-axis nanopositioning[D]. Singapore: National University of Singapore, 2016.
[67] Zhu H, Teo T J, Pang C K. Design and modeling of a six-degree-of-freedom magnetically levitated positioner using square coils and 1-D Halbach arrays[J]. IEEE Transactions on Industrial Electronics, 2016, 64(1): 440-450.
[68] Zhou R, Yan S, Zhou Y, et al. Effects of temperature on control performance of magnetically levitated planar actuators[J]. International Journal of Precision Engineering and Manufacturing,

2015, 16(1): 43-51.
[69] Zhou Y, Liu G, Zhou R, et al. Modeling and comparison of the Halbach array with different segments per pole[J]. International Journal of Applied Electromagnetics and Mechanics, 2015, 47(3): 629-641.
[70] 张新华. 动圈式磁浮永磁平面电机设计与控制研究[D]. 镇江: 江苏大学, 2017.
[71] Jeong J H, Ahn D, Kim K, et al. Feedforward compensation of back electromotive force for suppressing rotational motion errors in a magnetically levitated system[J]. Journal of Mechanical Science and Technology, 2017, 31(10): 4619-4630.
[72] Ueda Y, Ohsaki H. A planar actuator with a small mover traveling over large yaw and translational displacements[J]. IEEE Transactions on Magnetics, 2008, 44(5): 609-616.
[73] Ueda Y, Ohsaki H. Six-degree-of-freedom motion analysis of a planar actuator with a magnetically levitated mover by six-phase current controls[J]. IEEE Transactions on Magnetics, 2008, 44(11): 4301-4304.
[74] Ueda Y, Ohsaki H. Compact three-degree-of-freedom planar actuator with two sets of three-phase currents capable of driving over large displacements in yaw direction[J]. Electrical Engineering in Japan, 2011, 177(4): 51-61.
[75] Usman I U R. Long stroke magnetic levitation planar stages[D]. Vancouver: University of British Columbia, 2015.
[76] Guo L, Zhang H, Galea M, et al. Analysis and design of a magnetically levitated planar motor with novel multilayer windings[J]. IEEE Transactions on Magnetics, 2015, 51(8): 1-9.
[77] 刘峰. 模块化大角度旋转磁浮平面电机设计[D]. 北京: 清华大学, 2016.
[78] 宋玉晶. 基于伪周期的可旋转平面电机建模及电流分配[D]. 北京: 清华大学, 2015.
[79] Jansen J W. Magnetically levitated planar actuator with moving magnets: electromechanical analysis and design[D]. Eindhoven: Eindhoven University of Technology, 2007.
[80] Sun H, Mu H, Yang K, et al. Reducing the maximum temperature rise of coil array based on current proportion commutation algorithm for magnetic levitation planar motor[J]. IEEE Transactions on Magnetics, 2019, 55(9): 1-7.
[81] Proimadis I, Custers C H H M, Tóth R, et al. Active deformation control for a magnetically levitated planar motor mover[J]. IEEE Transactions on Industry Applications, 2021, 58(1): 242-249.
[82] Proimadis I. Nanometer-accurate motion control of moving-magnet planar motors[D]. Eindhoven: Eindhoven University of Technology, 2020.
[83] Kim W J, Trumper D L, Lang J H. Modeling and vector control of planar magnetic levitator[J]. IEEE Transactions on Industry Applications, 1998, 34(6): 1254-1262.
[84] Goodwin G C, Graebe S F, Salgado M E. Control System Design[M]. Upper Saddle River: Prentice Hall, 2001.
[85] Butler H. Position control in lithographic equipment(applications of control) [J]. IEEE Control Systems Magazine, 2011, 31(5): 28-47.

第 2 章　基于二维周期磁场的无铁芯永磁平面电机建模

2.1　引　　言

在平面电机的设计和控制中，电机建模是揭示电机性能与设计参数关系的关键步骤。其中，电磁力建模对于理解电机的性能特点至关重要。然而，传统的解析电磁力建模方法通常只适用于特定几何形状(如矩形、方形、竖立条形、圆形)的平面电机，并且仅限于单一类型的线圈，这限制了其在结构优化设计中的应用。此外，传统方法要求线圈处于特殊的姿态，进一步限制了对平面电机新结构的探索。

为了克服这些局限性，本章给出一种通用的无铁芯永磁平面电机的解析电磁力建模方法。这种方法通过坐标分解和三角变换，实现了线圈位置参数与线圈形状姿态参数之间的解耦，从而得到一种具有普适性的二维周期磁场下平面电机的统一推力模型。统一模型不仅提高了建模的精度，而且拓宽了其适用范围，为多自由度行程扩展问题提供了有效的解决方案，促进了平面电机结构优化设计的发展。

2.2　二维周期磁场下的平面电机

本章重点关注线圈在二维周期磁场下的平面电机建模和设计问题，其所对应的情况如图 2.1 所示。

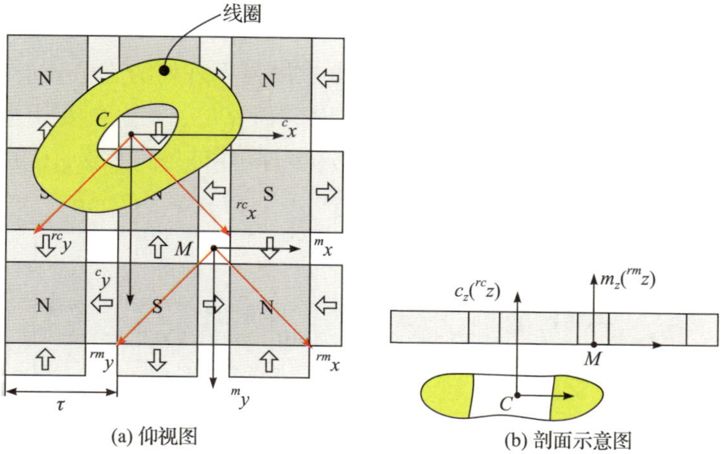

图 2.1　二维周期磁场下的平面电机模型

图 2.1 中展示了一个不具有特殊对称性的任意姿态下的任意形状线圈及其对应的二维周期磁钢阵列。为了与后文的实例验证统一，图中的磁钢按照 Halbach 阵列的形式排布。实际上这样的排布要求并非必要条件，从本章后续的分析可以看出，本章的结论适用于任意周期排布形式。图 2.1 中示出了磁钢剩磁方向，为了突出重点，后文的相关示意图中将不再一一给出。

图 2.1 中涉及黑色和红色两组坐标系。其中，黑色坐标系包括磁钢坐标系(用左上标 m 表示)和线圈坐标系(用左上标 c 表示)。磁钢坐标系原点 M，从图 2.1(a)所示的仰视图上看，位于磁钢阵列中无磁钢填充区域的中心，从图 2.1(b)所示的剖面示意图上看，位于磁钢阵列的下表面。线圈坐标系原点 C 可以设定在依附于线圈的任意位置，为了便于计算，通常选在线圈的几何中心。磁钢坐标系和线圈坐标系的 x, y 坐标轴分别与磁钢边线平行。红色坐标系包括旋转磁钢坐标系(用左上标 rm 表示)和旋转线圈坐标系(用左上标 rc 表示)，其原点与对应的黑色坐标系重合，因此，采用相同的字母指代相应坐标系原点，坐标轴为相应黑色坐标系绕 z 轴顺时针转动 45°度所得。

现有研究通常选用红色的旋转磁钢-旋转线圈坐标系组(以下简称红色坐标系组)进行分析，主要是因为在红色坐标系组下，推力模型的表达形式更为简单。然而红色坐标系组较为特殊，相应研究通常只能描述基波磁场产生的推力，而不适用于其他大部分谐波成分。因此，本章将首先在更具一般性的黑色的磁钢-线圈坐标系组(以下简称黑色坐标系组)下进行分析。

本书始终采用磁钢阵列在上、线圈阵列在下的动磁式平面电机结构进行验证，为了能够同时展示出线圈和磁钢阵列，并且保持前后视角统一，本书将大量使用仰视图视角，相应的坐标系也做了调整。

2.3　平面电机二维周期磁场建模

为了获得平面电机的推力模型，首先要求解磁钢阵列的磁场分布情况。对于图 2.1 所示的磁钢阵列的磁场情况，已经开展较多研究[1-3]，这里直接引用相关结论，磁钢坐标系(m)下磁通密度分布情况可以写成式(2-1)所示的各阶谐波加和的形式。

$$
{}^m\vec{B} = -\sum_{k=1}^{\infty}\sum_{l=1}^{\infty} B_0^{(k,l)} \exp\left(\frac{\lambda\pi}{\tau}\,{}^mP_z\right)\begin{bmatrix} k\cos\left(\dfrac{\pi\,{}^mP_x}{\tau}\right)\sin\left(\dfrac{\pi\,{}^mP_y}{\tau}\right) \\ l\sin\left(\dfrac{\pi\,{}^mP_x}{\tau}\right)\cos\left(\dfrac{\pi\,{}^mP_y}{\tau}\right) \\ \lambda\sin\left(\dfrac{\pi\,{}^mP_x}{\tau}\right)\sin\left(\dfrac{\pi\,{}^mP_y}{\tau}\right) \end{bmatrix} \tag{2-1}
$$

其中，$\vec{B}$ 表示磁通密度矢量，B_0 表示与物理参数有关的磁场系数标量，P 表示空间中的任一位置，τ 表示磁钢阵列的极距，其定义如图 2.1 所示，k, l 分别表示 x, y 方向的谐波阶次，λ 是为了简化书写的导出参数，它等于 $\sqrt{k^2+l^2}$，需要强调的是，为了保持公式形式上的统一，本书 λ 的定义与某些文献[1]略有不同。另外，本书中左上标表示所在坐标系，右上标表示谐波阶次，字母右下标表示坐标方向，数字右下标表示无物理意义的编号。

需要说明的是，式(2-1)仅适用于 x, y 方向具有相同周期形式的磁钢阵列，更具一般性的磁钢阵列的磁场分布情况求解将在第 3 章介绍。

2.4　统一推力模型

2.4.1　线圈位置与形状姿态的解耦特性

为了获得一般性的结果，本书从图 2.2 所示的线圈中任意载流导体微元入手进行分析。

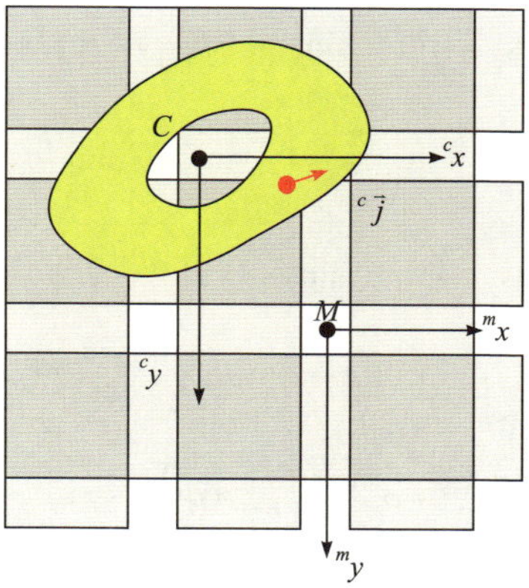

图 2.2　线圈中的载流导体微元

本书采用洛伦兹力法则计算平面电机所受推力，仅需要考虑磁钢阵列的磁体产生的磁感应强度分布，而无须考虑由线圈电流产生的磁感应强度分布。线圈受到的推力可以按式(2-2)计算。

$$\begin{cases} {}^{c}\vec{F} = \int_V {}^{c}\vec{j} \times {}^{c}\vec{B}\,\mathrm{d}v \\ {}^{c}\vec{T} = \int_V {}^{c}\vec{P} \times {}^{c}\vec{F}\,\mathrm{d}v \end{cases} \tag{2-2}$$

其中，j 表示电流密度，由于线圈坐标系(c)与磁钢坐标系(m)的坐标轴平行，下文中在不引起歧义的前提下，将省略左上标，$\vec{F},\vec{T}$ 分别表示力和力矩。

将式(2-1)的磁通密度代入式(2-2)，经过整理可以得到在第(k,l)阶磁场谐波下，载流导体微元受到的力和力矩情况。

$$
\begin{aligned}
{}^{c}\vec{F}^{(k,l)}\mathrm{d}v = &-B_0\exp\left(\frac{\lambda\pi}{\tau}{}^{m}P_z\right)\\
&\cdot\begin{bmatrix}
j_z l\sin\left(\frac{k\pi}{\tau}{}^{m}P_x\right)\cos\left(\frac{l\pi}{\tau}{}^{m}P_y\right)+j_y\lambda\sin\left(\frac{k\pi}{\tau}{}^{m}P_x\right)\sin\left(\frac{l\pi}{\tau}{}^{m}P_y\right)\\
j_z k\cos\left(\frac{k\pi}{\tau}{}^{m}P_x\right)\sin\left(\frac{l\pi}{\tau}{}^{m}P_y\right)-j_x\lambda\sin\left(\frac{k\pi}{\tau}{}^{m}P_x\right)\sin\left(\frac{l\pi}{\tau}{}^{m}P_y\right)\\
j_x l\sin\left(\frac{k\pi}{\tau}{}^{m}P_x\right)\cos\left(\frac{l\pi}{\tau}{}^{m}P_y\right)-j_y k\cos\left(\frac{k\pi}{\tau}{}^{m}P_x\right)\sin\left(\frac{l\pi}{\tau}{}^{m}P_y\right)
\end{bmatrix}\mathrm{d}v
\end{aligned}
\tag{2-3}
$$

$$
\begin{aligned}
{}^{c}\vec{T}^{(k,l)}\mathrm{d}v = &-B_0\exp\left(\frac{\lambda\pi}{\tau}{}^{m}P_z\right)\\
&\cdot\begin{bmatrix}
\begin{aligned}
&{}^{c}P_y j_x l\sin\left(\frac{k\pi}{\tau}{}^{m}P_x\right)\cos\left(\frac{l\pi}{\tau}{}^{m}P_y\right)-{}^{c}P_y j_y k\cos\left(\frac{k\pi}{\tau}{}^{m}P_x\right)\sin\left(\frac{l\pi}{\tau}{}^{m}P_y\right)\\
&\quad-{}^{c}P_z j_z k\cos\left(\frac{k\pi}{\tau}{}^{m}P_x\right)\sin\left(\frac{l\pi}{\tau}{}^{m}P_y\right)+{}^{c}P_z j_x\lambda\sin\left(\frac{k\pi}{\tau}{}^{m}P_y\right)\sin\left(\frac{l\pi}{\tau}{}^{m}P_y\right)
\end{aligned}\\
\begin{aligned}
&-{}^{c}P_x j_x l\sin\left(\frac{k\pi}{\tau}{}^{m}P_y\right)\cos\left(\frac{l\pi}{\tau}{}^{m}P_y\right)-{}^{c}P_z j_z l\sin\left(\frac{k\pi}{\tau}{}^{m}P_y\right)\cos\left(\frac{l\pi}{\tau}{}^{m}P_y\right)\\
&\quad+{}^{c}P_x j_y k\cos\left(\frac{k\pi}{\tau}{}^{m}P_y\right)\sin\left(\frac{l\pi}{\tau}{}^{m}P_y\right)+{}^{c}P_x j_y\lambda\sin\left(\frac{k\pi}{\tau}{}^{m}P_y\right)\sin\left(\frac{l\pi}{\tau}{}^{m}P_y\right)
\end{aligned}\\
\begin{aligned}
&{}^{c}P_y j_z l\sin\left(\frac{k\pi}{\tau}{}^{m}P_y\right)\cos\left(\frac{l\pi}{\tau}{}^{m}P_y\right)+{}^{c}P_x j_z k\cos\left(\frac{k\pi}{\tau}{}^{m}P_y\right)\sin\left(\frac{l\pi}{\tau}{}^{m}P_y\right)\\
&\quad-{}^{c}P_x j_x\lambda\sin\left(\frac{k\pi}{\tau}{}^{m}P_y\right)\sin\left(\frac{l\pi}{\tau}{}^{m}P_y\right)-{}^{c}P_y j_y\lambda\sin\left(\frac{k\pi}{\tau}{}^{m}P_y\right)\sin\left(\frac{l\pi}{\tau}{}^{m}P_y\right)
\end{aligned}
\end{bmatrix}\mathrm{d}v
\end{aligned}
\tag{2-4}
$$

容易看出，式(2-3)和式(2-4)表示的 6 个自由度方向的力和力矩具有类似结构，即可以表示为若干个乘积项的线性组合，其中，每个力分量包含 2 个乘积项，每个力矩分量包含 4 个乘积项，而每个乘积项里包含两个以磁钢坐标系(m)下的位置为参数的三角函数。为了方便描述，定义上述两个三角函数的乘积项为“典型乘积项”。

如式(2-5)所示，式(2-2)中的洛伦兹力体积积分是在线圈坐标系(c)下进行的，因此，需要对典型乘积项里的参数进行坐标分解。载流导体微元在线圈坐标系(c)和磁钢坐标系(m)的坐标变换关系如图 2.3 所示。

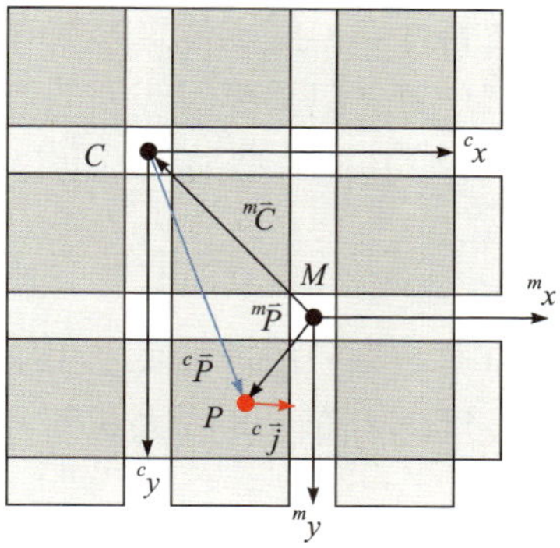

图 2.3　载流导体微元在两坐标系下的坐标变换关系

$$\mathrm{d}v = \mathrm{d}\,{}^{c}P_x \cdot \mathrm{d}\,{}^{c}P_y \cdot \mathrm{d}\,{}^{c}P_z \tag{2-5}$$

两坐标系下的坐标变换关系可以写成如下形式：

$${}^{m}\vec{P} = {}^{c}\vec{P} + {}^{m}\vec{C} \tag{2-6}$$

以由正弦函数构成的典型乘积项为例，将坐标变换关系代入乘积项并进一步等效变换可以得到式(2-7)的表达。

$$\begin{aligned}
&\sin\left(\frac{k\pi}{\tau}\left({}^{c}P_x + {}^{m}C_x\right)\right)\sin\left(\frac{l\pi}{\tau}\left({}^{c}P_y + {}^{m}C_y\right)\right)\\
&= \frac{1}{2}\left[\cos\left(\frac{k\pi}{\tau}{}^{c}P_x - \frac{l\pi}{\tau}{}^{c}P_y\right)\right)\cos\left(\frac{k\pi}{\tau}{}^{m}C_x - \frac{l\pi}{\tau}{}^{m}C_y\right)\\
&\quad - \sin\left(\frac{k\pi}{\tau}{}^{c}P_x - \frac{l\pi}{\tau}{}^{c}P_y\right)\sin\left(\frac{k\pi}{\tau}{}^{m}C_x - \frac{l\pi}{\tau}{}^{m}C_y\right)\\
&\quad - \cos\left(\frac{k\pi}{\tau}{}^{c}P_x + \frac{l\pi}{\tau}{}^{c}P_y\right)\cos\left(\frac{k\pi}{\tau}{}^{m}C_x + \frac{l\pi}{\tau}{}^{m}C_y\right)\\
&\quad + \sin\left(\frac{k\pi}{\tau}{}^{c}P_x + \frac{l\pi}{\tau}{}^{c}P_y\right)\sin\left(\frac{k\pi}{\tau}{}^{m}C_x + \frac{l\pi}{\tau}{}^{m}C_y\right)\right]
\end{aligned} \tag{2-7}$$

尽管变换后典型乘积项的形式更加复杂(由原来的 1 项变为 4 项)，但是每个三角函数中的位置参数，实现了坐标系的统一。具体来说，变换后的 4 个乘积项恰好包含两个三角函数，而每一项左侧三角函数的位置参数，表示载流导体微元在线圈坐标系(c)下的位置，它只与线圈的形状和姿态有关。右侧三角函数的位置参数，是线圈坐标原点 C 在磁钢坐标系(m)下的位置，它代表线圈的位置，将右侧的 4 个三角函数定义为“位置函数”。对于同一个线圈中任何载流导体微元，它们的坐标原点位置是一样的，因此，所有典型乘积项都可以等效变换出相同的位置函数。又因为体积积分是在线圈坐标系(c)下进行的，位置函数不影响积分结果，所以可以提取到积分号外。

上述变换实现了一个重要特性——线圈位置参数和形状姿态参数的解耦。这使得体积积分可以剥离出线圈位置，只需要对线圈的形状姿态进行积分。这样的解耦操作是获得统一模型的关键。其他典型乘积项也有类似结论，这里不再赘述。

2.4.2 统一模型的形式

对式(2-3)和式(2-4)中所有典型乘积项进行式(2-7)所示的等效变换，可以得到式(2-8)的统一模型——线圈在第(*k*, *l*)阶磁场谐波下产生推力的表达式。

$$\underbrace{\begin{bmatrix} {}^cF_x^{(k,l)} \\ {}^cF_y^{(k,l)} \\ {}^cF_z^{(k,l)} \\ {}^cT_x^{(k,l)} \\ {}^cT_y^{(k,l)} \\ {}^cT_z^{(k,l)} \end{bmatrix}}_{\text{力和力矩}} = \underbrace{\begin{bmatrix} u_{11}^{(k,l)} & u_{12}^{(k,l)} & u_{13}^{(k,l)} & u_{14}^{(k,l)} \\ u_{21}^{(k,l)} & u_{22}^{(k,l)} & u_{23}^{(k,l)} & u_{24}^{(k,l)} \\ u_{31}^{(k,l)} & u_{32}^{(k,l)} & u_{33}^{(k,l)} & u_{34}^{(k,l)} \\ u_{41}^{(k,l)} & u_{42}^{(k,l)} & u_{43}^{(k,l)} & u_{44}^{(k,l)} \\ u_{51}^{(k,l)} & u_{52}^{(k,l)} & u_{53}^{(k,l)} & u_{54}^{(k,l)} \\ u_{61}^{(k,l)} & u_{62}^{(k,l)} & u_{63}^{(k,l)} & u_{64}^{(k,l)} \end{bmatrix}}_{\text{推力系数矩阵}} \exp\left(\frac{\lambda\pi}{\tau}\,{}^mC_z\right) \underbrace{\begin{bmatrix} \widehat{e}_1^{(k,l)} \\ \widehat{e}_2^{(k,l)} \\ \widehat{e}_3^{(k,l)} \\ \widehat{e}_4^{(k,l)} \end{bmatrix}}_{\text{位置函数}} \tag{2-8}$$

其中，$\widehat{e}$ 表示式(2-9)所示的位置函数。

$$\begin{cases} \widehat{e}_1^{(k,l)} = \cos\left(\dfrac{k\pi}{\tau}\,{}^mC_x - \dfrac{l\pi}{\tau}\,{}^mC_y\right) \\ \widehat{e}_2^{(k,l)} = \sin\left(\dfrac{k\pi}{\tau}\,{}^mC_x - \dfrac{l\pi}{\tau}\,{}^mC_y\right) \\ \widehat{e}_3^{(k,l)} = \cos\left(\dfrac{k\pi}{\tau}\,{}^mC_x + \dfrac{l\pi}{\tau}\,{}^mC_y\right) \\ \widehat{e}_3^{(k,l)} = \sin\left(\dfrac{k\pi}{\tau}\,{}^mC_x + \dfrac{l\pi}{\tau}\,{}^mC_y\right) \end{cases} \tag{2-9}$$

推力系数矩阵中包含 6 行 4 列共 24 个推力系数 u_{ij}，每个系数是一个仅与线圈形状和姿态有关的积分值。考虑到这些积分的表达式比较冗长，给出全部积分表达式对于增进本模型的理解帮助不大，这里只给出式(2-8)所示的推力系数矩阵中第一行 4 个推力系数的积分表达式。

$$u_{11}^{(k,l)} = \frac{B_0}{2}\int_V \left[\exp\left(\frac{\lambda\pi\,{}^cP_z}{\tau}\right)\cdot\left(j_z l\sin\left(\frac{k\pi}{\tau}\,{}^cP_x - \frac{l\pi}{\tau}\,{}^cP_y\right) - j_y\lambda\cos\left(\frac{k\pi}{\tau}\,{}^cP_x - \frac{l\pi}{\tau}\,{}^cP_y\right)\right)\right]\mathrm{d}v$$

$$u_{12}^{(k,l)} = \frac{B_0}{2}\int_V \left[\exp\left(\frac{\lambda\pi\,{}^cP_z}{\tau}\right)\cdot\left(j_y\lambda\sin\left(\frac{k\pi}{\tau}\,{}^cP_x - \frac{l\pi}{\tau}\,{}^cP_y\right) + j_z l\cos\left(\frac{k\pi}{\tau}\,{}^cP_x - \frac{l\pi}{\tau}\,{}^cP_y\right)\right)\right]\mathrm{d}v$$

$$u_{13}^{(k,l)}=\frac{E_0}{2}\int_V\left[\exp\left(\frac{\lambda\pi\,^cP_z}{\tau}\right)\cdot\left(j_y\lambda\cos\left(\frac{k\pi}{\tau}\,^cP_x+\frac{l\pi}{\tau}\,^cP_y\right)+j_z l\sin\left(\frac{k\pi}{\tau}\,^cP_x+\frac{l\pi}{\tau}\,^cP_y\right)\right)\right]\mathrm{d}v$$

$$u_{14}^{(k,l)}=\frac{E_0}{2}\int_V\left[\exp\left(\frac{\lambda\pi\,^cP_z}{\tau}\right)\cdot\left(j_z l\cos\left(\frac{k\pi}{\tau}\,^cP_x+\frac{l\pi}{\tau}\,^cP_y\right)-j_y\lambda\sin\left(\frac{k\pi}{\tau}\,^cP_x+\frac{l\pi}{\tau}\,^cP_y\right)\right)\right]\mathrm{d}v$$

(2-10)

一般来说，这些系数的计算需要采用数值类方法，在现有的硬件条件(CPU: Intel Core i7-4720HQ)下，这些系数的计算耗时(建模时间)较短。举例来说，求解文献[4]中研究的平面电机基波(k = 1, l = 1)推力模型中的 24 个推力系数，总耗时不超过 0.7s。

需要说明的是，尽管统一模型的系数矩阵需要积分计算，但对于一个形状确定、只相对磁钢阵列进行 x, y, z 三自由度平动的线圈，其形状和姿态都不发生改变，因此，推力系数矩阵将是一个常矩阵。在这种条件下，可以认为统一模型仍具有闭式表达式(closed-form expression)的形式。这样推力系数矩阵的求解只需要在设计阶段进行一次就可以，不影响实时计算的耗时，这一点使得统一模型可以继承解析表达式方法计算速度上的优点。

线圈受到的总推力可以表示为式(2-11)所示的各阶谐波推力之和的形式。实际上由于包含无穷级数求和，这样的形式不再是解析表达式，但是实际应用中，推力模型一般只包含前几阶谐波，仍符合解析表达式的形式。

$$\begin{bmatrix}^cF_x\\ ^cF_y\\ ^cF_z\\ ^cT_x\\ ^cT_y\\ ^cT_z\end{bmatrix}=\sum_{k=1}^{\infty}\sum_{l=1}^{\infty}\begin{bmatrix}^cF_x^{(k,l)}\\ ^cF_y^{(k,l)}\\ ^cF_z^{(k,l)}\\ ^cT_x^{(k,l)}\\ ^cT_y^{(k,l)}\\ ^cT_z^{(k,l)}\end{bmatrix}\tag{2-11}$$

需要强调的是，在前面的推导过程中，并没有对线圈的形状和姿态做任何限制，因此，本模型适合任意形状和姿态的线圈；本模型最初就是以谐波形式推导的，因此，适用于任意谐波引起的推力。此外，线圈推力可以表示成 4 个包含 x, y, z 位置参数的初等函数与推力系数矩阵乘积的形式，这种线性结构为后续分析带来很大便利。

上述统一模型是在线圈坐标系(c)下得到的，如果需要获得其他坐标轴平行的坐标系，如磁钢坐标系(m)下的推力情况，只需要考虑力平移产生的附加力矩即可，其转换关系见式(2-12)。

$$\begin{bmatrix} {}^{m}F_x \\ {}^{m}F_y \\ {}^{m}F_z \\ {}^{m}T_x \\ {}^{m}T_y \\ {}^{m}T_z \end{bmatrix} = \begin{bmatrix} \boldsymbol{I}_3 & \boldsymbol{0} \\ \begin{matrix} 0 & -{}^{m}C_z & {}^{m}C_y \\ {}^{m}C_z & 0 & -{}^{m}C_x \\ -{}^{m}C_y & {}^{m}C_x & 0 \end{matrix} & \boldsymbol{I}_3 \end{bmatrix} \begin{bmatrix} {}^{c}F_x \\ {}^{c}F_y \\ {}^{c}F_z \\ {}^{c}T_x \\ {}^{c}T_y \\ {}^{c}T_z \end{bmatrix} \tag{2-12}$$

其中，$\boldsymbol{I}_3$ 表示 3×3 的单位矩阵。

2.4.3　统一模型的一般性

容易验证，前期研究者[5,6]在类似本书黑色坐标系组下进行的建模工作，完全符合本书所提统一模型，它们可以看作统一模型的特例。

为了阐明本书所提统一模型与其他在类似本书红色坐标系组下开展的研究之间的关系。下面在图 2.4 所示的红色坐标系组下重新进行统一模型的推导。与现有研究一样，在红色坐标系组下的研究只讨论基波磁场及其产生的推力。

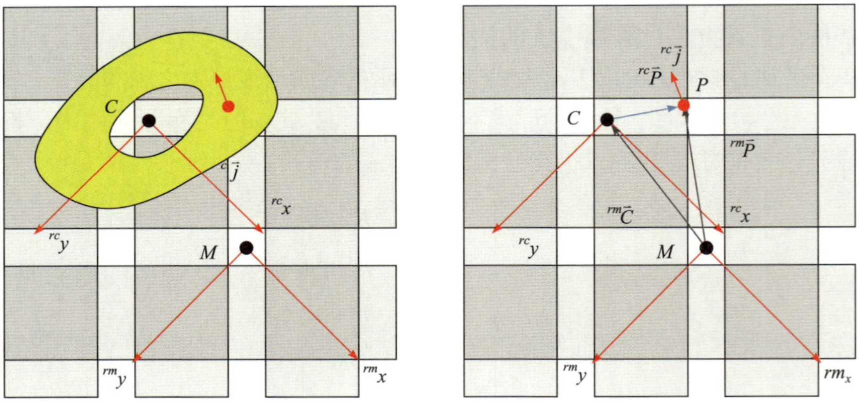

(a) 载流导体微元　　(b) 两坐标系下的坐标变换关系

图 2.4　红色坐标系组分析示意图

根据现有文献[1]，旋转磁钢坐标系(rm)下的磁场基波的磁通密度分布情况可以写成式(2-13)。

$$ {}^{rm}\vec{B}^{(1,1)} = -\frac{B_0^{(1,1)}}{\sqrt{2}} \exp\left(\frac{\sqrt{2}\pi}{\tau}{}^{rm}P_z\right) \begin{bmatrix} \sin\left(\dfrac{\sqrt{2}\pi}{\tau}{}^{rm}P_x\right) \\ -\sin\left(\dfrac{\sqrt{2}\pi}{\tau}{}^{rm}P_y\right) \\ \cos\left(\dfrac{\sqrt{2}\pi}{\tau}{}^{rm}P_y\right) - \cos\left(\dfrac{\sqrt{2}\pi}{\tau}{}^{rm}P_x\right) \end{bmatrix} \tag{2-13}$$

将其代入类似式(2-2)的洛伦兹力计算公式，可以得到旋转线圈坐标系(*rc*)下，载流导体微元受到的 6 个自由度方向的力和力矩，见式(2-14)和式(2-15)。

$$
{}^{rc}\vec{F}\mathrm{d}v=-\frac{B_0}{\sqrt{2}}\exp\left(\frac{\sqrt{2}\pi}{\tau}{}^{r}P_z\right)\begin{bmatrix} j_y\left(-\cos\left(\frac{\sqrt{2}\pi}{\tau}{}^{rm}P_x\right)+\cos\left(\frac{\sqrt{2}\pi}{\tau}{}^{rm}P_y\right)\right) \\ j_x\left(\cos\left(\frac{\sqrt{2}\pi}{\tau}{}^{rm}P_x\right)-\cos\left(\frac{\sqrt{2}\pi}{\tau}{}^{rm}P_y\right)\right) \\ -j_x\sin\left(\frac{\sqrt{2}\pi}{\tau}{}^{rm}P_y\right)-j_y\sin\left(\frac{\sqrt{2}\pi}{\tau}{}^{rm}P_x\right) \end{bmatrix}\mathrm{d}v \tag{2-14}
$$

$$
{}^{rc}\vec{T}\mathrm{d}v=-\frac{B_0}{\sqrt{2}}\exp\left(\frac{\sqrt{2}\pi}{\tau}{}^{r}P_z\right)\begin{bmatrix} j_x\,{}^{rc}P_z\left(-\cos\left(\frac{\sqrt{2}\pi}{\tau}{}^{rm}P_x\right)+\cos\left(\frac{\sqrt{2}\pi}{\tau}{}^{rm}P_y\right)\right) \\ \quad -{}^{rc}P_y\left(j_y\sin\left(\frac{\sqrt{2}\pi}{\tau}{}^{rm}P_x\right)+j_x\sin\left(\frac{\sqrt{2}\pi}{\tau}{}^{rm}P_y\right)\right) \\ j_y\,{}^{rc}P_z\left(-\cos\left(\frac{\sqrt{2}\pi}{\tau}{}^{rm}P_x\right)+\cos\left(\frac{\sqrt{2}\pi}{\tau}{}^{rm}P_y\right)\right) \\ \quad +{}^{rc}P_x\left(j_y\sin\left(\frac{\sqrt{2}\pi}{\tau}{}^{rm}P_x\right)+j_x\sin\left(\frac{\sqrt{2}\pi}{\tau}{}^{rm}P_y\right)\right) \\ \left(j_x\,{}^{rc}P_x+j_y\,{}^{rc}P_y\right)\left(\cos\left(\frac{\sqrt{2}\pi}{\tau}{}^{rm}P_x\right)\right. \\ \quad \left.-\cos\left(\frac{\sqrt{2}\pi}{\tau}{}^{rm}P_y\right)\right) \end{bmatrix}\mathrm{d}v \tag{2-15}
$$

同样将相似的结构形式定义为红色坐标系组下的典型乘积项，只是前面的典型乘积项里包含 2 个以磁钢坐标系(*m*)下位置为参数的三角函数，这里的典型乘积项只包含 1 个以旋转磁钢坐标系(*rm*)下位置为参数的三角函数。可以看出，红色坐标系组下的结果比黑色坐标系组更加简单。

参考图 2.4(b)，可以得到旋转磁钢坐标系(*rm*)和旋转线圈坐标系(*rc*)的坐标变换关系，见式(2-16)。

$$
{}^{rm}\vec{P}={}^{rc}\vec{P}+{}^{rm}\vec{C} \tag{2-16}
$$

对只包含一个三角函数的典型乘积项进行式(2-17)中的等效变换，这一操作实际上就是三角函数的和角公式，因此，不再逐一列写。

$$
\begin{aligned}
&\cos\left(\frac{\sqrt{2}\pi}{\tau}\left({}^{rc}P_x+{}^{rm}C_x\right)\right)\\
&=\cos\left(\frac{\sqrt{2}\pi}{\tau}{}^{rc}P\right)\cos\left(\frac{\sqrt{2}\pi}{\tau}{}^{rm}C_x\right)-\sin\left(\frac{\sqrt{2}\pi}{\tau}{}^{rc}P\right)\sin\left(\frac{\sqrt{2}\pi}{\tau}{}^{rm}C_x\right)
\end{aligned}
\tag{2-17}
$$

容易发现，上述等效变换同样带来了旋转磁钢坐标系(rm)下线圈位置参数和旋转线圈坐标系(rc)下线圈形状姿态参数的解耦。

对每个典型结构进行类似的等效变换，就可以得到红色坐标系组下，由基波磁场产生的推力基波的表达式，同样地，它对线圈形状姿态也没有任何限制。

$$
\underbrace{\begin{bmatrix}{}^{rc}F_x^{(1,1)}\\{}^{rc}F_y^{(1,1)}\\{}^{rc}F_z^{(1,1)}\\{}^{rc}T_x^{(1,1)}\\{}^{rc}T_y^{(1,1)}\\{}^{rc}T_z^{(1,1)}\end{bmatrix}}_{\text{力和力矩}}=\underbrace{\begin{bmatrix}v_{11}^{(1,1)}&v_{12}^{(1,1)}&v_{13}^{(1,1)}&v_{14}^{(1,1)}\\v_{21}^{(1,1)}&v_{22}^{(1,1)}&v_{23}^{(1,1)}&v_{24}^{(1,1)}\\v_{31}^{(1,1)}&v_{32}^{(1,1)}&v_{33}^{(1,1)}&v_{34}^{(1,1)}\\v_{41}^{(1,1)}&v_{42}^{(1,1)}&v_{43}^{(1,1)}&v_{44}^{(1,1)}\\v_{51}^{(1,1)}&v_{52}^{(1,1)}&v_{53}^{(1,1)}&v_{54}^{(1,1)}\\v_{61}^{(1,1)}&v_{62}^{(1,1)}&v_{63}^{(1,1)}&v_{64}^{(1,1)}\end{bmatrix}}_{\text{推力系数矩阵}}\exp\left(\frac{\sqrt{2}\pi}{\tau}{}^{rm}C_z\right)\underbrace{\begin{bmatrix}\cos\left(\frac{\pi}{\tau}{}^{rm}C_x\right)\\\sin\left(\frac{\pi}{\tau}{}^{rm}C_x\right)\\\cos\left(\frac{\pi}{\tau}{}^{rm}C_y\right)\\\sin\left(\frac{\pi}{\tau}{}^{rm}C_y\right)\end{bmatrix}}_{\text{位置函数}}
\tag{2-18}
$$

其中，推力系数用字母 v 表示。

由于式(2-8)和式(2-18)描述的统一模型所在坐标系组不同，相同阶次下，两个模型的推力系数矩阵不再相同。但是两者实质上是同一物理量在不同坐标系下的表达，因此，两模型的推力系数矩阵存在某种关联，下面将给出这种关联的具体形式。

黑色和红色两坐标系组下的位置矢量存在转换关系：

$$
\begin{bmatrix}{}^{rm}x\\{}^{rm}y\\{}^{rm}z\end{bmatrix}=\boldsymbol{R}_\theta\begin{bmatrix}{}^{m}x\\{}^{m}y\\{}^{m}z\end{bmatrix}
\tag{2-19}
$$

其中，$\boldsymbol{R}_\theta$ 为旋转矩阵，其定义如下：

$$
\boldsymbol{R}_\theta=\begin{bmatrix}\cos\theta&-\sin\theta&0\\\sin\theta&\cos\theta&0\\0&0&1\end{bmatrix}
\tag{2-20}
$$

其中，θ 表示两坐标系组相对转动的转角。

另外，两坐标系组下的位置函数有如下对应关系：

$$
\begin{cases}
\cos\left(\dfrac{\pi}{\tau}\left({}^{m}x-{}^{m}y\right)\right)=\cos\left(\dfrac{\sqrt{2}\pi}{\tau}{}^{rm}y\right)\\
\sin\left(\dfrac{\pi}{\tau}\left({}^{m}x-{}^{m}y\right)\right)=-\sin\left(\dfrac{\sqrt{2}\pi}{\tau}{}^{rm}y\right)\\
\cos\left(\dfrac{\pi}{\tau}\left({}^{m}x+{}^{m}y\right)\right)=\cos\left(\dfrac{\sqrt{2}\pi}{\tau}{}^{rm}x\right)\\
\sin\left(\dfrac{\pi}{\tau}\left({}^{m}x+{}^{m}y\right)\right)=\sin\left(\dfrac{\sqrt{2}\pi}{\tau}{}^{rm}x\right)
\end{cases}
\tag{2-21}
$$

而两坐标系组下 6 个自由度方向的力和力矩有如下转换关系：

$$
\begin{bmatrix}{}^{rm}F_x^{(1,1)}\\{}^{rm}F_y^{(1,1)}\\{}^{rm}F_z^{(1,1)}\\{}^{rm}T_x^{(1,1)}\\{}^{rm}T_y^{(1,1)}\\{}^{rm}T_z^{(1,1)}\end{bmatrix}
=\left[\begin{array}{c:c}\boldsymbol{R}_\theta & \boldsymbol{0}_{3\times3}\\ \hdashline \boldsymbol{0}_{3\times3} & \boldsymbol{R}_\theta\end{array}\right]
\begin{bmatrix}{}^{m}F_x^{(1,1)}\\{}^{m}F_y^{(1,1)}\\{}^{m}F_z^{(1,1)}\\{}^{m}T_x^{(1,1)}\\{}^{m}T_y^{(1,1)}\\{}^{m}T_z^{(1,1)}\end{bmatrix}
\tag{2-22}
$$

将上述结论代入式(2-8)和式(2-18)，并进行对比即可得到，通过黑色坐标系组下的推力系数矩阵，求解红色坐标系组下推力系数矩阵的方法：

$$
\begin{bmatrix}v_{11}&v_{12}&v_{13}&v_{14}\\v_{21}&v_{22}&v_{23}&v_{24}\\v_{31}&v_{32}&v_{33}&v_{34}\\v_{41}&v_{42}&v_{43}&v_{44}\\v_{51}&v_{52}&v_{53}&v_{54}\\v_{61}&v_{62}&v_{63}&v_{64}\end{bmatrix}
=\frac{1}{\sqrt{2}}
\begin{bmatrix}u_{13}+u_{23}&u_{14}+u_{24}&u_{11}+u_{21}&-u_{12}-u_{22}\\-u_{13}+u_{23}&-u_{14}+u_{24}&-u_{11}+u_{21}&u_{12}-u_{22}\\\sqrt{2}u_{33}&\sqrt{2}u_{34}&\sqrt{2}u_{31}&-\sqrt{2}u_{32}\\u_{43}+u_{53}&u_{44}+u_{54}&u_{41}+u_{51}&-u_{42}-u_{52}\\-u_{43}+u_{53}&-u_{44}+u_{54}&-u_{41}+u_{51}&u_{42}-u_{52}\\\sqrt{2}u_{63}&\sqrt{2}u_{64}&\sqrt{2}u_{61}&-\sqrt{2}u_{62}\end{bmatrix}
\tag{2-23}
$$

容易检验，现有在红色坐标系组下研究的结果[1,4,7]完全符合式(2-18)形式的统一模型。

然而，现有研究(无论是在黑色还是红色坐标系组下)所得到的推力模型在形式上比前面所得到的统一模型简单，具体表现在推力系数矩阵中存在大量非零系数。实际上，这种推力系数矩阵的简化是特殊的线圈对称性导致的，下面对此进行详细分析。现有研究中具有特殊对称性的线圈有以下两类。

一类是图 2.5 所示的红色坐标系组下同时关于 x, y 轴对称的平面闭环线圈。下面介绍这种对称性是如何导致推力系数矩阵简化的。图 2.5 所示线圈的对称性可以写成如下表达式：

$$\begin{cases} a_x = -b_x = -d_x = g_x \\ a_y = b_y = -d_y = -g_y \\ a_z = b_z = d_z = g_z \\ j_{ax} = j_{bx} = -j_{dx} = -j_{gx} \\ j_{ay} = -j_{by} = -j_{dy} = j_{gy} \\ j_{az} = j_{bz} = j_{dz} = j_{gz} = 0 \end{cases} \tag{2-24}$$

其中，a, b, d, g 表示处在 x, y 轴对称位置的 4 个载流导体微元。

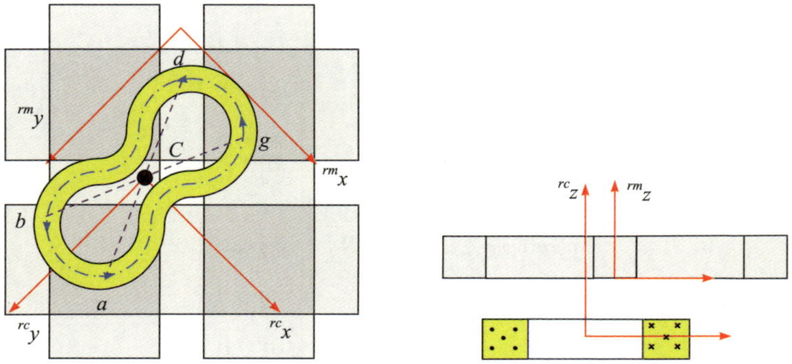

(a) 仰视图 (b) 剖面示意图

图 2.5 红色坐标系组下同时关于 x, y 轴对称的平面闭环线圈

此时，4 个载流导体微元受到的 6 个自由度方向的合力和合力矩为

$$^{rc}F_x = K\exp\left(\frac{\sqrt{2}\pi}{\tau}{}^{rm}C_z\right)4j_y\sin\left(\frac{\sqrt{2}\pi}{\tau}{}^{rc}a_x\right)\sin\left(\frac{\sqrt{2}\pi}{\tau}{}^{rm}C_x\right)$$

$$^{rc}F_y = K\exp\left(\frac{\sqrt{2}\pi}{\tau}{}^{rm}C_z\right)4j_x\sin\left(\frac{\sqrt{2}\pi}{\tau}{}^{rc}a_y\right)\sin\left(\frac{\sqrt{2}\pi}{\tau}{}^{rm}C_y\right)$$

$$\begin{aligned} ^{rc}F_z = K\exp\left(\frac{\sqrt{2}\pi}{\tau}{}^{rm}C_z\right) - 4\left(j_y\sin\left(\frac{\sqrt{2}\pi}{\tau}{}^{rc}a_x\right)\cos\left(\frac{\sqrt{2}\pi}{\tau}{}^{rm}C_x\right)\right. \\ \left. + j_x\sin\left(\frac{\sqrt{2}\pi}{\tau}{}^{rc}a_y\right)\cos\left(\frac{\sqrt{2}\pi}{\tau}{}^{rm}C_y\right)\right) \end{aligned}$$

$$\begin{aligned} ^{rc}T_x = K\exp\left(\frac{\sqrt{2}\pi}{\tau}{}^{rm}C_z\right) - 4j_x\left({}^{rc}a_y\cos\left(\frac{\sqrt{2}\pi}{\tau}{}^{rc}a_y\right)\right. \\ \left. + {}^{rc}a_z\sin\left(\frac{\sqrt{2}\pi}{\tau}{}^{rc}a_y\right)\right)\sin\left(\frac{\sqrt{2}\pi}{\tau}{}^{rm}C_y\right) \end{aligned}$$

$$
\begin{aligned}
{}^{rc}T_y &= K\exp\left(\frac{\sqrt{2}\pi}{\tau}\,{}^{rm}C_z\right)4j_y\left({}^{rc}a_x\cos\left(\frac{\sqrt{2}\pi}{\tau}\,{}^{rc}a_x\right)\right. \\
&\quad \left.+\,{}^{rc}a_z\sin\left(\frac{\sqrt{2}\pi}{\tau}\,{}^{rc}a_x\right)\right)\sin\left(\frac{\sqrt{2}\pi}{\tau}\,{}^{rm}C_x\right) \\
{}^{rc}T_z &= 0
\end{aligned}
\tag{2-25}
$$

对比式(2-18)可以得到如下推力系数矩阵：

$$
\begin{bmatrix}
0 & v_{12} & 0 & 0 \\
0 & 0 & 0 & v_{24} \\
-v_{12} & 0 & -v_{24} & 0 \\
0 & 0 & 0 & v_{44} \\
0 & v_{52} & 0 & 0 \\
0 & 0 & 0 & 0
\end{bmatrix}
\tag{2-26}
$$

这样就得到了与现有研究[5,7,8]形式上更一致的结果。需要说明的是，Jansen[9]还给出了推力系数矩阵更为简洁的模型，但是其模型只在线圈在特定几何简化和特殊尺寸下才成立，其结论同样符合本书的统一模型。

另一类具有特殊对称性的线圈是图 2.6 所示的黑色坐标系组下中心对称的平面闭环线圈。

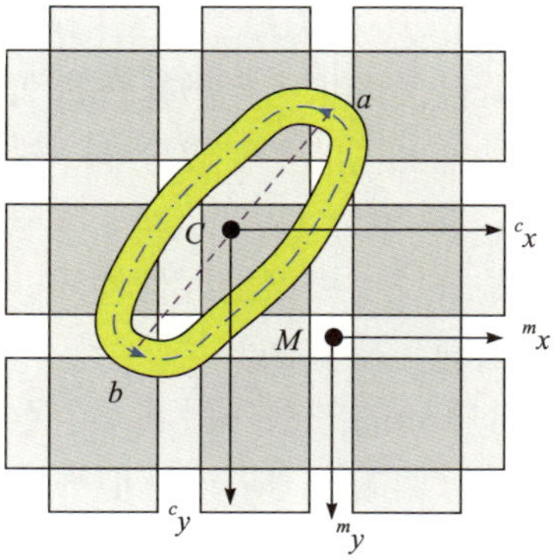

图 2.6　黑色坐标系组下中心对称的平面闭环线圈

图 2.6 所示线圈的对称性可以写成如下表达式：

$$
\begin{cases}
a_x = -b_x \\
a_y = -b_y \\
a_z = b_z \\
j_{ax} = -j_{bx} \\
j_{ay} = -j_{by} \\
j_{az} = j_{bz} = 0
\end{cases}
\tag{2-27}
$$

类似地，对处在中心对称位置的两个载流导体微元受到的 6 个自由度方向的合力与合力矩进行整理，即可得到相应的简化推力系数矩阵：

$$\begin{bmatrix} 0 & u_{12} & 0 & u_{14} \\ 0 & u_{22} & 0 & u_{24} \\ u_{31} & 0 & u_{33} & 0 \\ 0 & u_{42} & 0 & u_{44} \\ 0 & u_{52} & 0 & u_{54} \\ u_{61} & 0 & u_{63} & 0 \end{bmatrix} \tag{2-28}$$

这样的形式也可以从现有研究[6]中得到印证。

以上分析展示了线圈的一些特殊对称性带来的推力系数矩阵简化，同时也说明了现有研究与本书所提统一模型的一致性，现有研究得到的推力模型实际上是本书所提统一模型的特例。

2.5 统一推力模型的建模应用

2.5.1 适用于任意线圈的快速建模方法

从式(2-8)和式(2-18)给出的统一推力模型的结构可以看出，建立任意形状线圈的推力模型，只需要确定各阶谐波的推力系数矩阵即可；而对于二维 Halbach 排布的磁钢阵列，其基波磁场是总磁场的主要成分[10]，进而可以将推力基波近似认为是总推力。

基于以上两个事实，再结合统一模型的线性性质，可以得到一种较为高效的近似建模方法，本书称之为快速建模方法。

当线圈位于二维 Halbach 排布的磁钢阵列下 4 个不同 x, y 位置时，由于推力系数矩阵在 x, y 平动时不变，它们的推力可以近似写成如下形式：

$$\underbrace{\begin{bmatrix} {}_1^cF_x & {}_2^cF_x & {}_3^cF_x & {}_4^cF_x \\ {}_1^cF_y & {}_2^cF_y & {}_3^cF_y & {}_4^cF_y \\ {}_1^cF_z & {}_2^cF_z & {}_3^cF_z & {}_4^cF_z \\ {}_1^cT_x & {}_2^cT_x & {}_3^cT_x & {}_4^cT_x \\ {}_1^cT_y & {}_2^cT_y & {}_3^cT_y & {}_4^cT_y \\ {}_1^cT_z & {}_2^cT_z & {}_3^cT_z & {}_4^cT_z \end{bmatrix}}_{\text{力和力矩}} \approx$$

$$\underbrace{\begin{bmatrix} m_{11}^{(1,1)} & m_{12}^{(1,1)} & m_{13}^{(1,1)} & m_{14}^{(1,1)} \\ m_{21}^{(1,1)} & m_{22}^{(1,1)} & m_{23}^{(1,1)} & m_{24}^{(1,1)} \\ m_{31}^{(1,1)} & m_{32}^{(1,1)} & m_{33}^{(1,1)} & m_{34}^{(1,1)} \\ m_{41}^{(1,1)} & m_{42}^{(1,1)} & m_{43}^{(1,1)} & m_{44}^{(1,1)} \\ m_{51}^{(1,1)} & m_{52}^{(1,1)} & m_{53}^{(1,1)} & m_{54}^{(1,1)} \\ m_{61}^{(1,1)} & m_{62}^{(1,1)} & m_{63}^{(1,1)} & m_{64}^{(1,1)} \end{bmatrix}}_{\text{推力系数矩阵}} \exp\left(\frac{\sqrt{2}\pi}{\tau}\,{}^{m}C_z\right) \underbrace{\begin{bmatrix} {}_1\hat{e}_1^{(1,1)} & {}_2\hat{e}_1^{(1,1)} & {}_3\hat{e}_1^{(1,1)} & {}_4\hat{e}_1^{(1,1)} \\ {}_1\hat{e}_2^{(1,1)} & {}_2\hat{e}_2^{(1,1)} & {}_3\hat{e}_2^{(1,1)} & {}_4\hat{e}_2^{(1,1)} \\ {}_1\hat{e}_3^{(1,1)} & {}_2\hat{e}_3^{(1,1)} & {}_3\hat{e}_3^{(1,1)} & {}_4\hat{e}_3^{(1,1)} \\ {}_1\hat{e}_4^{(1,1)} & {}_2\hat{e}_4^{(1,1)} & {}_3\hat{e}_4^{(1,1)} & {}_4\hat{e}_4^{(1,1)} \end{bmatrix}}_{\text{位置函数}} \tag{2-29}$$

当位置函数矩阵可逆时，基波的推力系数矩阵可以近似表示为

$$\boldsymbol{W}_{\text{CM}} \approx \frac{1}{\exp\left(\dfrac{\sqrt{2}\pi}{\tau}\,{}^{m}C_z\right)} \boldsymbol{W}_{\text{FEM}} \cdot \boldsymbol{P}_{\text{FEM}}^{-1} \tag{2-30}$$

其中，$\boldsymbol{W}_{\text{CM}}$ 表示推力系数矩阵，$\boldsymbol{W}_{\text{FEM}}$ 表示推力矩阵，$\boldsymbol{P}_{\text{EFM}}$ 表示位置函数矩阵。这里，位置函数矩阵的可逆性是容易实现的。

在实际建模过程中，只需要对 4 个不相关位置(位置函数矩阵可逆)的推力情况进行有限元仿真，就可以近似获得基波的推力系数矩阵。该方法适用于任意形状、任意姿态的(包括非平面)线圈，可以作为概念设计阶段验证多种不同形式线圈的有力工具。

另外，该方法也可以推广到适用于更多谐波的情况，每增加一阶谐波需要增加 4 个不相关位置的有限元仿真。需要说明的是，该方法的快速特点主要是相对于有限元仿真、实验测量，以及缺乏前期理论积累的建模情况，对于任意形状平面闭环线圈的建模，下一节将会讨论一种更加高效的建模方法。

2.5.2　适用于任意绕制闭环线圈的建模方法

尽管快速建模方法可以根据在几个位置上进行有限元仿真得到的推力情况逆向求解出近似推力模型，但是有限元仿真动辄就要数十分钟的计算开销难以让人满意，尤其是在有优化设计需求的研究中。本节介绍一种针对任意形状平面闭环线圈的正向建模方法，它能够以更高的效率计算出各阶谐波的推力模型。

要实现任意形状平面闭环线圈建模，首先面临的问题是如何描述平面任意形状。本书研究的绕制线圈是由等截面导线一匝一匝绕制而成的，尽管大体上线圈形状可以是任意的，但是线圈各处的宽度应相等。准确描述符合这样约束的任意平面封闭等宽形状比较困难，这里采用一种图 2.7 所示的圆角多边形的近似表示方法。如图 2.7 所示，可以将任意平面封闭等宽形状根据曲率分割成若干个片段，将不同

片段用直边或圆角近似等效，进而得到一个近似圆角多边形。片段划分得越细，所得的圆角多边形对任意平面封闭等宽形状的逼近就会越好。这里为了直观地区分不同类型的片段，可把圆角片段填充绿色，直边片段填充黄色。由于洛伦兹力体积积分实质上就是一种叠加，根据叠加原理[11]，圆角多边形线圈的推力模型就等于各个片段单独推力模型的简单加和。这样，最初不规则的任意形状平面闭环等宽线圈的推力建模，就转化为若干个规则的直边片段或圆角片段的推力建模。

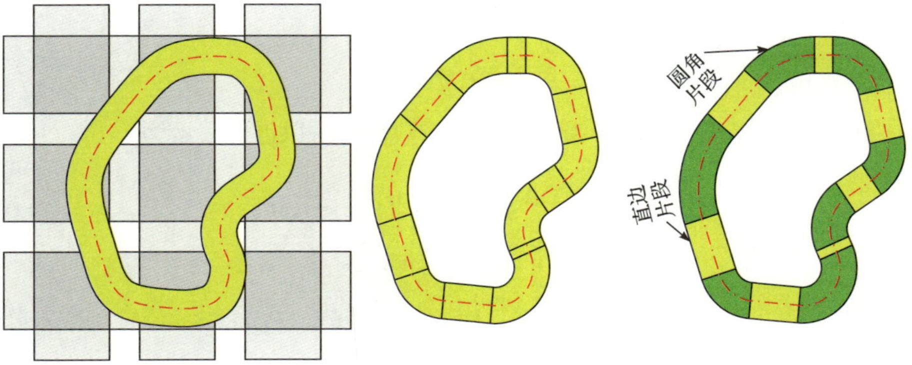

(a) 任意平面封闭形状　　(b) 近似圆角多边形　　(c) 片段区别显示的圆角多边形

图 2.7　任意平面封闭形状的圆角多边形近似表示

首先，考虑对直边片段的建模。根据直边片段的形状特点，对其进行图 2.8 所示的处理。在直边片段的几何中心沿平行于片段各边的方向建立直角坐标系，称为直边片段坐标系(bar-segment coordinate system)。直边片段的全部形态由 5 个参数完全确定，其中，3 个参数表示直边片段的面内位置和姿态(^cb_x, ^cb_y, α)，2 个参数表示直边片段的形状(cl, cb)。

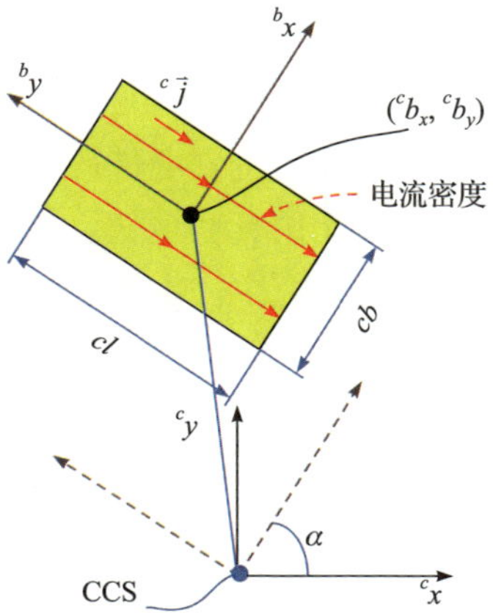

图 2.8　对直边片段的处理

此时载流导体微元在线圈坐标系和直边片段坐标系的位置转换关系可以用式(2-31)表示：

$$\begin{bmatrix} {}^cP_x \\ {}^cP_y \end{bmatrix} - \begin{bmatrix} {}^cb_x \\ {}^cb_y \end{bmatrix} = \begin{bmatrix} \cos(\alpha) & -\sin(\alpha) \\ \sin(\alpha) & \cos(\alpha) \end{bmatrix} \begin{bmatrix} {}^bP_x \\ {}^bP_y \end{bmatrix} \tag{2-31}$$

其中，上标 b 表示直边片段坐标系，字母 b 表示直边片段坐标系的原点。两坐标系的雅可比行列式为

$$\frac{\partial\left({}^cP_x, {}^cP_y\right)}{\partial\left({}^bP_x, {}^bP_y\right)} = \begin{vmatrix} \dfrac{\partial\left({}^cP_x\right)}{\partial\left({}^bP_x\right)} & \dfrac{\partial\left({}^cP_x\right)}{\partial\left({}^bP_y\right)} \\ \dfrac{\partial\left({}^cP_y\right)}{\partial\left({}^bP_x\right)} & \dfrac{\partial\left({}^cP_y\right)}{\partial\left({}^bP_y\right)} \end{vmatrix} = 1 \tag{2-32}$$

此时，就可以将线圈坐标系下不容易处理的积分转化到直边片段坐标系下处理，这里以式(2-8)中的 u_{11} 为例来说明直边片段的处理过程，原积分代入 $j_z = 0$ 后，涉及平面形状的计算表达式如下：

$$\begin{aligned} &\int_S j_y \lambda \cos\left(\frac{k\pi}{\tau}{}^cP_x - \frac{l\pi}{\tau}{}^cP_y\right)\mathrm{d}S \\ &= \int_{{}^bP_y - cl/2}^{{}^bP_y + cl/2} \int_{{}^bP_x - cb/2}^{{}^bP_x + cb/2} -j\lambda\cos(\alpha) \\ &\cdot\cos\left(\frac{k\pi}{\tau}\left({}^bP_x\cos(\alpha) - {}^bP_y\sin(\alpha)\right) - \frac{l\pi}{\tau}\left({}^bP_y\cos(\alpha) + {}^bP_x\sin(\alpha)\right)\right)\mathrm{d}\,{}^bP_x\,\mathrm{d}\,{}^bP_y \end{aligned} \tag{2-33}$$

此处采用 Gauss-Kronrod 积分方法进行推力系数的数值积分操作，这是一种自适应数值积分方法，能够满足计算中对速度和精度的要求。对于其他系数的操作与此类似，不再赘述。

接下来，对圆角片段进行建模。根据圆角片段的形状特点，对其进行图 2.9 所示的处理。在圆角片段圆心处沿平行于线圈坐标系 x 轴的方向建立极坐标系，称为圆角片段坐标系(fillet-segment coordinate system)。圆角片段的全部形态由 6 个参数完全确定，其中，2 个参数表示圆角片段的面内位置和姿态(${}^cf_x$, ${}^cf_y$)，4 个参数表示圆角片段的形状(θ_1, θ_2, ρ_1, ρ_2)。

此时载流导体微元在线圈坐标系和圆角片段坐标系的位置转换关系可用式(2-34)表示：

$$\begin{bmatrix} {}^cP_x \\ {}^cP_y \end{bmatrix} - \begin{bmatrix} {}^cf_x \\ {}^cf_y \end{bmatrix} = \begin{bmatrix} \rho\cos(\theta) \\ \rho\sin(\theta) \end{bmatrix} \tag{2-34}$$

其中，字母 f 表示直边片段坐标系的原点。两坐标系的雅可比行列式为：

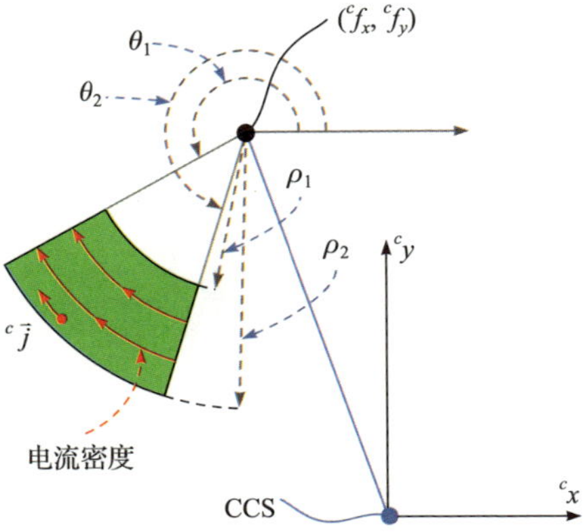

图 2.9　对圆角片段的处理

$$\frac{\partial\left({}^cP_x, {}^cP_y\right)}{\partial(\rho,\theta)}=\begin{vmatrix}\dfrac{\partial\left({}^cP_x\right)}{\partial(\rho)} & \dfrac{\partial\left({}^cP_x\right)}{\partial(\theta)}\\[2ex] \dfrac{\partial\left({}^cP_y\right)}{\partial(\rho)} & \dfrac{\partial\left({}^cP_y\right)}{\partial(\theta)}\end{vmatrix}=\rho \tag{2-35}$$

此时，就可以将线圈坐标系下不容易处理的积分转化到圆角片段坐标系下处理，这里仍以式(2-8)中的 u_{11} 为例来说明圆角片段的处理过程，其中涉及平面形状的计算表达式如下：

$$\begin{aligned}&\int_S j_y\lambda\cos\left(\frac{k\pi}{\tau}{}^cP_x-\frac{l\pi}{\tau}{}^cP_y\right)\mathrm{d}S\\&=\int_{\theta_1}^{\theta_2}\int_{\rho_1}^{\rho_2}-j\lambda\cos(\theta)\cos\left(\frac{k\pi}{\tau}\left({}^cf_x+\rho\cos(\theta)\right)-\frac{l\pi}{\tau}\left({}^cf_y+\rho\sin(\theta)\right)\right)\rho\mathrm{d}\rho\,\mathrm{d}\theta\end{aligned} \tag{2-36}$$

需要说明的是，以上两个片段的建模都是针对开环线圈的，这也说明了分段建模方法对平面开环线圈的适用性。

圆角多边形线圈的推力模型就等于各个片段单独推力模型的简单加和，通过分别计算圆角片段和直边片段的推力系数并进行叠加，就能构建出适用于任意闭环线圈的建模方法。

2.6　统一推力模型实例

下面对统一模型进行单元实验验证。为了展现统一模型更广泛的建模能力，实例选择了特殊的三角形线圈，三角形线圈和磁钢的基本几何参数定义和尺寸示意如图 2.10 所示。

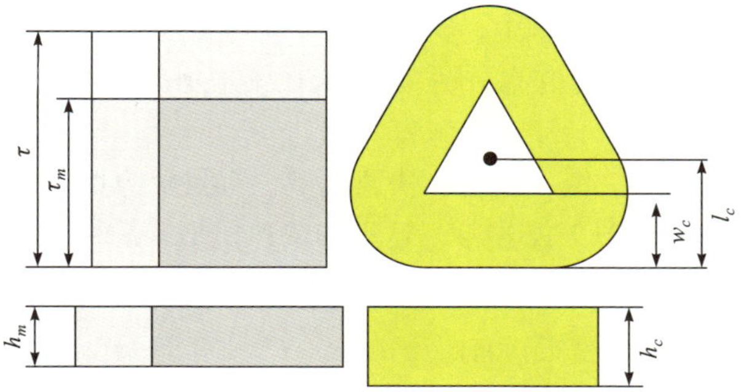

图 2.10　三角形线圈与磁钢的基本几何参数定义及尺寸示意

具体几何参数见表 2.1。

表 2.1　实验模型的基本几何参数

参数	取值/mm
τ	25
τ_m	17
h_m	7
l_c	18
w_c	12
h_c	10

验证在平面线圈和非平面线圈两种情况下分别进行。所谓平面线圈，是指线圈坐标系 z 轴与磁钢阵列表面垂直，线圈内部电流没有 z 方向分量。在这种情况下，本书搭建了实验验证平台，如图 2.11 所示。实验中将 ATI-Gamma 六维力和力矩传感器固定在可 x-y 运动的机床工件台上，磁钢阵列固定在六维力和力矩传

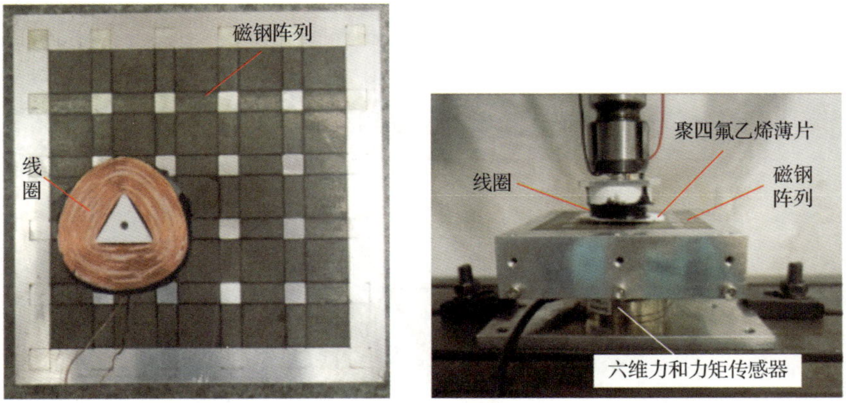

(a) 线圈和磁钢阵列　　(b) 实验配置

图 2.11　统一模型的实验验证平台

感器上，线圈固定在机床主轴上，实验过程中主轴处于锁止状态。实验中，通过直流电源对线圈施加 1A 的电流激励，通过未在图中示出的 PC 机读取和存储传感器输出数据。

实验采用实验测量、统一模型、快速模型、有限元仿真四种方式进行对比，验证实验的运动轨迹如图 2.12 所示。这里的快速模型，是利用快速建模方法，根据 4 个不相关随机位置处的有限元仿真求得的。

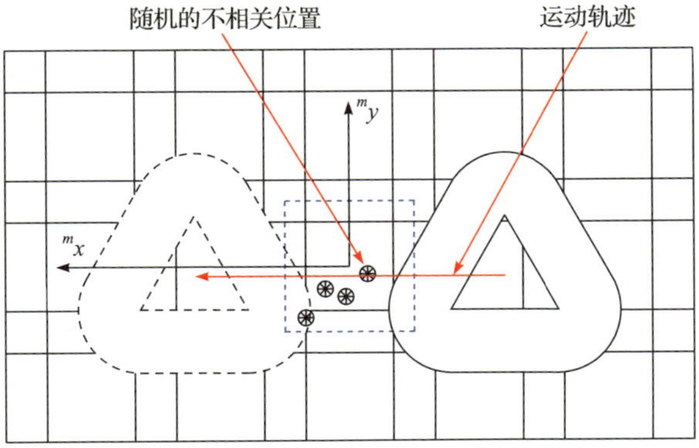

图 2.12　统一模型验证实验运动轨迹示意图

四种建模方法得到的 6 个自由度方向的力和力矩对比情况如图 2.13 所示。图中横坐标表示线圈所在的不同位置，纵坐标表示力和力矩的幅值。大体来看，四种方法得到的结果比较一致。具体来说，有限元仿真、统一模型、快速模型这三种基于理想模型的方法得到的结果非常一致，三者背后的理论出发点各不相同，这更能说明所提方法的正确性。实验测量得到的结果在某些自由度与其他三者存在一些偏差，这主要是制造和装配上的误差导致的。

对于非平面线圈的情况，本书将三角形线圈沿线圈坐标系 x, y 轴分别转动 7° 和 11°，所得非平面线圈姿态如图 2.14 所示。此时，线圈存在沿 z 轴的电流分量。此情形下，采用实验测量和统一模型的方法获得不同位置的推力情况较为困难，这里只采用有限元仿真和快速模型进行对比验证，验证实验运动轨迹如图 2.14 所

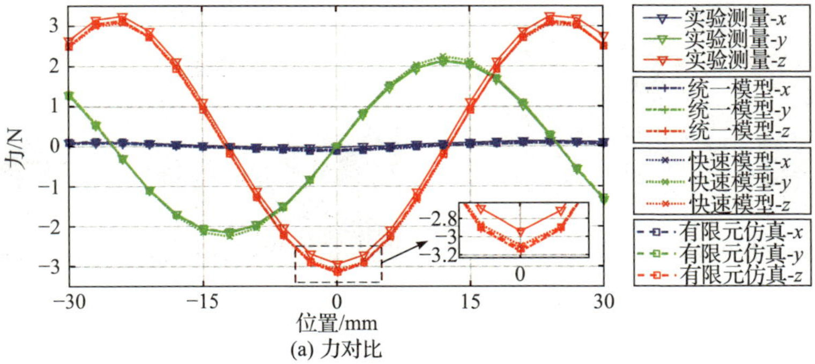

(a) 力对比

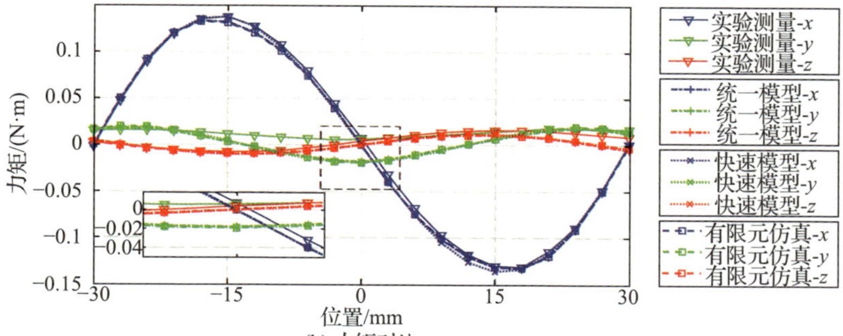

(b) 力矩对比

图 2.13　四种建模方法获得的推力情况对比

示。快速模型的建立方法与前面类似。

两种方法得到的 6 个自由度方向的力和力矩对比情况如图 2.15 所示。图中横坐

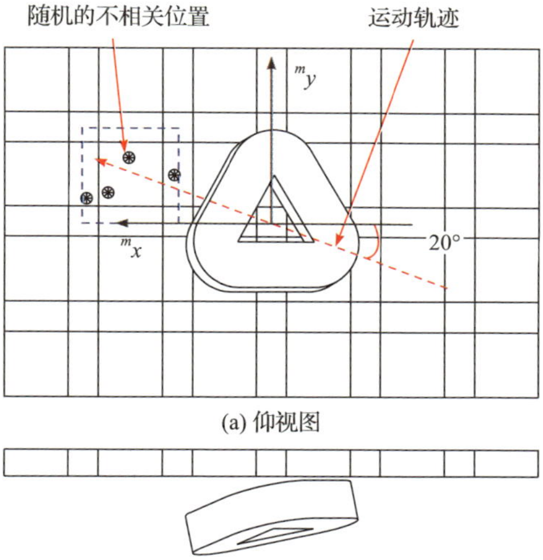

(a) 仰视图

(b) 侧视图

图 2.14　非平面线圈的姿态和验证实验运动轨迹

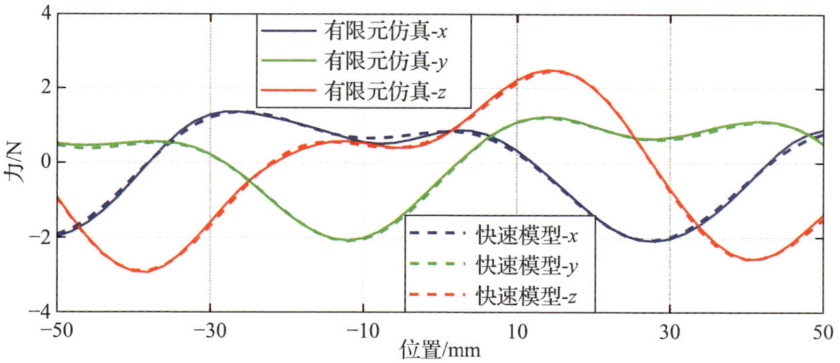

(a) 力对比

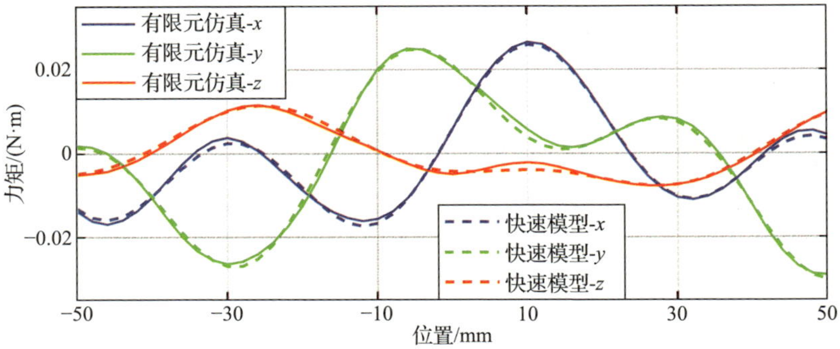

(b) 力矩对比

图 2.15　两种方法获得的推力情况对比

标表示线圈所在的不同位置，纵坐标表示力和力矩的幅值。两者得到的结果非常一致，由于快速模型是由统一模型衍生得出的，因此，这样的结果再次证明了统一模型的正确性。另外，非平面线圈的验证结果也侧面说明了统一模型对姿态建模的能力。

参 考 文 献

[1] Jansen J W, Smeets J P C, Overboom T T, et al. Overview of analytical models for the design of linear and planar motors[J]. IEEE Transactions on Magnetics, 2014, 50(11): 1-7.

[2] Guo L, Zhang H, Galea M, et al. Multiobjective optimization of a magnetically levitated planar motor with multilayer windings[J]. IEEE Transactions on Industrial Electronics, 2016, 63(6): 3522-3532.

[3] Zhang H, Kou B, Jin Y, et al. Modeling and analysis of a novel planar eddy current damper[J]. Journal of Applied Physics, 2014, 115(17): 17E709.

[4] Peng J, Zhou Y, Liu G. Calculation of a new real-time control model for the magnetically levitated ironless planar motor[J]. IEEE Transactions on Magnetics, 2012, 49(4): 1416-1422.

[5] Zhu Y, Liu F, Zhang M, et al. Optimal design of ironless permanent magnet planar motors for minimisation of force ripples[J]. IET Electric Power Applications, 2013, 7(4): 321-330.

[6] Liu F, Zhang M, Zhu Y, et al. A real-time model of ironless planar motors with stationary circular coils[J]. IEEE Transactions on Magnetics, 2015, 51(7): 1-10

[7] Kou B, Xing F, Zhang L, et al. A real-time computation model of the electromagnetic force and torque for a maglev planar motor with the concentric winding[J]. Applied Sciences, 2017, 7(1): 98.

[8] Xing F, Kou B, Zhang L, et al. Design of a control system for a maglev planar motor based on two-dimension linear interpolation[J]. Energies, 2017, 10(8): 1132.

[9] Jansen J W. Magnetically levitated planar actuator with moving magnets: electromechanical analysis and design[D]. Eindhoven: Eindhoven University of Technology, 2007.

[10] Jansen J W, Lierop C M M, Lomonova E A, et al. Modeling of magnetically levitated planar actuators with moving magnets[J]. IEEE Transactions on Magnetics, 2007, 43(1): 15-25.

[11] Jansen J W, Lierop C M M, Lomonova E A, et al. Magnetically levitated planar actuator with moving magnets[J]. IEEE Transactions on Industry Applications, 2008, 44(4): 1108-1115.

第 3 章　基于二维非周期磁场的无铁芯永磁平面电机推力建模

3.1　引　　言

在前两章中，深入探讨了基于二维周期磁场的无铁芯永磁平面电机的建模方法，给出统一的解析推力模型。这些方法为平面电机的设计和控制提供了坚实的基础。然而，当涉及磁钢阵列的边缘区域时，磁场的周期性假定不再成立，这使得传统的周期性磁场建模方法不再适用。本章将专注于解决这一挑战，即在二维非周期磁场下对平面电机进行推力建模。

本章的目标是给出一种新的建模方法，以准确描述磁钢阵列边缘区域的磁场和推力。这里介绍一种扩展统一模型，该模型通过周期延拓的方法，将前两章的结论推广到更一般的情况。此外，本章还将通过实验验证来展示扩展统一模型的有效性，并探讨其在实际应用中的潜在价值。

3.2　基于周期磁场假设建模方法存在的问题

虽然现有的建模方法为二维周期磁场下的平面电机提供了有效的设计和分析工具，但在磁钢阵列的边缘，磁场的周期性丧失，导致传统建模方法的适用性受限。特别是在磁钢阵列尺寸有限的情况下，边缘部分在整个阵列中所占比例较大，对动子为磁钢阵列的平面电机来说，其动子尺寸一般不大，因此，利用其边缘推力的需求就更显迫切。

如图 3.1 所示，边缘磁场的处理和利用问题亟待解决。荷兰埃因霍温理工大

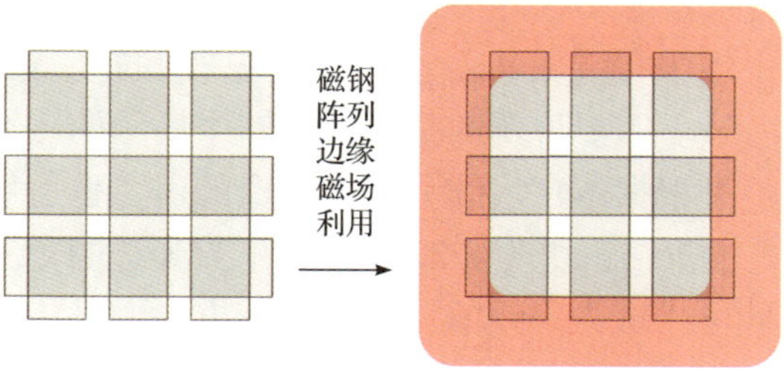

图 3.1　边缘磁场的处理和利用问题

学的 Jansen 等[1]在研究中放弃了边缘磁场产生的推力，仅利用周期性磁场区域内的线圈来驱动平面电机。为了处理由此产生的推力模型不连续性，他们采用基于加权最小 2 范数的电流分配方法，这种方法虽然能够实现电流的平滑过渡，但也增加了电流分配的复杂性，并可能进一步削弱无铁芯电机的推力。

为了充分利用边缘推力，必须对这部分推力进行建模，这对现有的建模方法来说是一个挑战。浙江理工大学的 Guo 等[2]在建模时忽略了边缘磁场的影响，导致实验结果与理论计算结果之间存在偏差。新加坡国立大学的 Zhu 等[3,4]通过特殊的磁钢-线圈尺寸比和电流分配策略来补偿边缘推力，避免了直接对边缘推力进行建模，但这种方法需要特殊的电机结构设计，给设计带来了额外的约束。

与此同时，一些研究者尝试采用不同方法对边缘推力进行建模。荷兰埃因霍温理工大学的学者[5-8]使用磁荷法对包含边缘的磁场进行建模，并通过洛伦兹积分获得了矩形线圈的推力模型。夏威夷大学马诺阿分校的 Berkelman 等[9]利用有限元和数值计算软件建立了圆形线圈的边缘效应推力模型。这些方法虽然解决了边缘推力建模问题，但实时计算仍然依赖于查表插值，限制了它们的应用效率。

清华大学的宋玉晶等[10]提出了伪周期概念，将边缘磁钢的剩磁函数表示为傅里叶级数，并采用矢量磁势方法获得边缘磁场模型，为非周期磁场建模提供了新思路。然而，这些方法在实际工程应用中仍面临解析表达式的复杂性和实时计算的挑战。

因此，为了提高平面电机的性能，特别是对于高性能运输和超精密运动台，边缘磁场的推力建模显得尤为重要。本章将研究磁钢阵列周期区域以外的磁场和推力建模，通过周期延拓的方法推广前两章的结论，给出一种扩展统一模型，以释放磁钢阵列下磁场的全部潜力。

3.3 二维非周期磁场下的平面电机

为了对边缘推力进行建模，本书将磁钢阵列产生的磁场区域划分为中心的周期区域和边缘的非周期区域，如图 3.2 所示。根据各个磁钢所在阵列中的不同位置，将磁钢阵列划分成 3 类区域。被(半透明)红色覆盖的区域称为中心区域，在此区域可以认为磁钢排布沿 x, y 两个方向都是周期的(数量无限)，这一点与前面两章讨论的情况一致。需要说明的是，尽管图中展示的磁钢排布在 x, y 方向具有相同的周期，但是根据本章后续分析，本章的研究也适用于 x, y 方向周期不等的情况，这也是本章结论更为一般的表现。被(半透明)蓝色覆盖的区域称为边线区域，在此区域可以认为磁钢的排布沿 x, y 方向中某一方向是周期的(数量无限)，沿另一方向是非周期的(数量有限)。被(半透明)紫色覆盖的区域称为顶点区域，在此区域可以认为磁钢的排布沿 x, y 方向都是非周期的(数量有限)，类似于中心区域，此区域不要求 x-y 方向具有相同尺寸。边线区域和顶点区域统称为边缘区域。各个区域的划分依据，还涉及线圈大小，将在本章后面部分给出一种解释和准则。

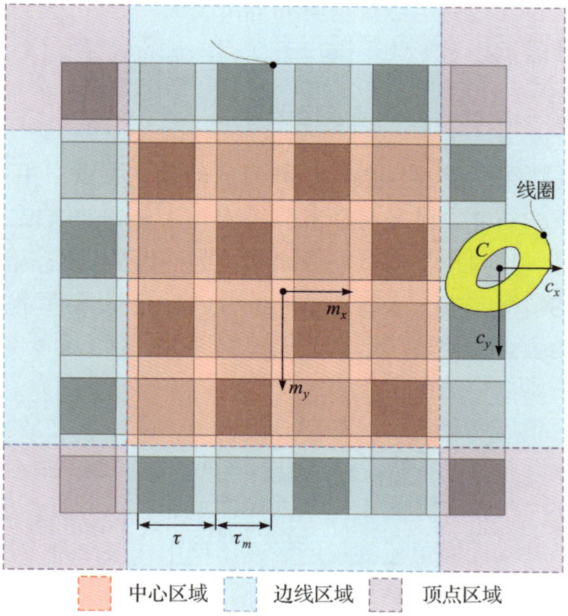

(a) 仰视图

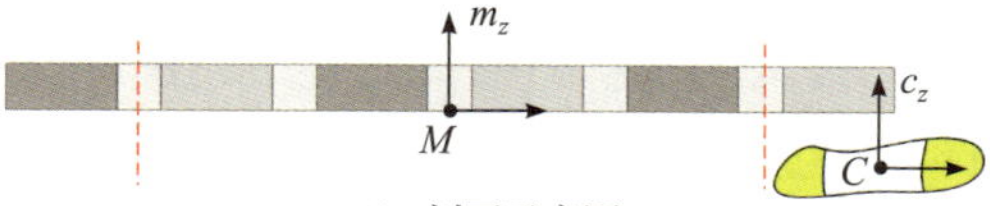

(b) 剖面示意图

图 3.2　本章所讨论的平面电机模型

坐标系的定义与第 2 章类似，由于本章将研究适用于 x-y 方向不等周期的一般情况，前述的红色坐标系组不再能带来简化的效果，因此，本章只在黑色坐标系组下进行讨论。

根据上述模型，本章将分三个步骤详细介绍扩展统一模型的求解过程，这三个步骤分别是剩余磁化强度(remanent magnetization)函数表达、磁场求解和推力求解。

3.4　平面电机二维非周期磁场建模

3.4.1　二维非周期区域剩磁函数表达

现有在二维周期磁场下的研究[11]通常将剩磁函数表达作为磁场求解的一个

步骤。本书认为，剩磁函数的表达可以看作推力建模的起点，剩磁函数的傅里叶级数形式直接催生了与之类似的磁场形式，并进一步延伸至推力模型中。为了更清楚地展示剩磁函数表达的关键作用，尤其是其在 x-y 方向非周期或不等周期情况下的影响，本章将其视为与磁场求解同等重要的问题，进行详细讨论。

由于各个区域磁钢排布形式不同，下面逐一进行介绍。

1. 中心区域的周期延拓与剩磁函数表达

实际上，中心区域的剩磁函数与前两章所使用的一致。由于在磁钢阵列 x-y 方向等周期情况下的研究，已经有学者[12]给出较为充分的结果，前文直接引用了相关结论而没有进一步讨论。本章需要研究更为一般的，磁钢阵列在 x-y 方向不等周期或非周期的情况，接下来将对这一部分内容进行详细讨论。另外，中心区域磁钢剩磁函数的表达相比边缘区域更简单，因此，这一部分的讨论也可以看作边缘区域磁钢剩磁函数讨论的引子。

中心区域的磁钢周期延拓情况如图 3.3 所示，图中下方是实际的磁钢阵列排布形式，上方是理论上的排布假设，即磁钢阵列以相同的“基本周期单元”沿 x, y 两个方向铺满整个二维平面。其中，基本周期单元是上方红色虚线包围的区域，图中一共给出 9 个基本周期单元的示例。在本例中，一个基本周期单元包含 4 块剩磁沿 z 方向(2 正 2 负)的“大磁钢”、4 块剩磁沿 x 方向的“小磁钢”和 4 块剩磁沿 y 方向的“小磁钢”。需要说明的是，基本周期单元范围没有完整地覆盖部分小磁钢，靠近边缘的小磁钢被两个基本周期单元共用，在每个单元中只记一半。

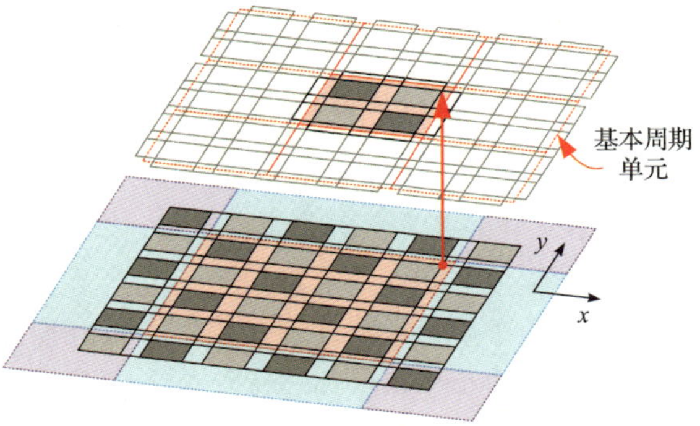

图 3.3　中心区域的磁钢周期延拓情况

图 3.3 中，红色箭头的首末两端连接着实际排布和理论假设中的两个位置，代表两者之间的映射关系。实际的磁钢阵列中心区域的磁钢，甚至是中心区域之外的部分，都能这样映射到理论磁钢排布中的相应位置。根据 3.4.2 节的磁场求解的结果，在这些位置也能求解出相应的磁通密度矢量，但这些值没有实际意义。这是因为中心区域的磁场模型仅适用于实际磁钢阵列的中心区域，其他区域的磁

场情况需要通过各自的磁场模型求解。类似地，划分中心区域时也不必要求包含完整的基本周期单元，从下文的推导可以知道，仅用一个基本周期单元就可以完全确定磁场模型，相同区域内的其他位置只需要进行相应的映射即可。但区域划分也应尽量与基本周期单元相匹配，以便两者之间有较为简单的映射关系。

基本周期单元的定义并不唯一，本例中完全可以将基本周期单元定义成整个中心区域。而基本周期单元定义的关键在于，它可以完全表达所在区域的磁钢的实际排布情况。这并不要求基本周期单元在 x, y 两个方向具有相等的尺寸，例如，可以将本例中两个相邻基本周期单元定义为一个新的基本周期单元。更一般的，如果将本例的磁钢阵列只沿一个方向做比例缩放，原来正方形的大磁钢变成矩形，此时做了相应比例缩放的区域划分和基本周期单元的定义仍然有效，下文推导出的结果也仍然成立。

下面对中心区域基本周期单元进行分析，主要是对其中的剩磁函数进行数学表达。得益于磁钢边线与坐标轴平行和磁钢阵列规则的排布形式，中心区域基本周期单元的剩磁函数可以解耦表示为 x, y 两个方向一维函数的乘积。这样的解耦过程可以用图 3.4 所示的图形直观地表达。

图 3.4 中分别展示了 x, y, z 三个方向的剩磁情况，下面以图 3.4(a)所示的 x 方向剩磁情况为例详细介绍这一过程。图 3.4(a)中，左侧为基本周期单元覆盖下 x 方向的剩磁函数；绿色箭头表示剩磁方向，这里定义与坐标轴方向相同为正方向；如前面所述，尽管有 6 块小磁钢显示在图中，但一个基本周期单元中合计覆盖了 4 块小磁钢。图 3.4(a)中，右侧为该剩磁函数的二维解耦表达，两个函数用不同颜色区分，每个函数沿自变量所在的坐标轴分布，取值体现在另一个坐标轴上，方向与相应坐标轴正方向相同，由于所有磁钢的剩磁绝对值相同，因此，所有函数

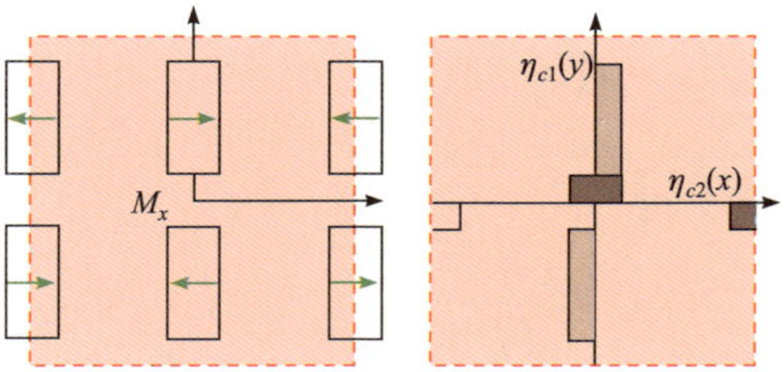

(a) x向

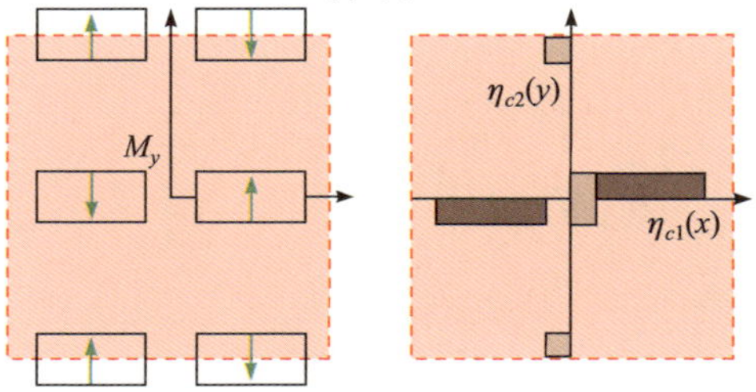

(b) y向

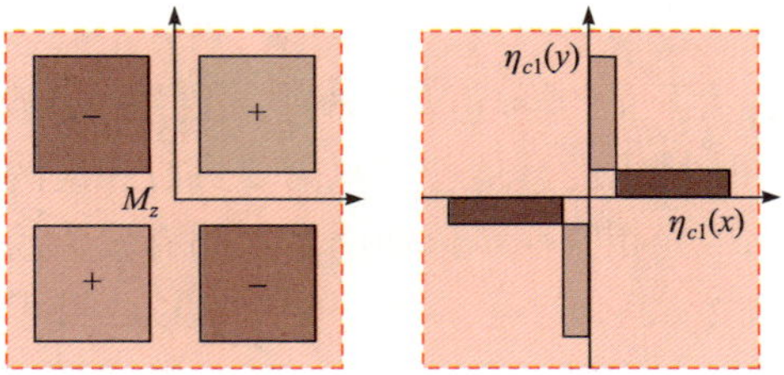

(c) z向

图 3.4　中心区域基本周期单元剩磁函数的解耦表达

只有 0，1，−1 三个取值。另外两个方向剩磁函数的解耦表达与此类似，其中，z 方向的剩磁情况用正负号表示方向。

结合上面的描述，三个方向的剩磁函数可以写成如下形式：

$$\begin{cases} M_{cx} = \eta_{c2}(x)\cdot\eta_{c1}(y) \\ M_{cy} = \eta_{c1}(x)\cdot\eta_{c2}(y) \\ M_{cz} = \eta_{c1}(x)\cdot\eta_{c1}(y) \end{cases} \tag{3-1}$$

其中，M 表示剩磁函数，下标 cx, cy, cz 表示中心区域的 x, y, z 方向，η 表示相应的一维解耦函数，下标 ci 表示所适用的区域及序号，这里表示中心区域(central)的 c 出现在右下标，不会与之前出现在左上标的线圈坐标系代号混淆。

由于本例中基本周期单元在 x, y 两个方向尺寸相同，表达三个剩磁函数的解耦只用了 η_{c1} 和 η_{c2} 两个一维解耦函数，而对于 x, y 两个方向尺寸不同的情况，需要 4 个解耦函数(见下一节)。

式(3-1)中，每个一维解耦函数都可以用下面傅里叶级数的形式表示：

$$\eta_{*i}(x) = \frac{a_{*i}(0)}{2} + \sum_{n=1}^{\infty}\left(a_{*i}(n)\cos\frac{n\pi}{q}x + b_{*i}(n)\sin\frac{n\pi}{q}x\right) \tag{3-2}$$

其中，a, b 表示系数序列，n 表示相应的谐波阶次，q 表示周期。

根据三角函数的正交性，不同阶次的系数可以由式(3-3)计算，由于奇偶性的原因，有些系数的值恒为 0。

$$\begin{cases} a_{c1}(n) = 0 \\ b_{c1}(n) = \dfrac{4}{n\pi}\sin\left(\dfrac{n\tau_m\pi}{2\tau}\right)\sin\left(\dfrac{n\pi}{2}\right) \\ a_{c2}(n) = \dfrac{4}{n\pi}\cos\left(\dfrac{n\tau_m\pi}{2\tau}\right)\sin\left(\dfrac{n\pi}{2}\right) \\ b_{c2}(n) = 0 \end{cases} \tag{3-3}$$

2. 边线区域的周期延拓与剩磁函数表达

边线区域在 x, y 两方向不再同时具有周期性，前述讨论无法直接使用。为了沿用基本周期单元的分析方法和傅里叶级数的表达形式，需要对这一区域的磁钢排布做一些假设处理。

首先考虑这样的事实，磁钢阵列产生的磁场随与阵列之间距离的增加而衰减，这一距离超过一定阈值后，磁通密度将减小到可以被电机忽略的程度。据此可以对这些受磁钢磁场影响小到可以忽略的区域做需要的假设处理，方便后续磁场和推力模型的求解。

本例涉及 4 个边线区域，每个区域的假设处理思路一致，但细节上略有不同，下面以图 3.5 所示边线区域和坐标系来说明所需的假设处理。图 3.5 中上方是实际的磁钢阵列排布形式，下方是理论上的排布假设，图示边线区域内的磁钢沿 y 方向被认为是周期排布，沿 x 方向非周期。所需的假设处理可以分为两步，首先是补充处理。在 x 方向将中心区域的部分磁钢补充到边缘区域，形成蓝色虚线包围的“边线区域的基本周期单元”，其中，边线区域原有的磁钢被半透明蓝色覆盖，而被补充的磁钢被半透明红色覆盖。经过这样的补充，边线区域和中心区域的基本周期单元在两区域交界处的局部有着一致的排布形式，进而使得后续求解得到的两区域磁场也会在交界处保持连续。另外，这样的补充使得边线区域的基本周期单元具有较好的对称性，便于傅里叶级数系数的求解。接着是延拓处理，将边线区域的基本周期单元延拓到整个平面。类似地，图 3.5 中也给出了 9 个基本周期单元的延拓示例。其他 3 个边线区域的处理与此类似，不再一一介绍。

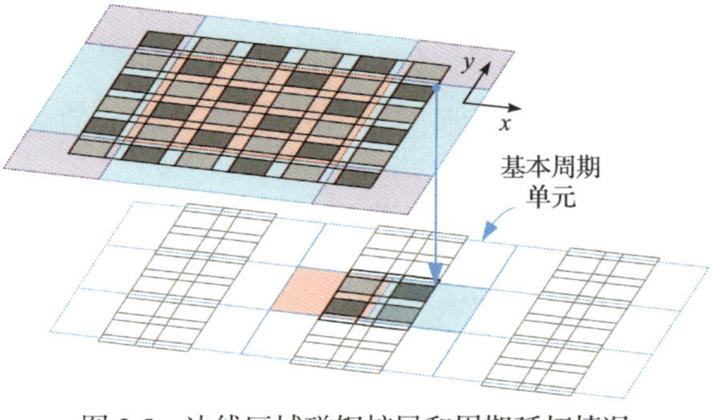

图 3.5　边线区域磁钢扩展和周期延拓情况

定义了基本周期单元后，边线区域也有了二维周期排布的形式，但边线区域的基本周期单元与中心区域有很大差别，主要体现在 x, y 两个方向的周期形式。边线区域的基本周期单元 x, y 两个方向尺寸不等，且 y 方向都是磁钢阵列，x 方向不仅有磁钢还有空气，另外，基本周期单元剩磁沿 y 方向的小磁钢有 4 个，而剩磁沿 x 方向的小磁钢只有 2 个。实际上，边线区域的基本周期单元更具有一般性，后续分析也将主要以它为例。

图 3.5 中蓝色箭头同样代表实际磁钢阵列排布和理论假设排布的映射，类似地，这样的映射只对边线区域有意义。

边线区域基本周期单元剩磁函数的解耦表达如图 3.6 所示。图中分别展示了 x, y, z 三个方向的剩磁情况。每张分图左侧为基本周期单元覆盖下某一方向的剩磁函数，右侧为该剩磁函数的二维解耦表达，其中，图形元素的示意与图 3.4 一致。

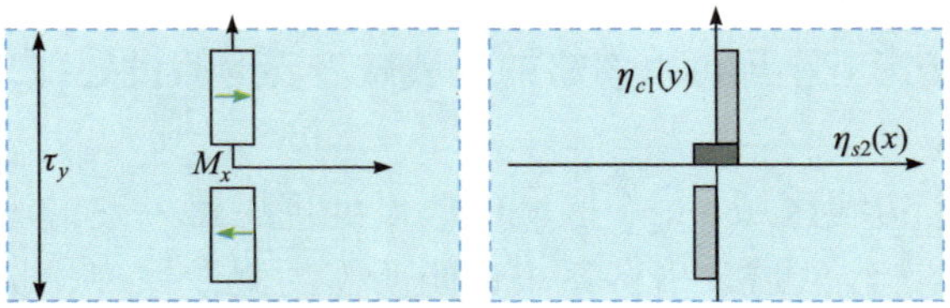

(a) x向

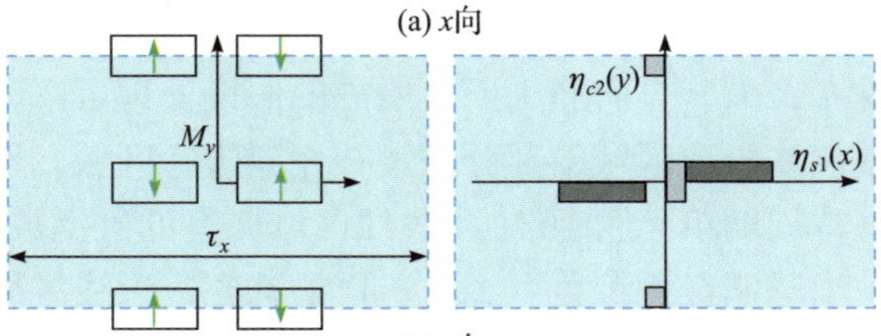

(b) y向

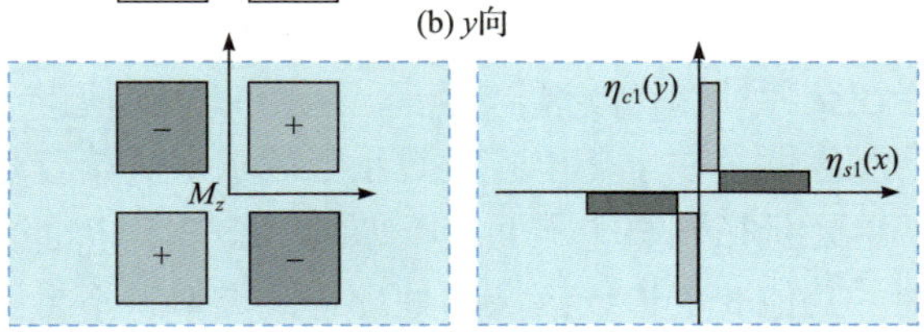

(c) z向

图 3.6　边线区域基本周期单元剩磁函数的解耦表达

结合上面的描述，边线区域基本周期单元内三个方向的剩磁函数可以写成如下形式：

$$\begin{cases} M_{sx} = \eta_{s1}(x) \cdot \eta_{s2}(y) \\ M_{sy} = \eta_{s3}(x) \cdot \eta_{s4}(y) \\ M_{sz} = \eta_{s3}(x) \cdot \eta_{s2}(y) \end{cases} \tag{3-4}$$

其中，下标中的 s 表示边线(side)区域。

由于基本周期单元 x, y 两个方向尺寸不同，表达 3 个剩磁函数的解耦就需要 4 个函数，这些解耦函数仍然需要表达成式(3-2)所示的傅里叶级数的形式。

由于形式更加一般，此时不同阶次的系数不再能写出解析解，但仍可以通过三角函数的正交性求解：

$$\begin{cases} a_{*i}(n) = \dfrac{1}{q}\displaystyle\int_{-q}^{q} \eta(x)\cos\dfrac{n\pi}{q}x\,\mathrm{d}x \\ b_{*i}(n) = \dfrac{1}{q}\displaystyle\int_{-q}^{q} \eta(x)\sin\dfrac{n\pi}{q}x\,\mathrm{d}x \end{cases} \tag{3-5}$$

将各个系数代入式(3-4)，即可获得剩磁函数的数学表达式，这里给出适用于各个区域的通用形式：

$$
\begin{cases}
{}^{m}M_x = -\dfrac{B_r}{\mu_0}\sum\limits_{k=1}^{\infty}\sum\limits_{l=1}^{\infty} a_k b_l \cos(\omega_k x)\sin(\omega_l y) \\
{}^{m}M_y = -\dfrac{B_r}{\mu_0}\sum\limits_{k=1}^{\infty}\sum\limits_{l=1}^{\infty} a_l b_k \sin(\omega_k x)\cos(\omega_l y) \\
{}^{m}M_z = \dfrac{B_r}{\mu_0}\sum\limits_{k=1}^{\infty}\sum\limits_{l=1}^{\infty} b_k b_l \sin(\omega_k x)\sin(\omega_l y)
\end{cases}
\tag{3-6}
$$

类似于前文的定义习惯，下标 k 表示 x 方向与第 k 阶谐波相关的量，下标 l 表示 y 方向与第 l 阶谐波相关的量，原来表示一维函数阶次的字母 n 也根据所在方向不同换成了 k 和 l，并移动到下标位置，同时也对傅里叶级数的系数进行了简化表达，例如，$a_k = a_{s1}(k)$，$b_k = b_{s3}(k)$，$a_l = a_{s4}(l)$，$b_l = b_{s2}(l)$。另外，B_r 表示磁钢的剩磁幅值，μ_0 表示真空中磁导率，$\omega_k = k\pi/\tau_x$，$\omega_l = l\pi/\tau_y$，其中，τ_x 和 τ_y 分别表示 x, y 方向的周期大小。

边线区域在三个区域中最能体现本章内容的一般性。因此，对其进行图 3.7 所示的简单验证。图中分别展示了沿 x, y, z 三个方向的验证情况。每张分图左侧为基本周期单元覆盖下某一方向的剩磁函数，右侧为采用本节所提方法在 Matlab 中绘制的基本周期单元内的剩磁函数等高线图，图中用不同颜色表示剩磁的大小。左右对

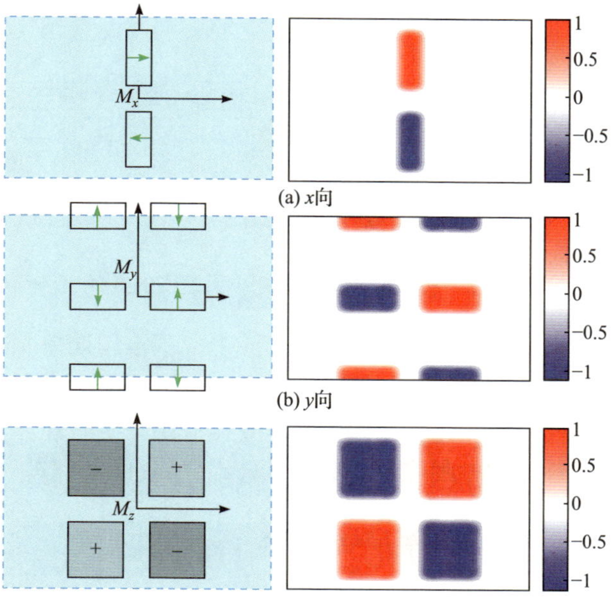

(a) x向

(b) y向

(c) z向

图 3.7　边线区域剩磁函数解耦表达验证

比可以看出，两者在形式上基本一致，这也说明了本节所提方法的正确性。

下面介绍基本周期单元范围的选择依据。定义基本周期单元并延拓的根本目的是把原来非周期的某方向磁场表示为周期形式，进而写成傅里叶级数的形式。因此，判断基本周期单元范围划分是否恰当的准则是，延拓后所关心区域的磁场尤其是推力情况是否失真。然而这样的准则在实际操作上存在一些困难，因为基本周期单元范围需要在表达剩磁函数时确定，而最终判断推力是否失真，还要经过磁场求解和推力求解两个步骤，这就需要一个迭代的过程来确定基本周期单元范围。

在多次迭代尝试的基础上，这里给出一个符合直觉的经验准则——“覆盖准则”，相关描述参考图 3.8(适用于边线区域)。这个准则分为两个部分，一个是针对基本周期单元中的磁钢部分，另一个是针对基本周期单元中的空气部分。首先，边线区域基本周期单元中在边缘区域内的磁钢部分能够覆盖半个线圈，整个基本周期单元能够覆盖整个线圈；其次，边线区域基本周期单元中的空气部分能够覆盖半个线圈，经周期延拓处理后，原来非周期方向上的两个相邻的基本周期单元的相邻空气部分能够覆盖整个线圈。需要补充的是，上述关于半个线圈的定义与非周期所在方向有关。对于 x 方向非周期的区域，半个线圈是指以线圈坐标系 y 轴为界，左右两部分中沿 x 方向尺寸较大的部分；对于 y 方向非周期的区域，半个线圈是指以线圈坐标系 x 轴为界，上下两部分中沿 y 方向尺寸较大的部分。

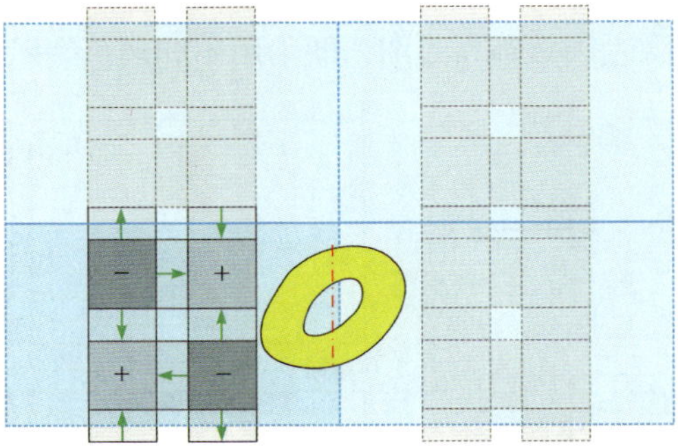

图 3.8　边线区域基本周期单元范围的选择

上述准则只给出了范围选择的下界，实际上，基本周期单元内磁钢部分和空气部分相比线圈越大，最终得到的推力偏差越小，但可能产生更多谐波成分。这一情况不仅影响建模效率，还会使模型难以直接应用于实时计算。因此，需要依据具体工况，在容许的偏差阈值和建模计算效率之间进行权衡。

3. 顶点区域的周期延拓与剩磁函数表达

顶点区域在 x, y 两个方向都不具有周期性，因此，需要对其中的磁钢排布做一些假设处理。如图 3.9 所示，以 4 个顶点区域之一为例来说明所需的处理。

图 3.9 上方是实际的磁钢阵列排布形式，下方是理论上的排布假设。图中的处理同样可以分为两步。首先是补充处理，在 x, y 两个方向将边线区域的部分磁钢补充到顶点区域，为了凑成矩形区域，还将中心区域的部分磁钢补充进来，形成紫色虚线包围的“顶点区域的基本周期单元”，其中，顶点区域原有的磁钢被表示顶点区域的半透明紫色覆盖，被补充的蓝色区域磁钢被半透明蓝色覆盖，被补充的中心区域磁钢被半透明红色覆盖。经过这样的补充，顶点区域和边线区域的基本周期单元在两区域交界处局部有一致的排布形式，进而使得后续求解得到的两区域的磁场也会在交界处保持连续。类似地，这样的补充也使得顶点区域的基本周期单元具有较好的对称性，便于傅里叶级数系数的求解。接着仍然是延拓处理，将顶点区域的基本周期单元延拓到整个平面，类似地，图中也给出了 9 个基本周期单元的延拓示例。其他 3 个顶点区域的处理与此类似，不再赘述。

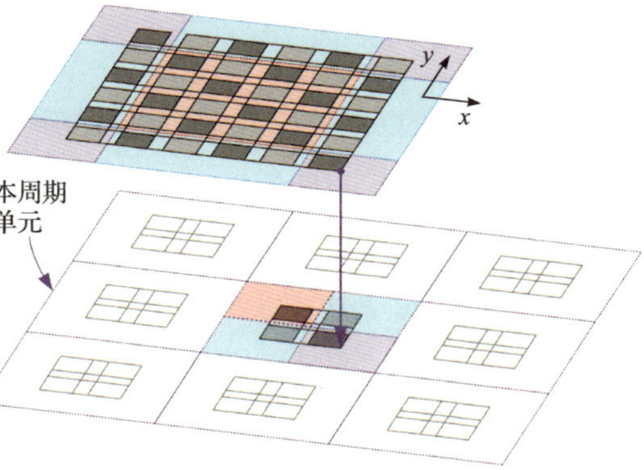

图 3.9　顶点区域的磁钢扩展和周期延拓情况

需要说明的是，尽管本例将顶点区域的基本周期单元定义成正方形，但这并非必要条件。与其他两个区域一样，顶点区域的基本周期单元可以是 x, y 两个方向尺寸不等的矩形。

顶点区域基本周期单元剩磁函数的解耦表达如图 3.10 所示。图中分别展示了 x, y, z 三个方向的剩磁情况。每张分图左侧为基本周期单元覆盖下某一方向的剩磁函数，右侧为该剩磁函数的二维解耦表达，其中，图形元素的示意与图 3.4 一致。

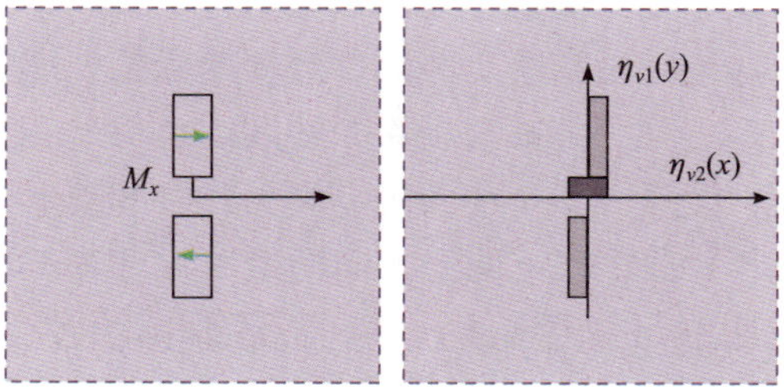

(a) x向

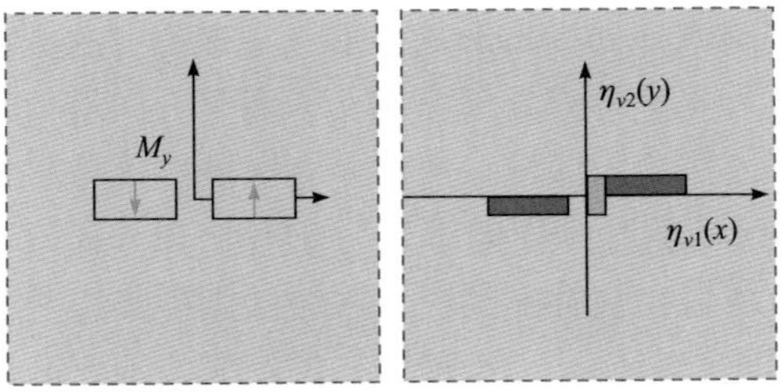

(b) y向

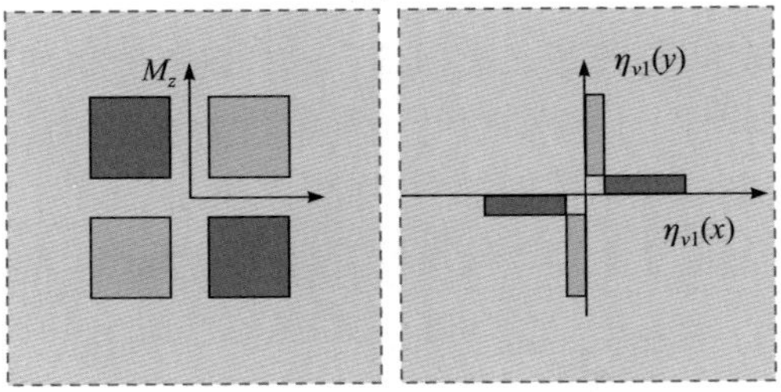

(c) z向

图 3.10　顶点区域基本周期单元剩磁函数的解耦表达

结合上面的描述，顶点区域基本周期单元内三个方向的剩磁函数可以写成如下形式：

$$\begin{cases} M_{vx} = \eta_{v2}(x)\cdot\eta_{v1}(y) \\ M_{vy} = \eta_{v1}(x)\cdot\eta_{v2}(y) \\ M_{vz} = \eta_{v1}(x)\cdot\eta_{v1}(y) \end{cases} \tag{3-7}$$

其中，下标中的 v 表示顶点(vertex)区域。

由于本例中基本周期单元在 x, y 两个方向尺寸相同，表达三个剩磁函数的解耦只用了 η_{v1} 和 η_{v2} 两个一维解耦函数，对于 x, y 两个方向尺寸不同的情况，则需要 4 个解耦函数。这些解耦函数仍然需要表达成式(3-2)所示的傅里叶级数形式。前述的系数计算方法(式(3-5))和最终剩磁表达式(式(3-6))在这里仍然成立。

顶点区域及其基本周期单元范围的选择依据与边线区域类似，在多次迭代尝试的基础上，给出“覆盖准则”在顶点区域的表达，相关描述参考图 3.11。准则同样分为两个部分。首先，顶点区域基本周期单元中在顶点区域内的磁钢部分能够覆盖 1/4 个线圈，整个基本周期单元能够覆盖整个线圈；其次，边线区域基本周期单元中的空气部分能够覆盖半个线圈，经周期延拓处理后，任意两个相邻的基本周期单元的相邻空气部分能够覆盖整个线圈。类似地，上述关于半个线圈的定义与边线区域一致，关于 1/4 个线圈的定义为，以线圈坐标系的坐标轴将线圈划分为 4 个片段，以各片段中 x, y 两个方向的最大尺寸为长宽的矩形即 1/4 个线圈。同样地，基本周期单元内磁钢部分和空气部分相比线圈越大，对模型精度越有利，但可能产生更多谐波成分，需要根据具体工况做出均衡的选择。

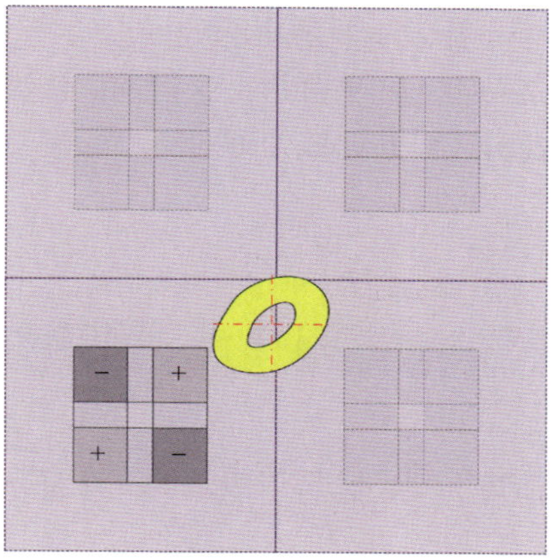

图 3.11　顶点区域基本周期单元范围的选择

3.4.2　平面电机二维非周期磁场求解

上一节将磁钢阵列不同区域的剩磁函数都表达成傅里叶级数的形式，尽管每个区域的系数和周期定义不尽相同，但是统一的形式使得不同区域的磁场情况可以用相同的方法求解。

求解前首先将待求解区域的三维空间分成图 3.12 所示的 3 层。第 1 层为空气，由于磁钢按照 Halbach 阵列的形式排布，这一层的磁通密度很弱。第 2 层为磁钢层，由于要兼顾边缘部分的求解，这一层里也有空气。第 3 层也是空气，与第 1 层不同的是，按照 Halbach 阵列排布的磁钢将磁场汇聚在这一层，因此，线圈在这一层会受到较大的电磁力。由于后续采用洛伦兹力公式计算线圈推力，这里只需要按照静磁问题求解磁钢产生的磁场即可。

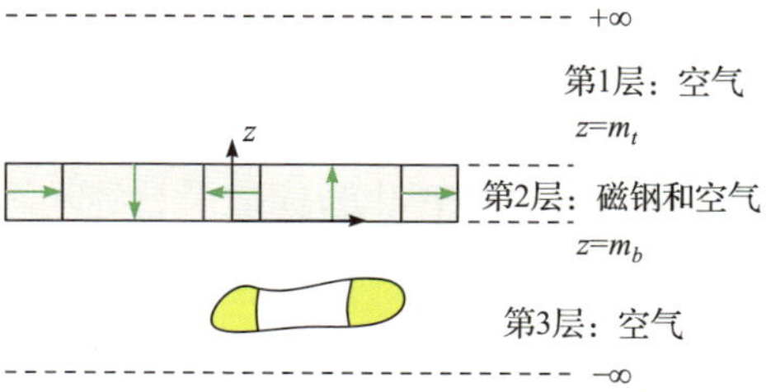

图 3.12　待求解空间的分层

结合麦克斯韦方程和材料物理属性，可以得到第 1 层和第 3 层满足的微分方程组：

$$\begin{cases}\nabla\times {}^{m}\vec{H}_{1,3}=\vec{0}\\ \mu_0\,{}^{m}\vec{H}_{1,3}={}^{m}\vec{B}_{1,3}\\ \nabla\cdot {}^{m}\vec{B}_{1,3}=\vec{0}\end{cases}\tag{3-8}$$

其中，$\vec{H}$ 表示磁场强度，下标表示所适用的分层。

第 2 层满足的微分方程如式(3-9)所示，这里近似认为空气和磁钢具有相同的相对磁导率，后续仿真表明这样的近似处理对结果影响甚微。

$$\begin{cases}\nabla\times{}^{m}\vec{H}_2=\vec{0}\\ \mu_0\mu_r{}^{m}\vec{H}_2+\mu_0{}^{m}\vec{M}={}^{m}\vec{B}_2\\ \nabla\cdot{}^{m}\vec{B}_2=\vec{0}\end{cases}\tag{3-9}$$

其中，μ_r 表示相对磁导率。

由于磁场强度 $\vec{H}$ 的旋度为 $\vec{0}$，它可以表示为一个标量函数 $\varPsi$ 的负梯度：

$${}^{m}\vec{H}_{1,2,3}=-\nabla{}^{m}\varPsi_{1,2,3}\tag{3-10}$$

将这一替换代入各层所满足的微分方程组，对于第 1 层和第 3 层，原方程组转化为拉普拉斯方程：

$$\Delta{}^{m}\varPsi_{1,3}=0\tag{3-11}$$

对于第 2 层，原方程组转化为泊松方程：

$$\begin{aligned}\Delta{}^{m}\varPsi_2&=\nabla\cdot\frac{{}^{m}\vec{M}}{\mu_r}\\&=\frac{B_r}{\mu_0\mu_r}\sum_{k=1}^{\infty}\sum_{l=1}^{\infty}\left(a_kb_l\omega_k+a_lb_k\omega_l\right)\sin\left(\omega_k{}^{m}P_x\right)\sin\left(\omega_l{}^{m}P_y\right)\end{aligned}\tag{3-12}$$

观察微分方程的形式，可以采用分离变量法求解。进而可以假设标量函数 $\varPsi$ 具有如下形式：

$${}^{m}\varPsi=\sum_{k=1}^{\infty}\sum_{l=1}^{\infty}G(z)\sin\left(\omega_k{}^{m}P_x\right)\sin\left(\omega_l{}^{m}P_y\right)\tag{3-13}$$

此时，原来矢量函数的求解，被转化为标量函数的求解，求解微分方程可以得到各层包含待定系数的标量函数 $\varPsi$ 的表达式：

$$\begin{cases}{}^{m}\varPsi_1=\displaystyle\sum_{k=1}^{\infty}\sum_{l=1}^{\infty}\left(k_{11}e^{\omega_\lambda z}+k_{12}e^{-\omega_\lambda z}\right)\sin\left(\omega_k{}^{m}P_x\right)\sin\left(\omega_l{}^{m}P_y\right)\\ {}^{m}\varPsi_2=\displaystyle\sum_{k=1}^{\infty}\sum_{l=1}^{\infty}\Big(k_{21}e^{\omega_\lambda z}+k_{22}e^{-\omega_\lambda z}\\ \qquad-\dfrac{a_kb_l\omega_k+a_lb_k\omega_l}{\mu_0\mu_r\omega_\lambda^2}B_r\Big)\sin\left(\omega_k{}^{m}P_x\right)\sin\left(\omega_l{}^{m}P_y\right)\\ {}^{m}\varPsi_3=\displaystyle\sum_{k=1}^{\infty}\sum_{l=1}^{\infty}\left(k_{31}e^{\omega_\lambda z}+k_{32}e^{-\omega_\lambda z}\right)\sin\left(\omega_k{}^{m}P_x\right)\sin\left(\omega_l{}^{m}P_y\right)\end{cases}\tag{3-14}$$

本问题有 6 个边界条件，可以求解式(3-14)中的 6 个待定系数：

$$\begin{cases} {}^{m}\Psi_1 \Big|_{{}^{m}P_z=\infty} = 0 \\ {}^{m}\Psi_3 \Big|_{{}^{m}P_z=-\infty} = 0 \\ {}^{m}H_{1,x} = {}^{m}H_{2,x} \\ {}^{m}H_{2,x} = {}^{m}H_{3,x} \\ {}^{m}B_{1,z} = {}^{m}B_{2,z} \\ {}^{m}B_{2,z} = {}^{m}B_{3,z} \end{cases} \tag{3-15}$$

需要说明的是，部分学者[13]给出了更多的边界条件——磁场强度 $\vec{H}$ 在边界处沿 y 方向的连续性。而实际上在本问题中，这一组边界条件是冗余的，其与磁场强度 $\vec{H}$ 在边界处沿 x 方向的连续性等价。

可以求得第 3 层中标量函数的两个待定系数如下：

$$\begin{cases} k_{31} = \dfrac{B_r\left(a_k b_l \omega_k + a_l b_k \omega_l + b_k b_l \mu_r \omega_\lambda\right)\left(\mathrm{e}^{-m_t\omega_\lambda} - \mathrm{e}^{-m_b\omega_\lambda}\right)}{2\mu_0\mu_r\omega_\lambda^2} \\ k_{32} = 0 \end{cases} \tag{3-16}$$

进而可以得到第 3 层的磁通密度矢量：

$$\vec{B}_3 = -\mu_0 \sum_{k=1}^{\infty}\sum_{l=1}^{\infty} k_{31}^{(k,l)} \mathrm{e}^{\omega_\lambda z} \begin{bmatrix} \omega_k \cos\left(\omega_k^m P_x\right)\sin\left(\omega_l^m P_y\right) \\ \omega_l \sin\left(\omega_k^m P_x\right)\cos\left(\omega_l^m P_y\right) \\ \omega_\lambda \sin\left(\omega_k^m P_x\right)\sin\left(\omega_l^m P_y\right) \end{bmatrix} \tag{3-17}$$

从结果来看，所求得磁通密度矢量在每个自由度分量上包含两个三角函数的乘积，而这里 x, y 两个方向的周期可以不相等 $(\tau_x \neq \tau_y)$，这就意味着磁场模型可以描述更一般的情况。需要说明的是，学者 Jansen[12]也采用符号 ω 来表示磁场中类似频率的概念，然而其研究未考虑 x, y 两个方向不等周期的情况，因此，本节所提模型更具有一般性。为了后文描述方便，将此类两个三角函数的乘积项定义为“扩展典型乘积项”。

3.4.3　平面电机二维非周期磁场验证

下面对所得磁场模型进行仿真验证，验证选用的工况如图 3.13 所示。在磁钢阵列下方(第 3 层)设置一条长度为 5τ 的直线段，直线通过中心区域和边线区域。采用上述磁场模型和有限元仿真，分别计算直线段上不同位置处的磁通密度矢量。

中心区域包括9块大磁钢，相应的基本周期单元是一个$2\tau*2\tau$的正方形区域(图3.13中未示出，具体形式参考图3.3)；边线区域包括3块大磁钢，在x方向向外侧延伸2τ的距离，相应的基本周期单元是一个$6\tau*2\tau$的矩形区域(图3.13中未示出，具体形式参考图3.5，其中也补充了一部分中心区域的磁钢)。

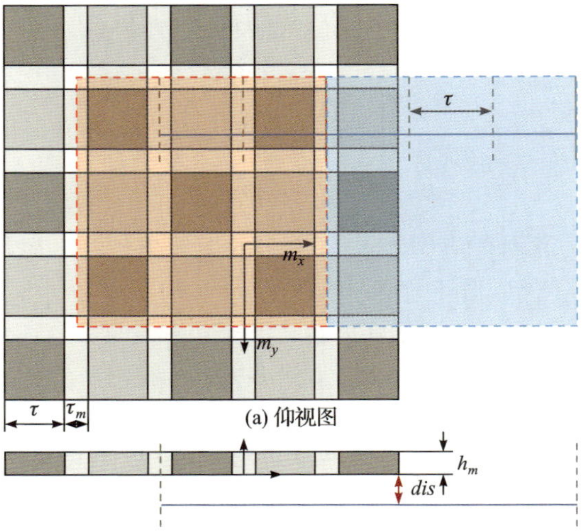

图 3.13　磁场模型仿真验证设置

仿真验证使用的磁钢阵列参数见表 3.1，两种方法得到的结果对比如图 3.14 所示。

表 3.1　磁场模型仿真验证中涉及的参数

参数	取值
τ	25mm
τ_m	17mm
h_m	7mm
dis	3mm
B_r	1.42
μ_r	1.09

图 3.14 中，横坐标表示直线段上的不同位置，x轴的刻度将图像分为5段，分别与5τ长的蓝色直线段对应，其中，左边2段在中心区域，右边3段在边线区域；纵坐标表示磁通密度。本节所得磁场模型和有限元仿真得到的结果非常一致，进而说明了所得磁场模型的正确性。中心区域和边线区域的交界在50mm位置处，可以看出两者有光滑的连接，说明基本周期单元的补充操作起到了预期的作用。

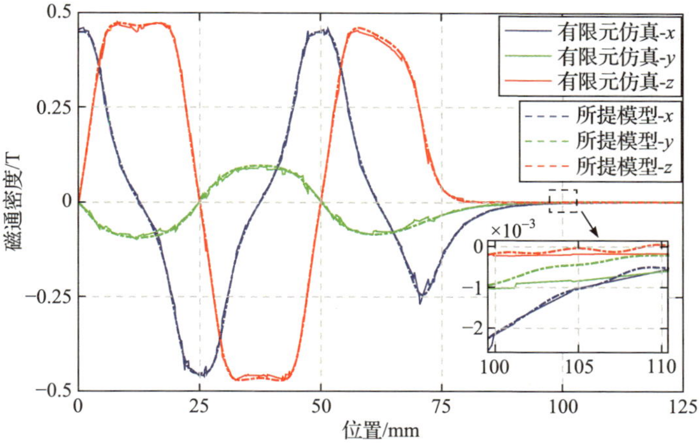

图 3.14　磁场模型仿真验证结果对比

另外从图 3.14 中可以看出，在 100～125mm 位置处，磁通密度在三个方向的分量数值较小(小于峰值的 1%，图 3.14 中用小图突出显示了这一部分的磁场情况)，这为后续基本周期单元范围的选择提供了参考依据。

3.5　扩展统一推力模型构建

有了磁场模型，就可以根据式(2-2)的洛伦兹力积分公式求解线圈的推力模型。

推导过程所采用的模型如图 3.15 所示。图中展示了一个不具有特殊对称性的任意姿态的任意形状线圈及其对应的有限尺寸的磁钢阵列，在这样的磁钢阵列下，线圈可能会处于周期磁场下，也可能处于没有磁钢的空气下，还有可能介于两者之间。另外，为了凸显扩展统一模型对 x, y 两个方向不等周期的适用性，

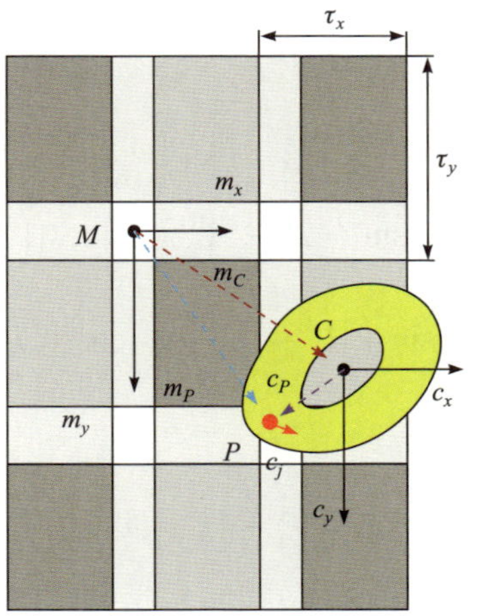

图 3.15　扩展统一模型中推力建模所用的结构示意图

图中的磁钢阵列在 x, y 两个方向具有不相等的尺寸。

仍然从图 3.15 中的载流导体微元入手，将式(3-17)的磁场模型代入式(2-2)的洛伦兹力积分公式，得到载流导体微元受到的 6 个自由度方向的力和力矩表达式：

$$\begin{cases}\dfrac{f_x^{(k,l)}}{\mathrm{e}^{\omega_\lambda {}^{m}C_z}}=j_y\omega_\lambda \sin\left(\left({}^{c}P_x+{}^{m}C_x\right)\omega_k\right)\sin\left(\left({}^{c}P_y+{}^{m}C_y\right)\omega_l\right)\\ \qquad\qquad -j_z\omega_l \sin\left(\left({}^{c}P_x+{}^{m}C_x\right)\omega_k\right)\cos\left(\left({}^{c}P_y+{}^{m}C_y\right)\omega_l\right)\\ \dfrac{f_y^{(k,l)}}{\mathrm{e}^{\omega_\lambda {}^{m}C_z}}=j_z\omega_k \cos\left(\left({}^{c}P_x+{}^{m}C_x\right)\omega_k\right)\sin\left(\left({}^{c}P_y+{}^{m}C_y\right)\omega_l\right)\\ \qquad\qquad -j_x\omega_\lambda \sin\left(\left({}^{c}P_x+{}^{m}C_x\right)\omega_k\right)\sin\left(\left({}^{c}P_y+{}^{m}C_y\right)\omega_l\right)\\ \dfrac{f_z^{(k,l)}}{\mathrm{e}^{\omega_\lambda {}^{m}C_z}}=j_x\omega_l \sin\left(\left({}^{c}P_x+{}^{m}C_x\right)\omega_k\right)\cos\left(\left({}^{c}P_y+{}^{m}C_y\right)\omega_l\right)\\ \qquad\qquad -j_y\omega_k \cos\left(\left({}^{c}P_x+{}^{m}C_x\right)\omega_k\right)\sin\left(\left({}^{c}P_y+{}^{m}C_y\right)\omega_l\right)\end{cases}\tag{3-18}$$

$$\begin{cases}\dfrac{t_x^{(k,l)}}{\mathrm{e}^{\omega_\lambda {}^{m}C_z}}=j_x^{c}P_y\omega_l \sin\left(\left({}^{c}P_x+{}^{m}C_x\right)\omega_k\right)\cos\left(\left({}^{c}P_y+{}^{m}C_y\right)\omega_l\right)\\ \qquad\qquad +j_x^{c}P_z\omega_\lambda \sin\left(\left({}^{c}P_x+{}^{m}C_x\right)\omega_k\right)\sin\left(\left({}^{c}P_y+{}^{m}C_y\right)\omega_l\right)\\ \qquad\qquad -j_y^{c}P_y\omega_k \cos\left(\left({}^{c}P_x+{}^{m}C_x\right)\omega_k\right)\sin\left(\left({}^{c}P_y+{}^{m}C_y\right)\omega_l\right)\\ \qquad\qquad -j_z^{c}P_z\omega_k \cos\left(\left({}^{c}P_x+{}^{m}C_x\right)\omega_k\right)\sin\left(\left({}^{c}P_y+{}^{m}C_y\right)\omega_l\right)\\ \dfrac{t_y^{(k,l)}}{\mathrm{e}^{\omega_\lambda {}^{m}C_z}}=j_y^{c}P_x\omega_k \cos\left(\left({}^{c}P_x+{}^{m}C_x\right)\omega_k\right)\sin\left(\left({}^{c}P_y+{}^{m}C_y\right)\omega_l\right)\\ \qquad\qquad +j_y^{c}P_z\omega_\lambda \sin\left(\left({}^{c}P_x+{}^{m}C_x\right)\omega_k\right)\sin\left(\left({}^{c}P_y+{}^{m}C_y\right)\omega_l\right)\\ \qquad\qquad -j_x^{c}P_x\omega_l \sin\left(\left({}^{c}P_x+{}^{m}C_x\right)\omega_k\right)\cos\left(\left({}^{c}P_y+{}^{m}C_y\right)\omega_l\right)\\ \qquad\qquad -j_z^{c}P_z\omega_l \sin\left(\left({}^{c}P_x+{}^{m}C_x\right)\omega_k\right)\cos\left(\left({}^{c}P_y+{}^{m}C_y\right)\omega_l\right)\\ \dfrac{t_z^{(k,l)}}{\mathrm{e}^{\omega_\lambda {}^{m}C_z}}=j_z^{c}P_y\omega_l \sin\left(\left({}^{c}P_x+{}^{m}C_x\right)\omega_k\right)\cos\left(\left({}^{c}P_y+{}^{m}C_y\right)\omega_l\right)\\ \qquad\qquad +j_z\,{}^{c}P_x\omega_k \cos\left(\left({}^{c}P_x+{}^{m}C_x\right)\omega_k\right)\sin\left(\left({}^{c}P_y+{}^{m}C_y\right)\omega_l\right)\\ \qquad\qquad -j_x^{c}P_x\omega_\lambda \sin\left(\left({}^{c}P_x+{}^{m}C_x\right)\omega_k\right)\sin\left(\left({}^{c}P_y+{}^{m}C_y\right)\omega_l\right)\\ \qquad\qquad -j_y^{c}P_y\omega_\lambda \sin\left(\left({}^{c}P_x+{}^{m}C_x\right)\omega_k\right)\sin\left(\left({}^{c}P_y+{}^{m}C_y\right)\omega_l\right)\end{cases}\tag{3-19}$$

式(3-18)和式(3-19)中出现了与典型乘积项类似的结构化形式，它们正是上一节定义的扩展典型乘积项。下面仍以由正弦函数构成的扩展典型乘积项为例，进行等效变换：

$$
\begin{aligned}
&\sin\left(\omega_k\left({}^cP_x+{}^mC_x\right)\right)\sin\left(\omega_l\left({}^cP_y+{}^mC_y\right)\right)\\
=&\frac{1}{2}\Big[\cos\left(\omega_k^cP_x-\omega_l^cP_y\right)\cos\left(\omega_k^mC_x-\omega_l^mC_y\right)-\sin\left(\omega_k^cP_x-\omega_l^cP_y\right)\sin\left(\omega_k^mC_x-\omega_l^mC_y\right)\\
&-\cos\left(\omega_k^cP_x+\omega_l^cP_y\right)\cos\left(\omega_k^mC_x+\omega_l^mC_y\right)+\sin\left(\omega_k^cP_x+\omega_l^cP_y\right)\sin\left(\omega_k^mC_x+\omega_l^mC_y\right)\Big]
\end{aligned}
\tag{3-20}
$$

类似地，扩展典型乘积项经过变换后，形式上变得更复杂，由原来的 1 项变为 4 项，但是实现了左右两组三角函数参数所在坐标系的统一。每一个乘积项左侧三角函数的位置参数，表示只与线圈形状和姿态有关的，载流导体微元在线圈坐标系(c)下的位置；右侧三角函数的位置参数，是线圈坐标原点 C 在磁钢坐标系(m)下的位置，它代表线圈的位置，定义它为扩展位置函数。其他扩展典型乘积项的等效变换过程与此类似。对于同一个线圈中任意载流导体微元，都共享相同的扩展位置函数。又因为体积积分是在线圈坐标系(c)下进行的，因此，可以将不影响积分结果的扩展位置函数提取到积分号外。

上述操作再次实现了线圈位置参数和形状姿态参数的解耦特性。根据这一性质，将式(3-18)和式(3-19)中所有扩展典型乘积项都进行上述解耦，即可获得由任意(k, l)阶磁场谐波产生的推力表达式，即扩展统一模型。

$$
\begin{bmatrix}{}^cF_x^{(k,l)}\\{}^cF_y^{(k,l)}\\{}^cF_z^{(k,l)}\\{}^cT_x^{(k,l)}\\{}^cT_y^{(k,l)}\\{}^cT_z^{(k,l)}\end{bmatrix}
=\mathrm{e}^{\omega_\lambda{}^mC_z}
\underbrace{\begin{bmatrix}
u_{11}^{(k,l)} & u_{12}^{(k,l)} & u_{13}^{(k,l)} & u_{14}^{(k,l)}\\
u_{21}^{(k,l)} & u_{22}^{(k,l)} & u_{23}^{(k,l)} & u_{24}^{(k,l)}\\
u_{31}^{(k,l)} & u_{32}^{(k,l)} & u_{33}^{(k,l)} & u_{34}^{(k,l)}\\
u_{41}^{(k,l)} & u_{42}^{(k,l)} & u_{43}^{(k,l)} & u_{44}^{(k,l)}\\
u_{51}^{(k,l)} & u_{52}^{(k,l)} & u_{53}^{(k,l)} & u_{54}^{(k,l)}\\
u_{61}^{(k,l)} & u_{62}^{(k,l)} & u_{63}^{(k,l)} & u_{64}^{(k,l)}
\end{bmatrix}}_{\text{推力系数矩阵}}
\begin{bmatrix}
\cos\left(\omega_k^mC_x-\omega_l^mC_y\right)\\
\sin\left(\omega_k^mC_x-\omega_l^mC_y\right)\\
\cos\left(\omega_k^mC_x+\omega_l^mC_y\right)\\
\sin\left(\omega_k^mC_x+\omega_l^mC_y\right)
\end{bmatrix}
\tag{3-21}
$$

为了保持一致性，推力系数仍沿用统一模型中的字母 u。

这里也给出推力系数矩阵中第一行 4 个推力系数的积分表达式：

$$
u_{11}^{(k\,l)}=\frac{B_0}{2}\iiint_V\Big[\exp\left(\omega_\lambda^cP_z\right)\cdot\Big(j_zl\sin\left(\omega_k^cP_x-\omega_l^cP_y\right)-j_y\lambda\cos\left(\omega_k^cP_x-\omega_l^cP_y\right)\Big)\Big]\mathrm{d}v
$$

$$
u_{12}^{(k,l)}=\frac{B_0}{2}\iiint_V\Big[\exp\left(\omega_\lambda^cP_z\right)\cdot\Big(j_y\lambda\sin\left(\omega_k^cP_x-\omega_l^cP_y\right)+j_zl\cos\left(\omega_k^cP_x-\omega_l^cP_y\right)\Big)\Big]\mathrm{d}v
$$

$$u_{13}^{(k,l)}=\frac{B_0}{2}\int_V\left[\exp\left(\omega_\lambda^c P_z\right)\cdot\left(j_y\lambda\cos\left(\omega_k^c P_x+\omega_l^c P_y\right)+j_z l\sin\left(\omega_k^c P_x+\omega_l^c P_y\right)\right)\right]\mathrm{d}v$$
$$u_{14}^{(k,l)}=\frac{B_0}{2}\int_V\left[\exp\left(\omega_\lambda^c P_z\right)\cdot\left(j_z l\cos\left(\omega_k^c P_x+\omega_l^c P_y\right)-j_y\lambda\sin\left(\omega_k^c P_x+\omega_l^c P_y\right)\right)\right]\mathrm{d}v$$
(3-22)

对于扩展统一模型，总推力仍然是如式(2-11)所示的各阶谐波推力的加和。

通过对比可以看出，统一模型实际上是扩展统一模型在二维周期磁场下的特例，因此，后文再进行建模时，将都使用扩展统一模型。

需要强调的是，扩展统一模型对 x, y 两个方向周期不相等的磁钢阵列的适用性，使得它也适用于磁钢阵列沿一维排布的直线电机，实际上，上述边线区域的磁钢排布情况比通常的直线电机结构更复杂，用所提方法建立的直线电机推力模型将包含边缘效应。而顶点区域的建模方法也适用于线圈与单个磁钢间推力的建模[5]，进而对基于洛伦兹力的永磁式驱动装置的建模也同样具有参考价值。

3.6 扩展统一推力模型实例

下面对扩展统一模型进行实验验证。验证选用的磁钢阵列与图 2.11 中展示的相同，线圈为正方形，实验装置如图 3.16 所示。实验中将 ATI-Gamma 六维力和力矩传感器固定在可 x-y 运动的机床工件台上，磁钢阵列固定在六维力和力矩传感器上，线圈固定在机床主轴上，实验过程中主轴处于锁止状态。为了加强线圈的散热性能，在线圈外表面涂覆散热胶；为了避免意外摩擦破坏线圈绝缘层，在线圈下表面贴了一块聚四氟乙烯作为保护。实验中，通过直流电源对线圈施加 1A 的电流激励。

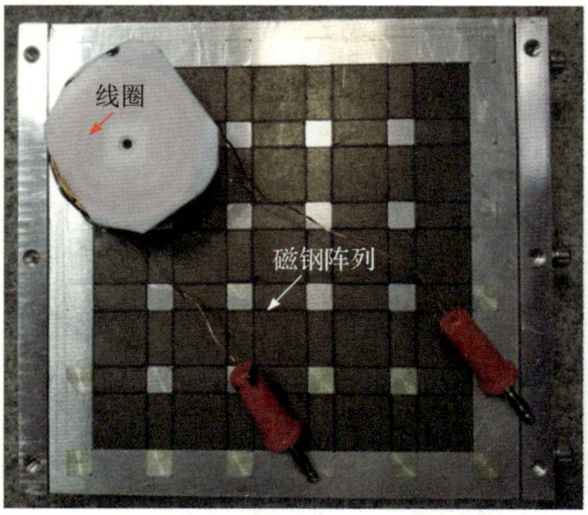

(a) 线圈和磁钢阵列

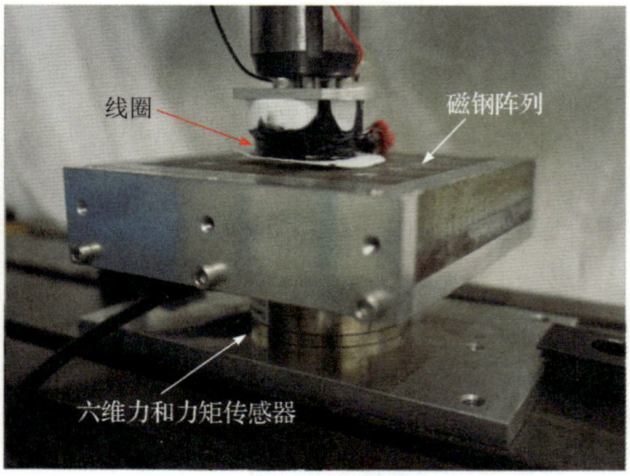

(b) 实验配置

图 3.16 扩展统一模型实验验证

实验中不同区域的划分如图 3.17 所示。中心区域包括 9 块大磁钢，相应的基本周期单元是一个 $2\tau*2\tau$ 的正方形区域(图 3.17 中未示出，具体形式参考图 3.3)；边线区域包括 3 块大磁钢，在 x 方向向外侧延伸 1τ 的距离，相应的基本周期单元是一个 $4\tau*2\tau$ 的矩形区域(图 3.17 中未示出，具体形式参考图 3.5，其中也补充了一部分中心区域的磁钢)，两区域以 y 轴作为分界线。需要说明的是，实验中线圈所在区域是指线圈几何中心(通常也是线圈坐标系原点)所在的区域。线圈和磁钢阵列的相对运动轨迹如图 3.17 中绿色虚线所示，线圈从边线区域运动到中心区域，中间黑色虚线的范围是两区域的临界区域，需要对推力在这一区域的连续性进行考察。

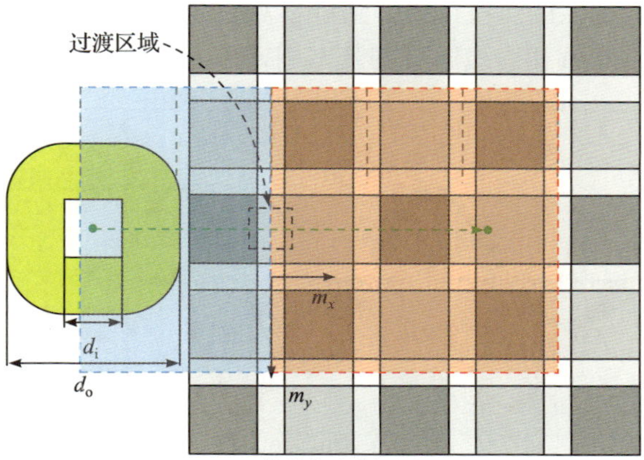

(a) 等效轨迹仰视图

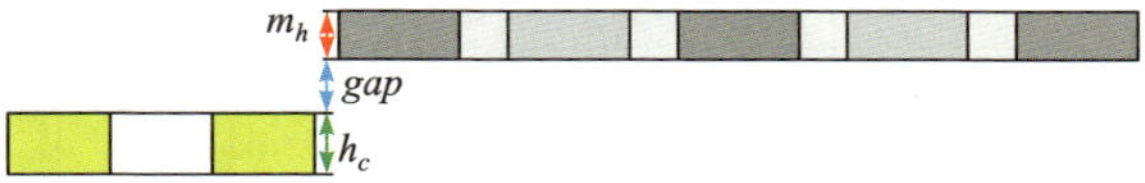

(b) 剖面示意图

图 3.17　扩展统一模型验证实验运动轨迹示意图

实验中采用扩展统一模型建立中心区域和边线区域的推力模型，并采用有限元仿真和实验测量获得线圈在整条运动轨迹上受到的六自由度的力和力矩情况。分别采用中心区域和边线区域的推力模型计算整条轨迹上的推力情况，以体现两者在区域交接处的光滑过渡情况。实际上这两种方法只适用于所在区域的轨迹段，之外的部分没有实际意义。

验证实验中涉及的参数见表 3.1 和表 3.2。

表 3.2　扩展统一模型验证实验参数列表

参数	取值/mm
d_i	15.5
d_o	44.5
h_c	8
gap	1

采用 4 种方法得到的 6 个自由度方向的力和力矩对比情况如图 3.18 所示。图中横坐标表示线圈所在的不同位置，纵坐标表示力和力矩的幅值，从左到右表示线圈从边线区域沿轨迹运动到中心区域的全过程。图中结果可以从两个方面解读，首先在图中位置刻度为正的部分(对应图 3.17 中 x 轴正半轴，即中心区域)，有限元仿真、实验测量和中心区域模型三者得到的结果比较一致，这验证了扩展统一模型对统一模型的包含关系，同时也说明三种方法得到了正确的实现。接着在图中位置刻度为负的部分(对应图 3.17 中 x 轴负半轴，即边线区域)，有限元仿真、实验测量和边线区域模型三者得到的结果比较一致，这证明了扩展统一模型的正确性；在黑色虚线围出的过渡区域，边线区域和中心区域的推力模型实现了光滑过渡，这说明中心区域和边线区域的基本周期单元的划分是有效的。

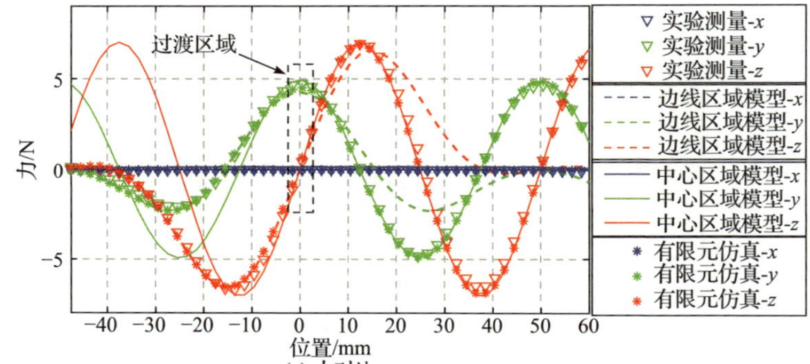

(a) 力对比

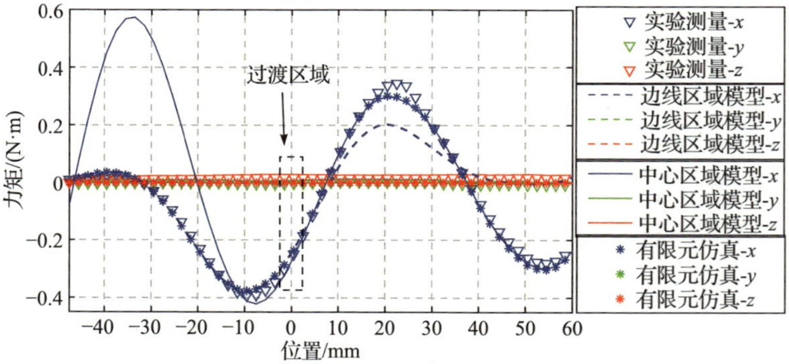

(b) 力矩对比

图 3.18 扩展统一模型实验验证对比结果

参 考 文 献

[1] Jansen J W. Magnetically levitated planar actuator with moving magnets: electromechanical analysis and design[D]. Eindhoven: Eindhoven University of Technology, 2007.

[2] Guo L, Zhang H, Galea M, et al. Multiobjective optimization of a magnetically levitated planar motor with multilayer windings[J]. IEEE Transactions on Industrial Electronics, 2016, 63(6):

3522-3532.

[3] Zhu H, Pang C K, Teo T J. Analysis and control of a 6-DOF maglev positioning system with characteristics of end-effects and eddy current damping[J]. Mechatronics, 2017, 47: 183-194.

[4] Zhu H, Teo T J, Pang C K. Design and modeling of a six-degree-of-freedom magnetically levitated positioner using square coils and 1-D Halbach arrays[J]. IEEE Transactions on Industrial Electronics, 2016, 64(1): 440-450.

[5] Rovers J, Achterberg J, Ronde M, et al. The deformation of the moving magnet plate of a commutated magnetically levitated planar actuator[J]. Mechatronics, 2013, 23(2): 233-239.

[6] Custers C H H M, Jansen J W, Lomonova E A. Static decoupling of force and torque components in a moving-magnet planar motor[C]//Proceedings of the 2017 IEEE International Electric Machines and Drives Conference (IEMDC). IEEE, 2017.

[7] Boeij D J, Lomonova E A, Vandenput A J. Look-up table based real-time commutation of 6-DOF planar actuators[C]//Proceedings of the 2007 IEEE International Conference on Control Applications. IEEE, 2007.

[8] Rovers J M M. Multiphysical modeling of high-precision electromechanical devices : towards nanometer-accurate planar motors[D]. Eindhoven: Eindhoven University of Technology, 2013.

[9] Miyasaka M, Berkelman P. Magnetic levitation with unlimited omnidirectional rotation range[J]. Mechatronics, 2014, 24(3): 252-264.

[10] 宋玉晶, 张鸣, 朱煜. Halbach 永磁阵列磁场解析求解及推力建模[J]. 电工技术学报, 2014, 29(11): 61-67.

[11] Jansen J W, Lierop C M M, Lomonova E A, et al. Modeling of magnetically levitated planar actuators with moving magnets[J]. IEEE Transactions on Magnetics, 2006, 43(1): 15-25.

[12] Jansen J W, Smeets J P C, Overboom T T, et al. Overview of analytical models for the design of linear and planar motors[J]. IEEE Transactions on Magnetics, 2014, 50(11): 1-7.

[13] Jansen J W, Lierop C M M, Lomonova E A, et al. Magnetically levitated planar actuator with moving magnets[J]. IEEE Transactions on Industry Applications, 2008, 44(4): 1108-1115.

第 4 章　无铁芯永磁平面电机的电流分配方法

4.1　引　　言

在无铁芯永磁平面电机的领域中，电流分配方法是电机控制和性能优化的核心。电流分配不仅直接关系到电机的动态响应和运动精度，而且对于实现高效、精确的运动控制至关重要。本章将深入探讨电流分配的原理、方法及其在平面电机中的应用。首先概述了电流分配的基本概念，强调了其在多自由度运动系统中的重要性。随后，详细介绍了两种主流的电流分配方法：D-Q 解耦方法和最小二乘法，这两种方法在实现精确控制和优化电机性能方面发挥着关键作用。此外，本章还探讨了电流分配在抑制动子柔性模态和提升系统刚度方面的应用，这些都是实现超精密运动控制的关键技术。通过深入分析电流分配的理论与实践，本章旨在为读者提供一个全面的技术框架，以便在设计和应用平面电机时做出更明智的决策。

4.2　电流分配基本概念

电流分配在磁浮平面电机闭环控制框图中所占的环节如图 4.1 所示，其功能是基于推力模型，将各轴的控制器输出的各轴期望力，转化为线圈阵列的电流，线圈在电流激励下产生 6 个自由度方向的电磁力作用在动子上，使动子产生实际的六轴力和加速度。当推力模型能够准确描述线圈在磁钢阵列磁场下的电磁力作用规律时，图 4.1 中蓝色方框内所有环节的整体作用效果可以看作将控制器输出的推力指令 1∶1 地作用在动子上，也即表明电流分配达到了期望的效果。

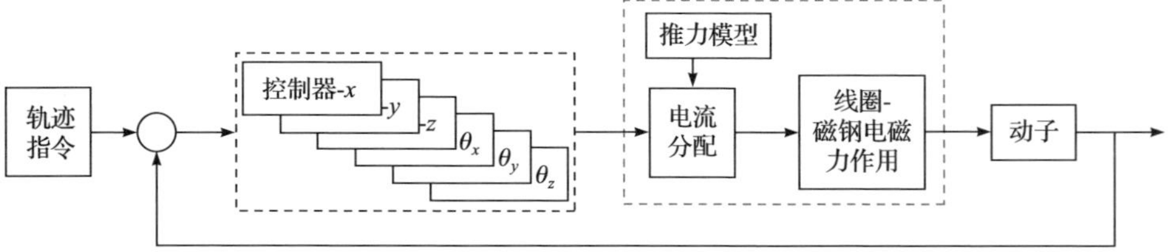

图 4.1　磁浮平面电机闭环控制框图

电流分配方法是基于期望力对线圈阵列的输出电流进行分配，按照期望力的获取来源，可以分为基于刚体动力学和基于柔体动力学的两类电流分配方法。基于刚体动力学的电流分配方法，首先将平面电机动子运行的误差信息通过刚体动力学转化为电机需要对动子质心输出的力/力矩，而后展开电流分配，是实现平面电机运动的基础驱动环节；基于柔体动力学的电流分配方法，利用平面电机过驱动的特性，通过空间分布力输入来抑制平面电机动子的柔性变形，是通过驱动来提高电机精度水平的重要方法。简而言之，基于刚体动力学的电流分配方法关注的是对动子质心的力控制，基于柔体动力学的电流分配方法则关注对动子作用区域的空间分布力控制。这两种方法共同构成了实现精确运动控制的桥梁。

在磁浮平面电机的驱动中，基于刚体动力学的电流分配方法是必需的，基于柔体动力学的电流分配方法是一种高阶方法，更多用于超精密运动控制中。本章主要介绍这两类电流分配方法的原理和典型框架。

4.3 基于刚体动力学的电流分配方法

在基于刚体动力学的电流分配方法中，目前主流的方法主要分为 D-Q 方法和最小二乘法两大类。D-Q 分解法适用于三线圈 240°相位差的磁钢和线圈阵列，能够直接通过现有表达式计算推力与三线圈电流的关系。这种 D-Q 分解算法计算效率高，适合实时驱动，但对线圈与磁钢间的相对位置和参数设置要求严格，只适用于特定的线圈-磁钢构型。最小二乘法电流分配方法则通过构建电流与电机输出力/力矩的关系函数，并采用最小二乘法求解所需的电流，目标是在保证解算准确性的同时，最小化各线圈电流的 2 范数之和。这种框架易于扩展，已在多种平面电机上得到应用[1,2]。

D-Q 电流分配算法和最小二乘电流分配法都可用于实时运算，D-Q 解耦算法由于其解算速度快，更适用于高采样率的控制场景，但其解算结果会引入寄生力矩，给控制精度带来不利影响。此外，D-Q 分解法对线圈的排列方式有要求，因此，对电机的结构设计也引入了一定限制。最小二乘法电流分配方法刚好相反，其解算速度不如 D-Q 解耦算法快，但不存在寄生力矩的问题，控制精度更高；该方法也没有线圈排列方式的限制，设计上更灵活，成为很多高精度平面电机运动台控制的首选。本节将详细介绍这两种方法。

4.3.1 D-Q 电流分配方法

D-Q 电流分配方法一般以线圈组作为平面电机的驱动单元，如图 4.2 所示，该算法要求线圈组中的线圈相对于磁钢极距按一定相位差分布。通过 D-Q 分解算法，能够实现对线圈组所受水平力、垂直力分量的解耦，从而快速构建电流与线圈组推力之间的映射关系。

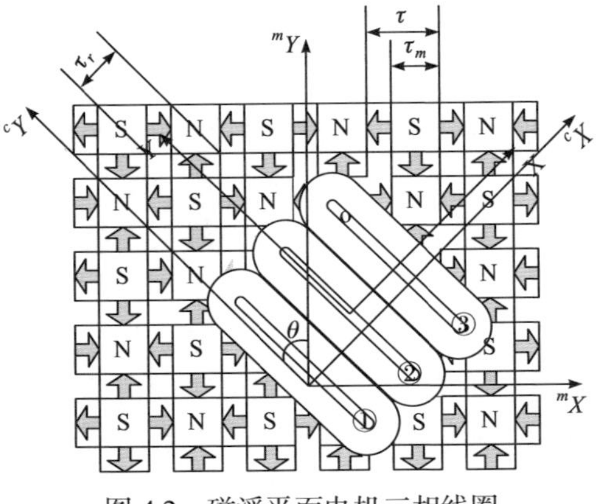

图 4.2　磁浮平面电机三相线圈

当线圈组中各线圈所通电流的总和为零时，线圈短边受到的电磁力对线圈组的推力分量无影响。为了满足线圈组中直轴电流(水平出力电流 I_q)、交轴电流(垂直出力电流 I_d)大小的要求，以及电流总和为零的要求，线圈组中至少需要包含 3 个线圈，当线圈组中的线圈数目超过 3 个，就存在冗余自由度情况下电流分配的问题。以包含 3 个线圈的线圈组为例，设线圈组中最左侧线圈为 1 号线圈，其中心位置坐标为 (x,y,z)，并以此来表征线圈组在全局坐标系中的位置，线圈组中各线圈的位置坐标分别为 (x,y,z)、$(x,y+d,z)$ 和 $(x,y+2d,z)$，且线圈电流应满足如下关系：

$$\begin{bmatrix} I_q \\ I_d \\ 0 \end{bmatrix} = \begin{bmatrix} \sin\left(\dfrac{x}{\tau_r}\pi\right) & \sin\left(\dfrac{x}{\tau_r}\pi+\dfrac{d}{\tau_r}\pi\right) & \sin\left(\dfrac{x}{\tau_r}\pi+\dfrac{2d}{\tau_r}\pi\right) \\ \cos\left(\dfrac{x}{\tau_r}\pi\right) & \cos\left(\dfrac{x}{\tau_r}\pi+\dfrac{d}{\tau_r}\pi\right) & \cos\left(\dfrac{x}{\tau_r}\pi+\dfrac{2d}{\tau_r}\pi\right) \\ 1 & 1 & 1 \end{bmatrix} \begin{bmatrix} i_1 \\ i_2 \\ i_3 \end{bmatrix} \tag{4-1}$$

其中，i_1,i_2,i_3 分别为线圈组中各线圈通入的电流。

为了方便分析，记矩阵电流矢量的系数矩阵为 $\boldsymbol{A}$。若保证电流分配方式存在即上述方程有解，则要求方程的系数矩阵非奇异，系数矩阵的行列式为

$$\det(\boldsymbol{A}) = -\sin\left(\frac{d}{\tau_r}\pi\right)\left[1-\cos\left(\frac{d}{\tau_r}\pi\right)\right] \tag{4-2}$$

若要求系数矩阵非奇异，则系数矩阵的行列式非零，即要求线圈组中两相邻线圈的中心距 d 不是极距的整数倍，即两线圈在磁场相位上不存在相关性。同样，当电流分配矩阵的行列式取得极大值时，可以保证线圈组有能力输出最大的推力

分量，这里计算 d 的数值使得其系数矩阵行列式的平方取得极大值。可推出 $\cos\left(\frac{d}{\tau_r}\pi\right)=-\frac{1}{2}$ 时，行列式取得最大值。不妨取 $d=\frac{4}{3}\tau_r$，此时，电流分配矩阵的行向量依然正交，其电流分配方式如下：

$$\begin{bmatrix} i_1 \\ i_2 \\ i_3 \end{bmatrix}=\begin{bmatrix} \sin\left(\frac{x}{\tau_r}\pi\right) & \cos\left(\frac{x}{\tau_r}\pi\right) \\ \sin\left(\frac{x}{\tau_r}\pi+\frac{4}{3}\pi\right) & \cos\left(\frac{x}{\tau_r}\pi+\frac{4}{3}\pi\right) \\ \sin\left(\frac{x}{\tau_r}\pi+\frac{8}{3}\pi\right) & \cos\left(\frac{x}{\tau_r}\pi+\frac{8}{3}\pi\right) \end{bmatrix}\begin{bmatrix} I_q \\ I_d \end{bmatrix} \tag{4-3}$$

总的来说，D-Q 分解方法将平面电机的线圈阵列分为若干个线圈组，每一个线圈组需要包含不少于 3 个线圈，且线圈的间隔与磁钢的极距满足 $\cos\left(\frac{d}{\tau_r}\pi\right)=-\frac{1}{2}$ 时，保证线圈有能力输出最大的推力分量。以线圈数为 3，$d=\frac{4}{3}\tau_r$ 为例，可以得到这种作为平面电机驱动单元的三相线圈推力分量已解耦，见式(4-4)，交轴电流 I_{q} 控制水平推力，直轴电流 I_{d} 控制垂直推力。

$$F=\begin{bmatrix} F_x \\ F_z \end{bmatrix}-K_F(h_g)\begin{bmatrix} 1 & 0 \\ 0 & 1 \end{bmatrix}\begin{bmatrix} I_q \\ I_d \end{bmatrix} \tag{4-4}$$

其中，$K_F(h_g)$ 是与高度有关的磁场系数。因此，通过式(4-3)和式(4-4)，可以快速构建单个线圈组的电流与其产生推力的关系，完成 D-Q 解耦分配。

4.3.2　最小二乘法电流分配方法

在“动磁式”平面电机或者线圈排布不是图 4.2 所示的平面电机中，D-Q 分解算法难以直接开展电流分配，因此，有另一种直接解耦的电流分配方法被研究出来。在平面电机中，动子所受的推力由叠加原理可以得到，分别对每一个线圈产生的推力进行叠加，即有

$$\begin{bmatrix} F_x \\ F_y \\ F_z \\ T_x \\ T_y \\ T_z \end{bmatrix}=\boldsymbol{K}_{FTn}\cdot\begin{bmatrix} i_1 \\ i_2 \\ \vdots \\ i_n \end{bmatrix} \tag{4-5}$$

其中，$\boldsymbol{K}_{FTn}$ 为力/力矩矩阵，$\boldsymbol{K}_{FTn} \in \mathbf{R}^{6\times n}$，$n$ 为通电线圈个数，$\boldsymbol{K}_{FTn}$ 的列元素为单位电流的线圈在磁场中的受力和力矩，与模块极距、气隙高度，以及线圈与磁钢的相对位置有关，可用第 2 章介绍的统一推力模型或第 3 章介绍的扩展统一推力模型进行计算。

$$\boldsymbol{K}_{FTn} = \begin{bmatrix} F_{x1} & F_{x2} & \cdots & F_{xn} \\ F_{y1} & F_{y2} & \cdots & F_{yn} \\ F_{x1} & F_{z2} & \cdots & F_{zn} \\ T_{x1} & T_{x2} & \cdots & T_{xn} \\ T_{y1} & T_{x2} & \cdots & T_{yn} \\ T_{z1} & T_{x2} & \cdots & T_{zn} \end{bmatrix} \tag{4-6}$$

电流分配中，实际上是直接反解式(4-5)，通过期望的六自由度推力，解算得到所需的电流。然而，由于 $\boldsymbol{K}_{FTn}$ 不是常值矩阵，而是与位置有关的时变矩阵，需要实时求解并进行反解，所以相对于 D-Q 解耦算法来说更为费时。

平面电机中，一般通电线圈数目大于 6，反解式(4-5)往往是一个冗余的方程，存在多种电流解，因此，根据实际情况，可以选择的最优电流解应为电流向量 $\vec{i} = [i_1 \ \ i_2 \ \ \cdots \ \ i_n]^{\mathrm{T}}$ 2 范数最小的解，即

$$\min_{\vec{w}=\boldsymbol{K}_{FTn}} \left\| \vec{i} \right\|_2 = \left\| \boldsymbol{K}_{FTn}^{+} \cdot \vec{w} \right\|_2 \tag{4-7}$$

其中，$\boldsymbol{K}_{FTn}^{+}$ 为 $\boldsymbol{K}_{FTn}$ 的 Moore-Penrose 伪逆，即

$$\boldsymbol{K}_{FTn}^{+} = \boldsymbol{K}_{FTn}^{\mathrm{T}} \cdot \left(\boldsymbol{K}_{FTn} \cdot \boldsymbol{K}_{FTn}^{\mathrm{T}} \right)^{-1} \tag{4-8}$$

这种电流分配方法需要在每一采样时刻求解 $\boldsymbol{K}_{FTn} \in \mathbf{R}^{6\times n}$ 的伪逆，相对于 D-Q 求解方法更为耗时，因此，往往难以应用到高采样频率的系统中。

根据不含边缘效应的推力模型，仅处于磁钢阵列中心区域的线圈会产生有效电磁力，该区域被称为有效区域，而有效区域之外则为边缘区域，有效区域分为中心有效区域和过渡有效区域。由于未对边缘区域的磁场建模，因此仅能对当前时刻处于有效区域的线圈通电，对不处于有效区域的线圈断电。由于涉及线圈的通电断电操作，而驱动器输出电流需要连续变化，直接反解式(4-5)往往会导致电流突变，不适用于实时电流分配。因此，Jansen 等提出基于余弦函数的电流过渡函数来实现线圈电流过渡，该电流过渡方法中，根据线圈模块在磁场区域中的位置确定电流分配的权重，具体解算方式为

$$\begin{bmatrix} i_1 \\ i_2 \\ \vdots \\ i_n \end{bmatrix} = q_n \boldsymbol{K}_{FTn}^{\mathrm{T}} \left(\boldsymbol{K}_{FTn} q_n \boldsymbol{K}_{FTn}^{\mathrm{T}} \right)^{-1} \cdot \begin{bmatrix} F_x \\ F_y \\ F_z \\ T_x \\ T_y \\ T_z \end{bmatrix} \tag{4-9}$$

其中，q_n 为线圈模块的电流分配函数，主要控制中心有效区域，过渡有效区域和边缘区域的电流，表达式如下：

$$q_n = \begin{bmatrix} q_1 & 0 & \cdots & 0 \\ 0 & q_2 & \cdots & 0 \\ \vdots & \vdots & \ddots & 0 \\ 0 & 0 & \cdots & q_n \end{bmatrix} \tag{4-10}$$

其中，q_i 取值与线圈模块在磁钢阵列中的位置有关。

$$q_i = q_x q_y, i = 1, 2, \cdots n \tag{4-11}$$

其中，

$$q_x = \begin{cases} 0 & \text{线圈模块}x\text{轴坐标处于磁钢阵列有效区域外} \\ \dfrac{1}{2} + \dfrac{1}{2}\cos\left(\dfrac{\pi p_x}{\tau}\right) & \text{线圈模块}x\text{轴坐标处于过渡区域} \\ 1 & \text{线圈模块}x\text{轴坐标处于磁钢阵列有效区域内} \end{cases} \tag{4-12}$$

$$q_y = \begin{cases} 0 & \text{线圈模块}y\text{轴坐标处于磁钢阵列有效区域外} \\ \dfrac{1}{2} + \dfrac{1}{2}\cos\left(\dfrac{\pi p_y}{\tau}\right) & \text{线圈模块}y\text{轴坐标处于过渡区域} \\ 1 & \text{线圈模块}y\text{轴坐标处于磁钢阵列有效区域内} \end{cases} \tag{4-13}$$

根据式(4-9)～式(4-13)，当线圈模块即将超出磁钢阵列的有效区域时，如图 4.3 所示，线圈模块通电权重设定为 0；随着线圈逐渐进入有效区域，电流分配权重取值按照余弦函数变化；线圈完全进入有效区域后，其电流分配权重取值为 1。当线圈逐渐运动超出有效区域时，电流分配权重取值变化与进入时相反，从 1 逐渐变化到 0。

上述方法中为规避磁钢阵列边缘磁场畸变的影响采取了两种策略：一是将动子运动范围严格限制在磁钢阵列中心区域，导致位于边缘效应区域内的线圈是无效状态；二是通过电流权重系数主动抑制边缘区域线圈的出力，虽扩大行程但牺牲了部分推力密度。这种妥协不仅降低了系统推重比，在动子跨越不同线圈模块时，还因电磁参数变化引发推力波动，严重制约了精密运动控制的性能。

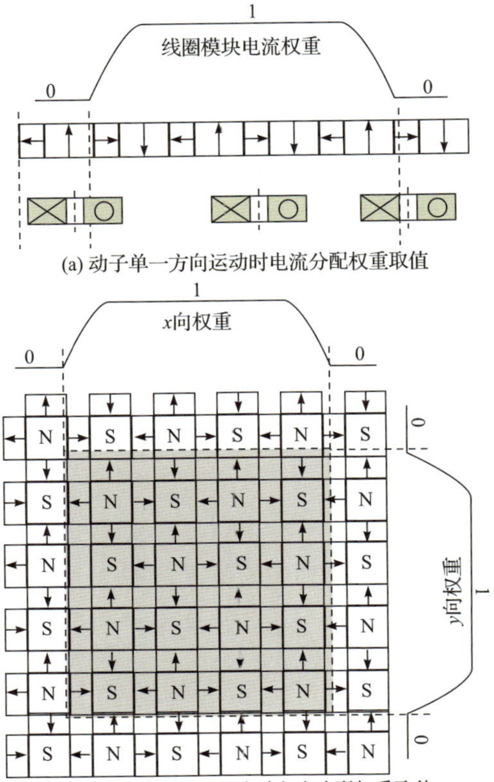

(a) 动子单一方向运动时电流分配权重取值

(b) 动子二维平面运动时电流分配权重取值

图 4.3　线圈电流切换权重

因此，不对边缘区域的推力建模，给平面电机的高性能使用带来阻碍，而本书在第 3 章中介绍的对边缘效应建模的扩展统一推力模型，可以在电流分配上避免线圈切换等问题。若采用扩展统一推力模型对平面电机进行建模，则对处于边缘区域、有效区域内的线圈都能够充分使用，具体的电流解算方法为

$$\begin{bmatrix} i_1 \\ i_2 \\ \vdots \\ i_n \end{bmatrix} = \boldsymbol{K}_{FTn}^{\mathrm{T}}\left(\boldsymbol{K}_{FTn} \cdot \boldsymbol{K}_{FTn}^{\mathrm{T}}\right)^{-1} \cdot \begin{bmatrix} F_x \\ F_y \\ F_z \\ T_x \\ T_y \\ T_z \end{bmatrix} \tag{4-14}$$

其中，$\boldsymbol{K}_{FTn}$ 为推力系数矩阵，相较于式(4-9)，无须再对平面电机的性能进行“阉割”，彰显出扩展统一推力模型的价值。

4.4　基于柔体动力学的电流分配方法

按照线圈和磁钢的安装位置分类，磁浮平面电机可以分为动圈式和动磁式两种构型，其中，动磁式平面电机动子由多块磁钢构成，而动圈式平面电机动子由多组线圈构成，二者对比如图 4.4 所示。动磁式磁浮平面电机动子的数百块磁钢分别受力，而动圈式平面电机每一组线圈单独受力，因此作用在磁浮平面电机动子上的力均为复杂的空间分布力，该分布力可以通过动子的刚体假设转化为作用在动子质心的力和力矩，为平面电机实现六自由度运动提供基础。显然这种刚体假设忽略了动子在复杂分布力下产生的变形，导致精度损失：动子被激发柔性模态而产生变形，影响电磁建模精度、测量精度，从而进一步影响系统的运动控制精度。为了抑制这种变形，很多学者研究基于柔体动力学的电流分配方法，本节将介绍这类电流分配方法的思路和简单原理。

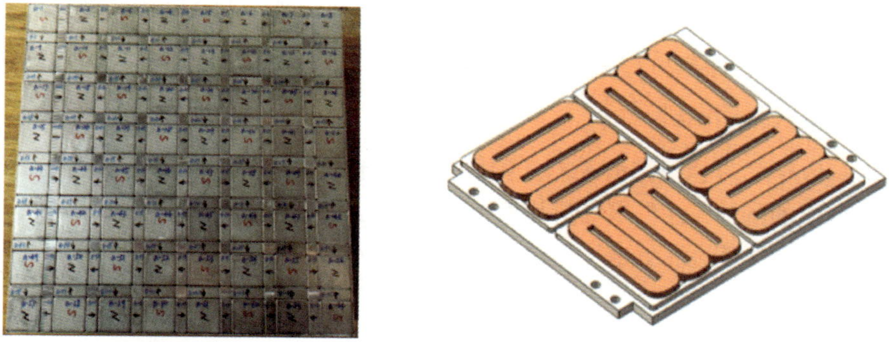

(a) 动磁式动子　　(b) 动圈式动子

图 4.4　动磁式与动圈式平面电机动子对比

基于柔体动力学的电流分配方法主要是利用平面电机过驱动的特性，在保证动子基本六自由度运动的需求下，抑制平面电机动子的柔性模态。平面电机动子受到空间非均匀分布力的作用，容易被激发柔性模态而产生振动，对实现超精密运动不利，其抑制方法是通过控制分布力，抑制动子的柔性振动，进而为实现超精密运动提供便利。

为了抑制柔性模态，有必要建立动子的柔体动力学模型，即分布力与形变的关系。目前，柔体动力学模型主要有两类，分别是机械振动理论建模和有限元建模。机械振动理论建模针对的是多自由度离散振动系统，将系统表达为与自由度数目相等的二阶常微分方程组，根据机械振动理论求得特征振型的解析解，比如梁、轴、杆的简单振动情形，很容易得到振型解析结果；对于连续系统，通常使用有限元建模方法，有学者利用有限元建模方法得到了动磁式平面电机的前四阶柔性模态的特征振型，如图 4.5 所示。

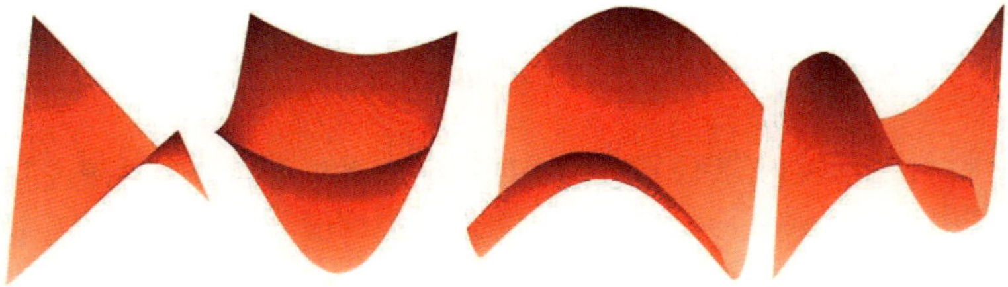

图 4.5 平面电机动子前四阶柔性模态

基于柔体动力学建模理论，针对柔性模态抑制的电流分配方法已开展广泛研究，按照研究对象可以分为动圈式磁浮平面电机柔性模态抑制和动磁式磁浮平面电机柔性模态抑制，二者均利用平面电机出力过驱动的特点抑制动子的柔性模态振型，即利用平面电机的驱动数(通电线圈数)大于平面电机动子的运动自由度数(六自由度)所形成的驱动出力自由度，实现电机的柔性模态抑制。一般而言，由于基于最小二乘电流分配方法具有更通用的扩展性，基于柔体动力学的电流分配框架多基于 4.3.2 介绍的最小二乘分配方法框架展开。

4.4.1 动圈式平面电机

清华大学学者通过拟合动圈式平面电机动子的柔性模态[3]，推导激发点处激发力与电流的函数，并将该函数与六自由度推力-电流关系进行整合，构建与位置相关的期望力矩阵，见式(4-15)。

$$\boldsymbol{K}_{\text{overact}}(p)\begin{bmatrix} k_{F_x}^1(p) & k_{F_x}^2(p) & \cdots & k_{F_x}^N(p) \\ k_{F_y}^1(p) & k_{F_y}^2(p) & \cdots & k_{F_y}^N(p) \\ k_{F_z}^1(p) & k_{F_z}^2(p) & \cdots & k_{F_z}^N(p) \\ k_{T_x}^1(p) & k_{T_x}^2(p) & \cdots & k_{T_x}^N(p) \\ k_{T_y}^1(p) & k_{T_y}^2(p) & \cdots & k_{T_y}^N(p) \\ k_{T_z}^1(p) & k_{T_z}^2(p) & \cdots & k_{T_z}^N(p) \\ k_{\eta_a}^1(p) & k_{\eta_a}^2(p) & \cdots & k_{\eta_a}^N(p) \end{bmatrix} \tag{4-15}$$

其中，p 表示动子的位置，$k_{F_x}^i(p), k_{F_y}^i(p), k_{F_z}^i(p), k_{T_x}^i(p), k_{T_y}^i(p), k_{T_z}^i(p)$ 分别表示当前位置下，线圈 i 在单位电流下产生的三自由度力和三自由度力矩，$k_{\eta_a}^i(p)$ 表示线圈 i 在单位电流下对关键点产生的输出力。若需对动子质心输出期望推力与力矩 $[F_x\ F_y\ F_z\ T_x\ T_y\ T_z]^{\mathrm{T}}$，同时期望抑制当前位置下动子的一阶柔性模态关键点的输出力 F_η，则抑制柔体动力学的电流分配为

$$\begin{bmatrix} i_1 \\ i_2 \\ \vdots \\ i_n \end{bmatrix} = \boldsymbol{K}_{\text{overact}}^{\mathrm{T}} \left(\boldsymbol{K}_{\text{overact}} \cdot \boldsymbol{K}_{\text{overact}}^{\mathrm{T}} \right)^{-1} \cdot \begin{bmatrix} F_x \\ F_y \\ F_z \\ T_x \\ T_y \\ T_z \\ F_\eta \end{bmatrix} \tag{4-16}$$

显然为了使方程可能有解(上述矩阵逆存在)，线圈数目需大于等于 7。若线圈数目恰好为 7，方程仅有唯一解，但此时往往会解出较大的电流，难以在实际中应用，因此，电机设计通常会配置更多线圈以实现冗余电流分配。此外，平面电机磁浮运动台期望控制点的输出力 F_η 可通过如下步骤获得：首先，建模得到动子的一阶振型模态，再采用特定建模方法，推导该期望控制点输出力与动子一阶振型的关系；基于此关系，可从期望的一阶振型反解得到期望控制点输出力 F_η。

该类动圈式平面电机的柔体动力学分配，与基于刚体动力学的电流分配相比，区别在于构建不同作用点推力与动子柔性模态的关系，通过选择特定推力作用点进行驱动，生成用于抑制一阶柔性模态的作用力，并将该作用力组合作为电流分配的目标。因此，构建合适的柔体动力学模型、选择恰当的推力作用点，是解决该问题的关键。

4.4.2　动磁式平面电机

动磁式平面电机的动子包含由上百块磁钢组成的磁钢阵列，因此，与动圈式平面电机相比，作用在动磁式平面电机动子上的分布力更为复杂，相应的柔体动力学建模也更为复杂。不过，动磁式平面电机基于柔体动力学的电流分配方法本质逻辑与动圈式类似，都是在刚体动力学电流分配基础上的延伸[4,5]。

首先，构建设置在动子上的所有磁钢受到的力与电流的关系函数，见式(4-17)。

$$\boldsymbol{F}_M = \boldsymbol{K}_f(q)\vec{i} = \begin{bmatrix} k_{F_{1x}}^1(p) & \cdots & k_{F_{1x}}^{n_c}(p) \\ k_{F_{1y}}^1(p) & \cdots & k_{F_{1y}}^{n_c}(p) \\ k_{F_{1z}}^1(p) & \cdots & k_{F_{1z}}^{n_c}(p) \\ \vdots & \vdots & \vdots \\ k_{F_{n_m x}}^1(p) & \cdots & k_{F_{n_m x}}^{n_c}(p) \\ k_{F_{n_m y}}^1(p) & \cdots & k_{F_{n_m y}}^{n_c}(p) \\ k_{F_{n_m z}}^1(p) & \cdots & k_{F_{n_m z}}^{n_c}(p) \end{bmatrix} \begin{bmatrix} i_1 \\ i_2 \\ \vdots \\ i_{n_c} \end{bmatrix} \tag{4-17}$$

其中，p 表示动子的位置，$k^i_{F_{jx}}(p), k^i_{F_{jy}}(p), k^i_{F_{jz}}(p)$ 分别表示当前位置下，线圈 i 在单位电流下对磁钢 j 产生的三自由度力，$[i_1\ \ i_2\ \ \cdots\ \ i_{n_c}]^{\mathrm{T}}$ 表示线圈的电流阵列，n_c, n_m 分别表示线圈和磁钢的数目。

基于之前由有限元构建好的振动学模型，定义“模态力” $\boldsymbol{F}_f$ 与分布力 $\boldsymbol{F}_M$ 的关系为

$$\boldsymbol{F}_f = \boldsymbol{\phi}_f^{\mathrm{T}} \boldsymbol{F}_M = \boldsymbol{\phi}_f^{\mathrm{T}} \boldsymbol{K}_f(q)\vec{i} \tag{4-18}$$

因此，此类电机基于柔体动力学的电流分配可以进一步描述为，本质上是求解满足期望六自由度刚体力 $\hat{\boldsymbol{F}}_{\text{rigid}}$ 和若干自由度“模态力” $\boldsymbol{S}_f \hat{\boldsymbol{F}}_f$ 的电流($\boldsymbol{S}_f$ 是模态选择矩阵)，而刚体力、“模态力”与电流的关系可分别通过式(4-5)和式(4-18)得到。类似于式(4-7)的最小二乘方法，可以进一步开展电流求解，即

$$\min_{\vec{i}} \left\| \vec{i} \right\|_2, \text{s.t.}, \begin{bmatrix} \hat{\boldsymbol{F}}_{\text{rigid}} \\ \boldsymbol{S}_f \hat{\boldsymbol{F}}_f \end{bmatrix} = \underbrace{\begin{bmatrix} \boldsymbol{K}_{FTn}(q) \\ \boldsymbol{S}_f \boldsymbol{\phi}_f^{\mathrm{T}} \boldsymbol{K}_f(q) \end{bmatrix}}_{\boldsymbol{K}_{\text{overact}}(q)} \vec{i} \tag{4-19}$$

更进一步，通过伪逆完成动磁式平面电机基于柔体动力学的电流分配求解：

$$\vec{i} = \boldsymbol{K}_{\text{overact}}(q) \cdot (\boldsymbol{K}_{\text{overact}}(q) \cdot \boldsymbol{K}^{\mathrm{T}}_{\text{overact}}(q))^{-1} \begin{bmatrix} \hat{\boldsymbol{F}}_{\text{rigid}} \\ \boldsymbol{S}_f \hat{\boldsymbol{F}}_f \end{bmatrix} \tag{4-20}$$

为了使上式有解，需要线圈数目大于 $\hat{\boldsymbol{F}}_{\text{rigid}}$ 与 $\boldsymbol{S}_f \hat{\boldsymbol{F}}_f$ 的阶数之和。

相较于动圈式平面电机的建模过程，动磁式平面电机还需构建单个磁钢受力与各线圈电流的对应关系，以建立平面电机动子的整体受力模型；而动圈式平面电机仅需构建每个线圈的受力模型(该模型已在刚体动力学的电流分配中构建)。因此，动磁式平面电机基于柔体动力学的电流分配方法更为复杂。当前，动磁式平面电机柔体动力学电流分配方法属于前沿研究课题，荷兰埃因霍温理工大学的学者采用“有限元建模+线性差值计算”的方法，构建分布力与电流的关系，并通过有限元方法预先建立矩阵描述动子模态模型。

参 考 文 献

[1] Jansen J W. Magnetically levitated planar actuator with moving magnets: electromechanical analysis and design[D]. Eindhoven: Eindhoven University of Technology, 2007.

[2] Lierop C M M. Magnetically levitated planar actuator with moving magnets[D]. Eindhoven: Eindhoven University of Technology, 2008.

[3] 孙浩博, 面向柔性模态振动抑制的磁悬浮平面电机电流分配方法[D]. 北京: 清华大学, 2022.

[4] Proimadis I, Custers C H H M, Toth R, et al. Active deformation control for a magnetically levitated planar motor mover[J]. IEEE Transactions on Industry Applications, 2021, 58(1): 242-249.

[5] Proimadis I. Nanometer-accurate motion control of moving-magnet planar motors[D]. Eindhoven: Eindhoven University of Technology, 2020.

第 5 章　无铁芯永磁平面电机计算驱动方法

5.1　引　　言

本书前几章已经深入探讨了无铁芯永磁平面电机的设计、建模、电流分配，以及多轴解耦控制等关键技术，这些研究为平面电机的高性能运行提供了坚实的基础。然而，随着现代工业对机械运动精度要求的不断提高，尤其是在超精密制造领域，传统的电流分配方法(如 D-Q 分解和最小二乘法)在应对实际电机的复杂非线性和高频变化时显得力不从心[1-5]。传统方法基于理想推力模型，模型中忽略了高阶磁场、微弱的安装与制造误差等难以建模的因素，在动态特性与精度要求相对较低的一般工业场合表现较好，但在高端极致应用场景中，限制了其性能表现[6-12]。

为了克服这些挑战，本章提出一种创新的驱动方法——计算驱动方法。该方法核心在于利用实测的相电流与动子位移数据，逆向辨识电机的实际推力特性，并基于辨识结果实时校正驱动电流。这种方法不依赖任何理论模型，而是基于实际电机的输入输出数据，避免了传统驱动方法中因电机推力模型与实际工况失配引起的推力误差，极大提升了电机实际输出推力的线性度和精度。采用计算驱动方法，可以有效解决传统电流分配方法中存在的推力波动和非线性问题，为平面电机在超精密制造等领域的应用提供了新的解决方案。

本章将详细介绍计算驱动方法的理论框架、实现过程，以及其在提高电机性能方面的优势。首先介绍如何构建具有足够细节分辨率的电机推力模型，并基于这些模型进行精确的逆向辨识。接着探讨如何通过实测数据完成对电机动力学模型的精准辨识，以及如何根据辨识结果计算各相电流以实现推力的精准输出。最后通过仿真与实验验证计算驱动方法的有效性，并讨论其在实际应用中的潜在价值。

5.2　计算驱动理论框架

计算驱动方法作为一种创新的电机驱动策略，其核心理念在于突破传统驱动方法的局限性，摒弃对理想化理论模型的依赖，直接利用电机的实际输入输出数据，实现对电机驱动过程的精确控制。这种方法能够有效解决传统方法中因模型与电机实际特性失配而导致的推力误差问题，显著提升电机推力输出的线性度和运动控制精度。

在计算驱动理论框架中，首先需要构建一个具有足够细节分辨率的电机推力模型。该模型需具备足够的自由度，以精确逼近实际电机复杂的电磁耦合关系。这要求模型不仅能够反映电机在理想状态下的行为，还需涵盖实际运行中可能出现的各类非线性因素、高频变化及非周期性成分。通过建立这样一个高精度的推力模型，为后续的逆向辨识和实时误差补偿奠定了坚实的基础。图 5.1 展示了基于分段线性插值函数的推力系数模型，该模型通过将电机动子行程范围等间隔划分为若干微小区间，并在每个区间内通过对区间端点进行线性插值计算推力系数，从而实现对实际复杂磁场分布的准确逼近。

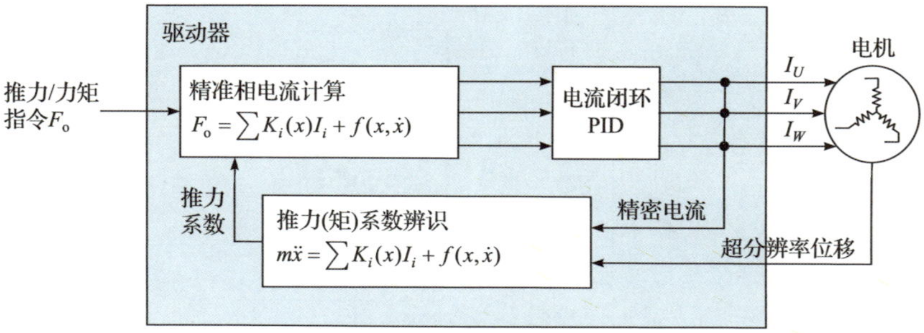

图 5.1　计算驱动原理框架

在获取模型后，基于模型计算各相电流，以实现精准推力输出。这一过程的关键在于如何在满足目标推力输出的前提下，优化电流分配方案。常见的优化目标包括最小化电流的 2 范数以降低功耗，以及保持电流的平稳变化以减少电磁干扰等。通过引入拉格朗日乘数法等优化算法，可以在满足多种约束条件的同时，求解最优的电流分配方案，从而实现电机的高效、精准驱动。

5.3　电机动力学模型构建

为实现对电机推力特性的辨识，首先需构建推力模型构型，并以此建立电机动力学模型，从而可代入电流与位移数据进行参数求解。如上一节所述，电机推力模型需要具有足够的自由度，从而实现对实际推力特性的精确逼近，本节提出基于分段线性插值函数的推力系数模型，该模型不仅能够实现对实际复杂磁场分布的准确逼近，还具备远高于常见的傅里叶级数三次、五次谐波模型的空间分辨率，利用该模型构建电机动力学模型，针对动子所受除电磁推力外的阻力，采用与推力类似的分段线性建模方式，可准确反映实际电机运动过程中所受的复杂外力，如电磁定位力、摩擦力、电线拖曳力等。

设地面静止坐标系 S 与动子线圈坐标系 S' 如图 5.2 所示，当电机动子作一般形式的空间六自由度运动时，S' 相对 S 产生三自由度平动与三自由度转动，平动运动可用 S' 系原点 O' 在 S 系中的位矢(或坐标)表示，即 $\boldsymbol{r}_c=\left(x_c,y_c,z_c\right)^{\mathrm{T}}$；旋转运动可用 S' 系三坐标轴相对 S 系坐标轴的偏转角表示，即 $\boldsymbol{\Phi}=\left(\alpha,\beta,\gamma\right)^{\mathrm{T}}$。对于空间中某一质点 P，其在 S' 系中的位矢 $\boldsymbol{r}'$ 与在 S 系中的位矢 $\boldsymbol{r}$ 之间的关系为

$$\boldsymbol{r}=\boldsymbol{R}\left(\boldsymbol{\Phi}\right)\boldsymbol{r}'+\boldsymbol{r}_c \tag{5-1}$$

其中，$\boldsymbol{R}\left(\boldsymbol{\Phi}\right)$ 为三维旋转矩阵，具体表达式可参照飞行机体坐标系与地球坐标系的转换关系。

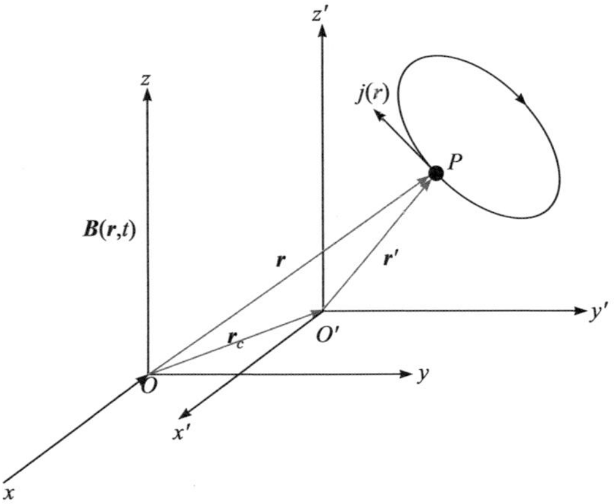

图 5.2　任意通电线圈在磁场中受力情况

通常在平面电机和直线电机中，动子的转动可通过主动控制或机械限位等方式加以限制，此时可不考虑 S' 系的旋转，$\boldsymbol{R}\left(\boldsymbol{\Phi}\right)$ 成为单位矩阵，式(5-1)可进一步写为

$$\boldsymbol{r}=\boldsymbol{r}'+\boldsymbol{r}_c \tag{5-2}$$

现考虑在 S 系中存在强度分布为 $\boldsymbol{B}\left(\boldsymbol{r},t\right)$ 的空间磁场，其中，t 为时间。对于空间中某一通电线圈，忽略导线宽度，其所受洛伦兹力合力可通过积分计算得出：

$$\boldsymbol{F}_{\mathrm{LRZ}}=I\cdot\oint_L \boldsymbol{j}\left(\boldsymbol{r}\right)\times\boldsymbol{B}\left(\boldsymbol{r},t\right)\mathrm{d}l \tag{5-3}$$

其中，I 为电流，$\boldsymbol{r}$ 为导线微元位矢，$\boldsymbol{j}\left(\boldsymbol{r}\right)$ 为导线微元中电流流动方向矢量，$\oint_L \mathrm{d}l$ 表示对线圈环路进行积分。

将式(5-2)代入式(5-3)，并考虑 S' 系相对 S 系无旋转运动的情况，两坐标系中导线微元方向相同，即 $\boldsymbol{j}\left(\boldsymbol{r}\right)=\boldsymbol{j}'\left(\boldsymbol{r}'\right)$，因此，洛伦兹力合力进一步写为

$$\boldsymbol{F}_{\mathrm{LRZ}}=I\cdot\oint_L \boldsymbol{j}'\left(\boldsymbol{r}'\right)\times\boldsymbol{B}\left(\boldsymbol{r}'+\boldsymbol{r}_c,t\right)\mathrm{d}l \tag{5-4}$$

忽略实际中线圈相对动子可能发生的微小形变，即线圈各段微元在 S' 系的位置 $\boldsymbol{r}'$ 与方向 $\boldsymbol{j}'(\boldsymbol{r}')$ 均固定，在式(5-4)等式右边的环路积分中，影响积分结果的变量仅包含动子平动位移 $\boldsymbol{r}_c$ 与时间 t，可将积分结果用函数 $\boldsymbol{K}(\boldsymbol{r}_c,t)$ 表达，于是式(5-4)可进一步写为

$$\boldsymbol{F}_{\mathrm{LRZ}} = I \cdot \boldsymbol{K}(\boldsymbol{r}_c,t) \tag{5-5}$$

式(5-5)表明，线圈所受洛伦兹力合力与所通电流大小成正比，其比例系数是关于动子位移与时间的函数，在计算驱动中方法，将该比例系数 $\boldsymbol{K}(\boldsymbol{r}_c,t)$ 称为该线圈的推力系数。不难发现，在某一时刻，推力系数仅与动子位移有关，因此，可将推力系数视为电机行程上的空间分布函数，若磁场分布为时不变(即磁场强度 $\boldsymbol{B}(\boldsymbol{r})$ 不含时间项)，则根据上述推导过程可知，推力系数也将呈现空间定常分布 $\boldsymbol{K}(\boldsymbol{r}_c)$。

对于包括光刻机工件台在内的高端精密制造装备，其运行状态、环境通常有严苛的物理保障措施，如温度控制、振动抑制、真空等，因此电机磁场可视为几乎不随时间变化，此时，推力系数的辨识可采用离线计算方式，而在磁场条件存在复杂时变的一般工业场合，或电机长期运行参数可能发生缓慢偏移的情况下，则必须考虑推力系数的弱时变特性，以实时计算的方式持续更新其分布。在接下来的章节中，将分别探讨离线辨识与在线辨识两种形式的优劣及具体实现方式。

电机中通常采用多相线圈结构，以常见的三相结构为例，此时动子所受电磁力合力为各相线圈洛伦兹力之和，可写为

$$\boldsymbol{F}_T = \sum_{i=U,V,W} I_i \cdot \boldsymbol{K}_i(\boldsymbol{r}_c,t) \tag{5-6}$$

其中，U,V,W 为相序编号。

至此，已经确定了电机电磁推力的表达式，即式(5-6)，还需要为推力系数建立数学模型，使其能够精确逼近实际电机推力特性。不难推知，前述传统驱动 D-Q 分解的磁场正弦假设，利用标准正弦函数建立推力系数模型，无法反映实际磁场中存在的高次谐波成分，现有一些改进方案，虽然通过包含三次谐波至五次谐波的傅里叶级数对磁场建模，在一定程度上提高了模型准确性，但仍无法避免因磁场中占比较小的更高次谐波以及非周期成分引入的误差。

如前所述，在高端应用场景中，必须对电机电磁力充分建模，尽可能准确地反映电流指令与推力之间的关系。为此本书提出的计算驱动方法采用分段线性插值函数对推力系数进行建模，将电机动子行程范围等间隔划分为若干微小区间，具体地，图 5.3 给出了平面电机二自由度行程下的区间划分示意，其中，红绿方块代表定子磁钢阵列，橙色方块表示电机动子。

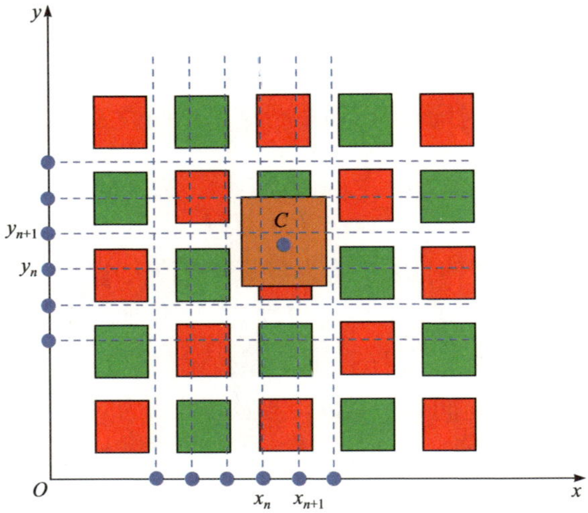

图 5.3　平面电机行程等间隔划分区间

经过图 5.3 所示的区间划分，推力系数在某一区间内部的值可通过对区间端点的线性插值确定，对于平面电机二维运动场景，推力系数计算式为

$$\boldsymbol{K}(x,y,t)=\Gamma_{x,n}\Gamma_{y,m}\boldsymbol{K}_{n,m}(t)+\left(1-\Gamma_{x,n}\right)\Gamma_{y,m}\boldsymbol{K}_{n+1,m}(t)+\Gamma_{x,n}\left(1-\Gamma_{y,m}\right)\boldsymbol{K}_{n,m+1}(t)$$
$$+\left(1-\Gamma_{x,n}\right)\left(1-\Gamma_{y,m}\right)\boldsymbol{K}_{n+1,m+1}(t),\ x\in\left[x_n,x_{n+1}\right)\wedge y\in\left[y_m,y_{m+1}\right) \tag{5-7}$$

其中，

$$\Gamma_{x,n}=\frac{x-x_n}{x_{n+1}-x_n},\quad \Gamma_{y,m}=\frac{y-y_m}{y_{m+1}-y_m} \tag{5-8}$$

x_n,y_m 为所划分区间端点的坐标，$\boldsymbol{K}_{n,m}(t)$ 表示端点 (x_n,y_m) 处的推力系数，是包含 x 方向分量与 y 方向分量的二元矢量。

利用上述分段线性插值函数对推力系数建模时，模型参数为行程上各区间端点的推力系数值，不难证明，区间划分的步长越小，模型精确度越高，但对应的参数数量也会越多。采用分段线性插值建模有两个显著优势：

(1) 由于没有确定的形状，因而可以对非周期成分进行建模。

(2) 等间隔区间划分本质上是空间等距采样，根据香农采样定理，模型最终能够复现的最高空间频率为采样频率的二分之一，在实际应用中，若区间步长足够小，则模型空间分辨率远高于目前常用的傅里叶级数三次谐波、五次谐波模型。

值得注意的是，尽管模型为了追求远高于现有模型的精确度，导致复杂度和参数数量大幅增加，但以当前数字运算与集成电路的技术水平，模型对数据存储和计算的要求很容易满足。

下面建立电机动力学模型，以代入电流、位移数据求解 $\boldsymbol{K}_{n,m}(t)$ 。考虑到电机在运动时除受到电磁推力外，还受到摩擦力、电线拖曳力等多种阻力，在不考虑动子柔性模态的情况下，根据牛顿第二定律可建立如下电机刚体动力学模型：

$$m\boldsymbol{a}_c = \boldsymbol{F}_T + \boldsymbol{F}_R \tag{5-9}$$

其中，m 为动子质量，$\boldsymbol{a}_c$ 为运动加速度矢量，$\boldsymbol{F}_T$ 为式(5-6)所示的电磁推力，$\boldsymbol{F}_R$ 为其他阻力的合力。

如上所述，阻力 $\boldsymbol{F}_R$ 的形式复杂多样，通过分析电机运动中起主导作用的阻力特性，将阻力模型分为三项构建：电磁定位力、摩擦力和黏滞力，即

$$\boldsymbol{F}_R = \boldsymbol{F}_d(\boldsymbol{r}_c) - F_f \frac{\boldsymbol{v}_c}{|\boldsymbol{v}_c|} - F_v \boldsymbol{v}_c \tag{5-10}$$

其中，$\boldsymbol{v}_c$ 为电机运动速度矢量，$\boldsymbol{F}_d$ 为电磁定位力，是仅与位置相关的阻力，在实际电机中，边端力、电线拉力均可归于此项，F_f 为摩擦力常数，代表动摩擦力，摩擦力的方向由速度方向确定，F_v 为黏滞力常数，其与速度矢量的乘积即电机所受黏滞力。

在式(5-10)中，F_f 与 F_v 均为常数，而 $\boldsymbol{F}_d(\boldsymbol{r}_c)$ 是与电机位置有关的分布函数，这与前述推力系数的性质一致，因此，在计算驱动方法中，对电磁定位力亦采用分段线性插值进行建模，即与式(5-7)类似，对于平面电机二维运动情况，有

$$\begin{aligned}\boldsymbol{F}_d(x,y,t) &= \Gamma_{x,n}\Gamma_{y,m}\boldsymbol{F}_{d,n,m}(t) + (1-\Gamma_{x,n})\Gamma_{y,m}\boldsymbol{F}_{d,n+1,m}(t) \\ &\quad + \Gamma_{x,n}(1-\Gamma_{y,m})\boldsymbol{F}_{d,n,m+1}(t) + (1-\Gamma_{x,n})(1-\Gamma_{y,m})\boldsymbol{F}_{d,n+1,m+1}(t), \\ &\quad x \in [x_n, x_{n+1}) \wedge y \in [y_m, y_{m+1})\end{aligned} \tag{5-11}$$

如上所述，电磁定位力采用与推力系数类似的分段线性函数建模，同样具备极高的空间分辨率，能够准确逼近实际电机中与位置相关的各项作用力。至此，完成了电机动力学模型的构建，即式(5-9)，观察式中各项作用力的表现形式，可以总结出动力学模型中待辨识的未知参数，包括各区间端点推力系数 $\{\boldsymbol{K}_{n,m}\}$ 、各区间端点电磁定位力 $\{\boldsymbol{F}_{d,n,m}\}$ 、摩擦力常数 F_f 、黏滞力常数 F_v 。在接下来的章节中，将探讨如何将电流数据、动子位移数据代入动力学模型，求解得到这些未知参数的辨识结果。

5.4　推力系数辨识

在动力学模型的参数求解过程中，根据不同求解方式，可以分为两种形式：

一种是预先采集一段时间内的电机电流与位移数据，将累积的采样数据一次性代入动力学模型，以离线计算的方式求解各推力系数等参数，该方法称为离线辨识；另一种是驱动器在电机实际运行工况中，利用实时采集的最新数据，连续求解方程并更新推力系数，该方法称为在线辨识。

离线辨识的优势在于，可以通过长时间数据采集，积累包含充分变化信息的激励数据，从而最大限度地提高辨识结果的准确性。该方法适用于对运动精度有极高要求，并且能够通过完善调节措施确保外部工况(如温度、磁场、压力等)保持恒定的应用场景，以保证相关参数几乎不发生变化。

然而，当环境变化足以引起推力系数发生明显漂移并影响系统的稳态与动态性能时，必须采用在线辨识实时更新系数，及时反映系统模型的变化。在这种情况下，如何避免因短时信息不足导致辨识方程无唯一解，以及如何利用瞬时少量的实时采集数据准确更新全行程推力系数，成为需要解决的关键问题。

5.4.1 推力系数离线辨识

本小节将推导推力系数及动力学模型的离线辨识方法。在离线辨识过程中，假设推力系数及各阻力参数均为时不变，因此，可以利用电机在足够长运行时间内积累的充分数据完成辨识。具体而言，首先向电机线圈中通入激励电流，使电机运动，并在一定时间内进行数据采样。随后，将采样数据一次性代入电机动力学模型中进行参数辨识。

在离线辨识中，激励电流的设计是关键问题。通常，辨识问题要求激励信号满足两个条件：持续激励条件和最优激励条件。而计算驱动方法对激励电流还有更特殊的要求。由于激励条件与辨识方法密切相关，以下将先推导离线辨识算法，然后根据算法特性，分析激励电流应满足的条件。

在上一节中已经得到电机动力学模型，即式(5-9)，结合式(5-6)与式(5-10)，将其中各子项的表达式代入模型中，得到

$$m\boldsymbol{a}_c = \sum_{i=U,V,W} I_i \cdot \boldsymbol{K}_i\left(\boldsymbol{r}_c, t\right) + \boldsymbol{F}_d\left(\boldsymbol{r}_c\right) - F_f \frac{\boldsymbol{v}_c}{\left|\boldsymbol{v}_c\right|} - F_v \boldsymbol{v}_c \tag{5-12}$$

其中，$\boldsymbol{K}_i\left(\boldsymbol{r}_c, t\right)$、$\boldsymbol{F}_d\left(\boldsymbol{r}_c\right)$还可进一步用式(5-7)、式(5-11)所示的分段线性模型来表示，在此不作详细展开。

由于实际的电流、运动位移被采样为离散数据，需要将动力学模型离散化，对于第 k 采样时刻，动力学方程式(5-12)被记为

$$m\boldsymbol{a}_c[k] = \sum_{i=U,V,W} I_i[k] \cdot \boldsymbol{K}_i\left(\boldsymbol{r}_c[k], t\right) + \boldsymbol{F}_d\left(\boldsymbol{r}_c[k]\right) - F_f \frac{\boldsymbol{v}_c[k]}{\left|\boldsymbol{v}_c[k]\right|} - F_v \boldsymbol{v}_c[k] \tag{5-13}$$

对于离散加速度$\boldsymbol{a}_c[k]$，可通过位移$\boldsymbol{r}_c[k]$的二阶差分获得，考虑到差分计算会显著放大噪声，可设计二次函数拟合滤波器，抑制噪声引起的随机误差，或者设计状态观测器，从位移中观测加速度，同理，离散速度项$\boldsymbol{v}_c[k]$也可采用类似方法处理。

随着采样数据的不断累积，每一组采样数据均可列出对应的动力学方程式，不难发现式(5-13)等号右侧为待辨识参数的线性表达式，若共采集M组数据，则可将对应的M个方程联立，得到如下线性方程组：

$$\boldsymbol{Y}\left(\left\{\boldsymbol{a}_c[k]\right\}\right)=\boldsymbol{H}\left(\left\{I_i[k]\right\},\left\{\boldsymbol{r}_c[k]\right\},\left\{\boldsymbol{v}_c[k]\right\}\right)\boldsymbol{\Theta},\ k=1,2,\cdots,M \tag{5-14}$$

其中，$\boldsymbol{\Theta}=\left(\left\{\boldsymbol{K}_n\right\},\left\{\boldsymbol{F}_{d,n}\right\},F_f,F_v\right)^{\mathrm{T}}$为待辨识参数联合构成的向量，由于推力系数以及电磁定位力参数的数量取决于区间划分端点数量，因此$\boldsymbol{\Theta}$的维数也由行程划分区间数目决定，此外$\boldsymbol{Y}$的维数等于M。

对于线性方程组(5-14)，应用最小二乘法即可求解参数估计结果，即

$$\hat{\boldsymbol{\Theta}}=\left(\boldsymbol{H}^{\mathrm{T}}\boldsymbol{H}\right)^{-1}\boldsymbol{H}^{\mathrm{T}}\boldsymbol{Y} \tag{5-15}$$

然而在实际应用中，由于累积采集的数据量庞大，且行程划分区间数量较多，方程组中$\boldsymbol{Y}$与$\boldsymbol{\Theta}$的维数很容易达到10^2～10^4数量级，此时对$\boldsymbol{H}^{\mathrm{T}}\boldsymbol{H}$矩阵的求逆计算量校大，严重影响辨识计算效率，尽管离线辨识对计算速度要求较低，但算法运行效率过低仍会影响装备实际生产效率。

为了解决上述计算量与效率问题，下面给出一种区间分配的递推最小二乘法(RLS)。具体而言，对于电机行程上划分的全部区间，相邻区间不再共享公共端点，而是对每个区间设置独立的端点值，辨识算法按时间顺序处理每组采样数据，首先判断位移采样值所处区间，然后通过递推计算单独更新该区间的辨识参数，如图 5.4 所示。

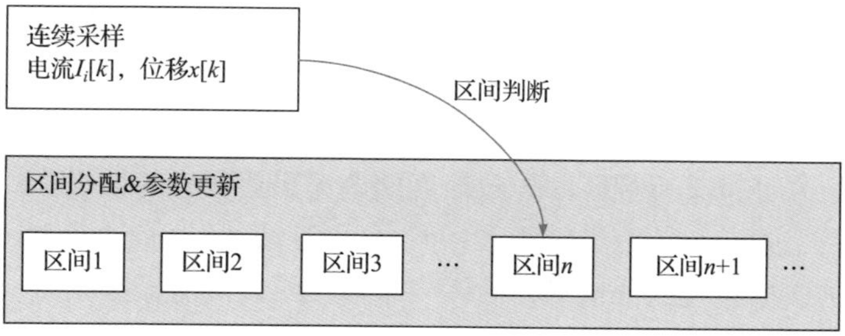

图 5.4　区间分配辨识原理

以平面电机二维运动为例，为区间n,m单独设置辨识参数，包括区间 4 个端点的推力系数、电磁定位力，分别用$K_{n,m}^{(q)},F_{d,n,m}^{(q)},q=1,2,3,4$表示，以及该区间的摩擦力常数$F_{f,n,m}$与黏滞力常数$F_{v,n,m}$，当$k$时刻采样点位移$\boldsymbol{r}_c[k]$位于该区间时，

该点动力学方程为

$$
\begin{aligned}
m\boldsymbol{a}_c[k]=&\sum_{i=U,V,W}\Big\{\Gamma_{x,n}\Gamma_{y,m}I_i[k]\boldsymbol{K}_{i,n,m}^{(1)}+\left(1-\Gamma_{x,n}\right)\Gamma_{y,m}I_i[k]\boldsymbol{K}_{i,n,m}^{(2)}\\
&+\Gamma_{x,n}\left(1-\Gamma_{y,m}\right)I_i[k]\boldsymbol{K}_{i,n,m}^{(3)}+\left(1-\Gamma_{x,n}\right)\left(1-\Gamma_{y,m}\right)I_i[k]\boldsymbol{K}_{i,n,m}^{(4)}\Big\}\\
&+\Gamma_{x,n}\Gamma_{y,m}I_i[k]\boldsymbol{F}_{d,n,m}^{(1)}+\left(1-\Gamma_{x,n}\right)\Gamma_{y,m}I_i[k]\boldsymbol{F}_{d,n,m}^{(2)}\\
&+\Gamma_{x,n}\left(1-\Gamma_{y,m}\right)I_i[k]\boldsymbol{F}_{d,n,m}^{(3)}+\left(1-\Gamma_{x,n}\right)\left(1-\Gamma_{y,m}\right)I_i[k]\boldsymbol{F}_{d,n,m}^{(4)}\\
&-\boldsymbol{F}_{f,n,m}\boldsymbol{v}_c[k]/\left|\boldsymbol{v}_c[k]\right|-\boldsymbol{F}_{v,n,m}\boldsymbol{v}_c[k],\quad \Gamma_{x,n}=\frac{x[k]-x_n}{x_{n+1}-x_n},\Gamma_{y,m}=\frac{y[k]-y_m}{y_{m+1}-y_m}
\end{aligned}
\tag{5-16}
$$

将上式改写为

$$
y[k]=\boldsymbol{h}[k]\boldsymbol{\theta}_{n,m} \tag{5-17}
$$

其中，$\boldsymbol{\theta}_{n,m}$ 为区间 n,m 包括推力系数、电磁定位力、摩擦力与黏滞力在内的各辨识参数。则可利用式(5-18)的递推最小二乘公式对参数 $\boldsymbol{\theta}_{n,m}$ 进行递推更新。

$$
\begin{cases}
\boldsymbol{\Omega}_{j+1}=\boldsymbol{P}_j\boldsymbol{h}_{j+1}^{\mathrm{T}}\left(1+\boldsymbol{h}_{j+1}\boldsymbol{P}_j\boldsymbol{h}_{j+1}^{\mathrm{T}}\right)\\
\hat{\boldsymbol{\theta}}_{j+1}=\hat{\boldsymbol{\theta}}_j+\boldsymbol{\Omega}_{j+1}\left(y_{j+1}-\boldsymbol{h}_{j+1}\hat{\boldsymbol{\theta}}_j\right)\\
\boldsymbol{P}_{j+1}=\left(I-\boldsymbol{\Omega}_{j+1}\boldsymbol{h}_{j+1}\right)\boldsymbol{P}_j
\end{cases}
\tag{5-18}
$$

其中，$\boldsymbol{P}$ 为方差矩阵，$\boldsymbol{\Omega}$ 为无物理含义的中间变量矩阵，j 为该区间递推迭代次数。应当注意的是，各个区间的参数递推计算相互独立，对某一时刻采样点，仅对当前所处区间的参数进行更新并迭代次数更新。

分析上述内容可以发现，由于每个行程区间的参数辨识独立进行，只有电机运动到某区间并记录下电流和位移数据，该区间参数才会更新。因此，为确保辨识参数经过足够的迭代计算收敛到正确的结果，在电流激励与数据采集阶段，必须保证电机在每个行程区间都产生充分的数据，由此引出对激励电流设计的第一个要求——动子行程遍历条件，即激励电流必须使电机激励运动覆盖整个行程，不能出现电机未经过某行程区间导致该区间内无采集数据的情形。对激励电流的第二个和第三个要求与传统激励需求相似，分别是持续激励条件和最优激励条件，前者要求激励数据包含充分信息，后者要求辨识结果具有最小误差。下面依据这三个要求开展激励电流设计。

首先，为满足动子行程遍历条件，针对常见的永磁同步旋转/直线/平面电机，提出切换平衡点的电流策略。由于在激励过程中对运动精度无特别要求，因此，在设计激励电流时可依据电机推力理想特性，如 D-Q 分解中的磁场标准正弦分布假设。在该假设下，以下激励电流设计能确保电机行程遍历并得到电流和位移数据，且不影响模型参数辨识，因为参数辨识模型采用上述分段线性模型。以平面电机为例，首先，固定其 y 向运动，向三相线圈中通入以下形式的直流电流：

$$\boldsymbol{I}_{UVW}\left(p_\mu\right):\begin{cases} I_U = I_M\cos\left(\dfrac{2\pi p_\mu}{\tau}-\dfrac{2\pi}{3}+\phi_{M0}\right) \\ I_V = I_M\cos\left(\dfrac{2\pi p_\mu}{\tau}+\phi_{M0}\right) \\ I_W = I_M\cos\left(\dfrac{2\pi p_\mu}{\tau}+\dfrac{2\pi}{3}+\phi_{M0}\right) \end{cases} \tag{5-19}$$

其中，$p_\mu = p_0+\mu\tau/4, \mu=1,2,\dots$，$p_0$ 为常数，I_M 为电流幅值常数，τ 为磁钢极距，ϕ_{M0} 为初始相位常数。根据磁场正弦假设，三线圈产生的电磁推力合力为

$$F_x(x)=\sum_{i=U,V,W} kI_M\cos\left(\frac{2\pi p_\mu}{\tau}+\varphi_i+\phi_{M0}\right)\cos\left(\frac{2\pi x}{\tau}+\varphi_i+\theta_{B0}\right) \tag{5-20}$$

其中，$\varphi_U=-2\pi/3, \varphi_V=0, \varphi_W=2\pi/3$，$\theta_{B0}$ 为位移零点处的磁场相位，k 为常数。

取 $\phi_{M0}=\theta_{B0}$，则合力 $F_x(x)$ 曲线如图 5.5 所示，是关于位移的正弦函数，因此满足如下条件：

$$F_x(x)\begin{cases} >0,\ x\in\left(p_{\mu-1},p_{\mu+1}\right)\pm n\tau \\ <0,\ x\in\left(p_{\mu+1},p_{\mu+3}\right)\pm n\tau \qquad ,n=1,2,\dots \\ =0,\ x=p_{\mu+1}\pm n\tau, p_{\mu+3}\pm n\tau \end{cases} \tag{5-21}$$

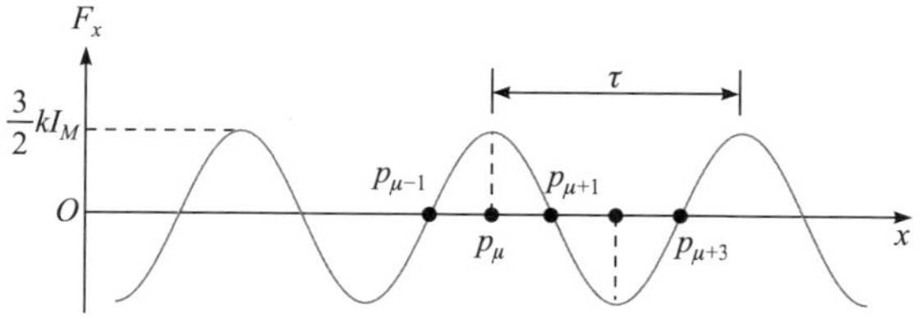

图 5.5　恒定电流下的电磁合力随位置分布曲线

式(5-21)说明，$p_{\mu+1}\pm n\tau$ 是电机行程上的一系列稳定平衡点，在这些位置点，电磁合力为零，而当动子偏离这些位置点时会因电磁合力产生回复趋势，因此，只需按顺序依次通入各平衡点对应的直流电流，即可实现电机动子在平衡点间的顺序切换，进而完成对平衡点与整个动子行程的遍历。基于此，切换平衡点的电流策略为

$$\boldsymbol{I}=\boldsymbol{I}_{UVW}\left(p_\mu\right), \mu=\left[t/T\right] \tag{5-22}$$

其中，T 为平衡点切换时间常数，$[\cdot]$ 为取整函数。

利用式(5-22)的电流策略，电机期望每经过T时间从当前平衡点切换至下一平衡点，以满足所需的平衡点遍历条件。但该策略要求电机线圈在每个时间周期内通入恒定直流电流，这将导致在每个时间周期内全部采样点的电流数据都相同，使式(5-15)中的矩阵$\boldsymbol{H}^{\mathrm{T}}\boldsymbol{H}$奇异而无法求逆。这表明，电流数据若缺乏足够的变化信息，将导致辨识结果误差较大，无法满足持续激励条件。为避免该情况，令线圈电流在两个相邻平衡点之间为线性变化，即

$$\boldsymbol{I}=(1-\lambda)\boldsymbol{I}_{ABC}\left(p_{\mu}\right)+\lambda\boldsymbol{I}_{ABC}\left(p_{\mu+1}\right),\ \mu=\left[t/T\right],\ \lambda=t/T-\mu \tag{5-23}$$

式(5-23)所示电流波形与式(5-22)波形对比如图 5.6 所示，相较于周期内电流恒定，电流随时间线性变化的方案可确保电机在切换平衡点及经过行程区间的过程中，线圈电流持续变化，从而使电流采集数据包含足够丰富的信息，式(5-15)的最小二乘计算有唯一解。

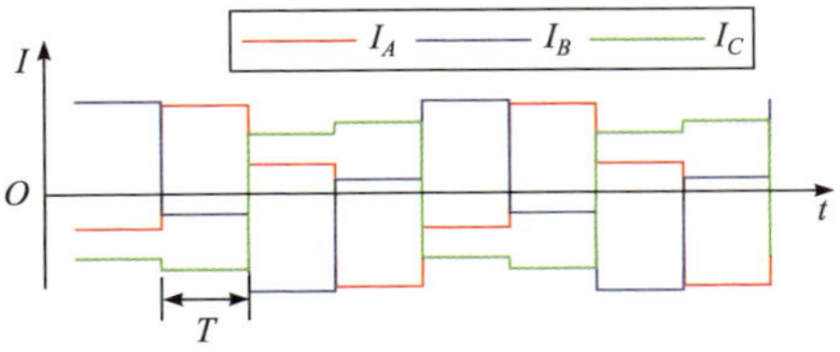

(a) 式(5-22)阶梯变化波形

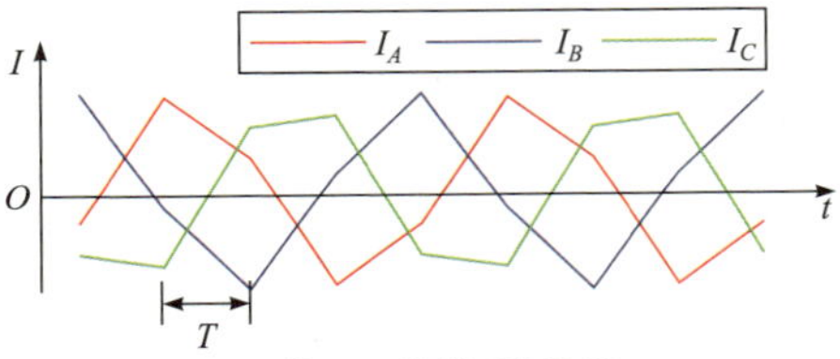

(b) 式(5-23)阶梯变化波形

图 5.6　切换平衡点的两种激励电流方案对比

通过式(5-23)的激励电流方案已能使辨识问题有解，在此基础上，还可进一步设计各平衡点间激励电流的切换形状，以最大化激励所包含的信息，从而最小化辨识误差，满足最优激励条件。这里给出一种简单的最优激励设计思路，对于行程上固定的系列平衡点，以其对应的电流值为插值点，建立三次多项式插值函数作为激励电流模型，将多项式参数作为待定的优化变量，将该电流模型代入辨识方程式(5-14)，计算出辨识方程组的Fisher信息矩阵，根据D最优准则最大化Fisher信息矩阵的行列式，从而得到最优多项式模型参数，此时，在相同采样噪声水平下，辨识随机误差达到最小。

5.4.2　推力系数在线辨识

电机在实际运行过程中，温度、磁场等环境因素会随时间缓慢变化，导致推力系数、电磁定位力等待辨识参数发生时变，这对推力系数辨识提出了实时性要求。如果直接将上一节中的最小二乘法设置为连续运行，尽管可以给出时间连续的计算结果，但电机实际工况相比于离线辨识中设计的最优电流激励，其包含的变化信息更单一(如电机运行在恒定电流段，缺乏电流变化导致高阶信息不足)，特别是当对系数辨识有一定的带宽要求时，单次辨识计算可用信息更加稀缺，导

致辨识结果产生极大误差。因此，需要开发更加鲁棒的系数辨识方法，以在电机运行中利用少量实时数据快速给出较精确的辨识结果。

为实现实时辨识需求，引入贝叶斯估计方法是有效手段，该方法通过将辨识参数的先验估计与观测数据进行概率加权组合，得到参数最优估计值。其本质是利用客观证据来纠正主观推断，即便观测信息稀缺也能给出参数的合理估计。本小节基于最大后验估计辨识电机推力系数等参数，并根据电机运动的连续性，通过贝叶斯更新的迭代形式，利用前一次估计结果更新下一次估计的先验概率，实现推力系数的在线准确辨识。

对于连续采集的 r 组样本，根据式(5-14)建立关于推力系数、电磁定位力等参数的线性方程组，记为

$$\boldsymbol{y}_{r\times1}=\boldsymbol{h}_{r\times q}\boldsymbol{\theta}_{q\times1} \tag{5-24}$$

其中，$\boldsymbol{y}=\left(a_c[1],a_c[2],\cdots,a_c[r]\right)^{\mathrm{T}}$ 为加速度向量，$\boldsymbol{\theta}=\left(\{\boldsymbol{K}_n\},\{\boldsymbol{F}_{d,n}\},F_f,F_v\right)^{\mathrm{T}}$ 为待辨识参数向量，$\boldsymbol{h}$ 为系数矩阵。

当观测信息稀缺时，由于系数矩阵 $\boldsymbol{h}$ 列不满秩或接近病态，导致式(5-15)中的矩阵求逆运算产生极大数值误差，因而无法直接计算最小二乘解。在计算驱动方法中，将待辨识参数 $\boldsymbol{\theta}=\left(\theta_1,\theta_2,\cdots,\theta_q\right)^{\mathrm{T}}$ 视为满足高斯分布的随机变量，即 $\theta_i\sim\mathrm{N}\left(\mu_i,\sigma_i^2\right)$，$i=1,2,\cdots,q$，取变量的平均值作为辨识的估计结果，即

$$\hat{\theta}_i=\mu_i,\ i=1,2,\cdots,q \Leftrightarrow \hat{\boldsymbol{\theta}}=\boldsymbol{\mu} \tag{5-25}$$

将参数分布代入式(5-24)可知，有 $y_j\sim\mathrm{N}\left(\sum_i h_{j,i}\mu_i,\sum_i h_{j,i}^2\sigma_i^2\right)$，记加速度信号方差为 σ_y^2，则有 $y_j\sim\mathrm{N}\left(\sum_i h_{j,i}\mu_i,\sigma_y^2\right)$。类似地，将 μ_i 视为满随机变量，令其先验概率满足高斯分布 $\mu_i\sim\mathrm{N}\left(\mu_{i,p},\sigma_{i,p}^2\right)$，其中，$\mu_{i,p}$ 取上一次辨识参数的估计结果 $\hat{\theta}_i^{(n-1)}$，$\sigma_{i,p}$ 为常数。

根据贝叶斯定理，估计值 $\boldsymbol{\mu}$ 的后验概率分布为

$$p(\boldsymbol{\mu}\mid\boldsymbol{y})=\frac{p(\boldsymbol{y}\mid\boldsymbol{\mu})p(\boldsymbol{\mu})}{p(\boldsymbol{y})} \tag{5-26}$$

在式(5-26)中，样本概率 $p(\boldsymbol{y})$ 项与 $\boldsymbol{\mu}$ 无关，将其视为常数，并认为各样本之间以及各参数之间无相关性，即各样本值 y_i 相互独立，各参数 μ_i 相互独立，式(5-26)可写为

$$\begin{aligned}p(\boldsymbol{\mu}\mid\boldsymbol{y})&=\alpha p(\boldsymbol{y}\mid\boldsymbol{\mu})p(\boldsymbol{\mu})\\&=\alpha\prod_j p\left(y_j\mid\boldsymbol{\mu}\right)\cdot\prod_i p\left(\mu_i\right)\end{aligned} \tag{5-27}$$

其中，α 为常数。

将各 y_i 与 μ_i 的概率分布代入式(5-27)，可得

$$
\begin{aligned}
& p(\boldsymbol{\mu} \mid \boldsymbol{y}) \\
& =\alpha \prod_j \frac{1}{\sqrt{2\pi}\sigma_y} \exp\left[-\frac{\left(y_j-\sum_j h_{j,i}\mu_i\right)^2}{2\sigma_y^2}\right] \\
& \cdot \prod_i \frac{1}{\sqrt{2\pi}\sigma_{i,p}} \exp\left[-\frac{\left(\mu_i-\mu_{i,p}\right)^2}{2\sigma_{i,p}^2}\right] \\
& =\alpha' \exp\left[-\sum_j \frac{\left(y_j-\sum_j h_{j,i}\mu_i\right)^2}{2\sigma_y^2}-\sum_i \frac{\left(\mu_i-\mu_{i,p}\right)^2}{2\sigma_{i,p}^2}\right]
\end{aligned} \tag{5-28}
$$

其中，α' 为常数。

根据最大后验概率估计，$\boldsymbol{\mu}$ 的估计结果为使式(5-28)所示后验概率达到最大值时的取值，即

$$
\begin{aligned}
\hat{\boldsymbol{\mu}} & =\arg\max p(\boldsymbol{\mu} \mid \boldsymbol{y}) \\
& =\arg\min \sum_j \frac{\left(y_j-\sum_j h_{j,i}\mu_i\right)^2}{\sigma_y^2}+\sum_i \frac{\left(\mu_i-\mu_{i,p}\right)^2}{\sigma_{i,p}^2}
\end{aligned} \tag{5-29}
$$

取式(5-29)等式右侧为 L，令 $\partial L/\partial \mu_i=0, i=1,2,\cdots,q$，得到方程组

$$
-\sum_j \frac{2h_{j,i}\left(y_j-\sum_j h_{j,i}\mu_i\right)}{\sigma_y^2}+\frac{2\left(\mu_i-\mu_{i,p}\right)}{\sigma_{i,p}^2}=0,\ i=1,2,\ldots,q \tag{5-30}
$$

式(5-30)为关于 $\boldsymbol{\mu}$ 的线性方程组，可写为

$$
\begin{pmatrix}
\sum\limits_j \frac{h_{j,1}^2}{\sigma_y^2}+\frac{1}{\sigma_{1,p}^2} & \sum\limits_j \frac{h_{j,1}h_{j,2}}{\sigma_y^2} & \cdots & \sum\limits_j \frac{h_{j,1}h_{j,q}}{\sigma_y^2} \\
\sum\limits_j \frac{h_{j,2}h_{j,1}}{\sigma_y^2} & \sum\limits_j \frac{h_{j,2}^2}{\sigma_y^2}+\frac{1}{\sigma_{2,p}^2} & \cdots & \sum\limits_j \frac{h_{j,2}h_{j,q}}{\sigma_y^2} \\
\vdots & \vdots & \ddots & \vdots \\
\sum\limits_j \frac{h_{j,n}h_{j,1}}{\sigma_y^2} & \sum\limits_j \frac{h_{j,n}h_{j,2}}{\sigma_y^2} & \cdots & \sum\limits_j \frac{h_{j,n}^2}{\sigma_y^2}+\frac{1}{\sigma_{q,p}^2}
\end{pmatrix}_{q\times q}
\begin{pmatrix} \mu_1 \\ \mu_2 \\ \vdots \\ \mu_q \end{pmatrix}
=
\begin{pmatrix}
\sum\limits_j \frac{h_{j,1}y_j}{\sigma_y^2}+\frac{\mu_{1,p}}{\sigma_{1,p}^2} \\
\sum\limits_j \frac{h_{j,2}y_j}{\sigma_y^2}+\frac{\mu_{2,p}}{\sigma_{2,p}^2} \\
\vdots \\
\sum\limits_j \frac{h_{j,q}y_j}{\sigma_y^2}+\frac{\mu_{q,p}}{\sigma_{q,p}^2}
\end{pmatrix}
\tag{5-31}
$$

因此，求解式(5-31)即可得到参数 $\boldsymbol{\theta}$ 的估计结果。为了更好地理解式(5-31)的数学含义，不妨设各参数的先验方差相等，即 $\sigma_{i,p}^2=\sigma_p^2$，此时，式(5-31)可进一步改写为

$$\left(\frac{\boldsymbol{h}^{\mathrm{T}}\boldsymbol{h}}{\sigma_y^2}+\frac{1}{\sigma_p^2}\boldsymbol{I}\right)\boldsymbol{\mu}=\frac{\boldsymbol{h}^{\mathrm{T}}\boldsymbol{y}}{\sigma_y^2}+\frac{\boldsymbol{\mu}_p}{\sigma_p^2} \tag{5-32}$$

其中，$\boldsymbol{I}$ 为单位矩阵。

式(5-32)的解可写为

$$\hat{\boldsymbol{\mu}}=\left(\frac{\boldsymbol{h}^{\mathrm{T}}\boldsymbol{h}}{\sigma_y^2}+\frac{1}{\sigma_p^2}\boldsymbol{I}\right)^{-1}\left(\frac{\boldsymbol{h}^{\mathrm{T}}\boldsymbol{y}}{\sigma_y^2}+\frac{\boldsymbol{\mu}_p}{\sigma_p^2}\right) \tag{5-33}$$

由式(5-33)可以发现，参数辨识结果本质上为动力学方程最小二乘解与先验估计值的加权组合，权重分别为加速度测量样本方差与参数先验方差，该计算式确保辨识参数仅在测量样本方差较小、观测信息充足的情况下有较大更新，反之估计结果更加接近先验估计值，因此，即便样本信息稀缺、$\boldsymbol{h}^{\mathrm{T}}\boldsymbol{h}$ 矩阵奇异，依然能给出合理的估计结果。

在观测信息稀缺时，上述在线辨识方法能得到优化解，其原因在于引入了以先验估计形式提供的辨识参数额外信息。类似地，如果引入其他形式的历史信息，可以设计新型在线辨识算法，这里不再赘述。

为进一步提高在线辨识响应速度，下面通过结合滑动递推最小二乘算法与上述最大后验估计法，实现电机推力系数快速准确在线辨识。滑动递推最小二乘算法的基本思想是在时间轴上设置固定长度的数据窗口，该窗口随采样数据更新而沿时间轴连续向前滑动，利用递推计算式快速计算该滑动窗口内的样本数据建立辨识方程组(式(5-32))，从而实现估计结果的快速更新。其与传统一次性最小二乘、递推最小二乘算法的计算流程对比如图 5.7 所示。

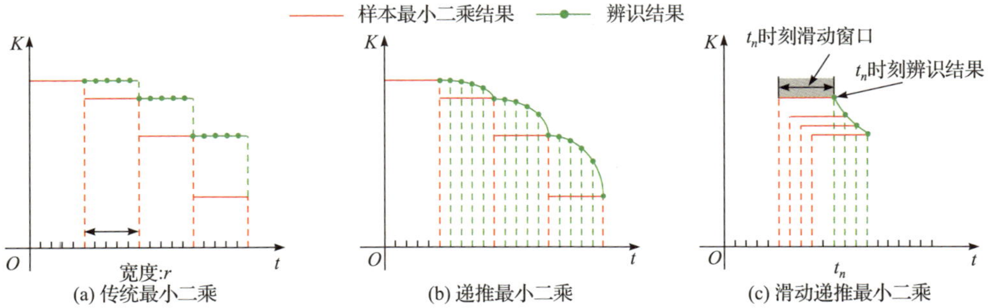

图 5.7　三种在线计算方法对比图

滑动递推最小二乘算法表达式如下：

$$\begin{cases} \boldsymbol{P}_{t+1} = \boldsymbol{\Gamma}^{-1} - \boldsymbol{\Gamma}^{-1}\boldsymbol{h}_{t+1}^{\mathrm{T}}\left(1 + \boldsymbol{h}_{t+1}\boldsymbol{\Gamma}^{-1}\boldsymbol{h}_{t+1}^{\mathrm{T}}\right)^{-1}\boldsymbol{h}_{t+1}\boldsymbol{\Gamma}^{-1} \\ \boldsymbol{\Gamma}^{-1} = \boldsymbol{P}_t + \boldsymbol{P}_t\boldsymbol{h}_1^{\mathrm{T}}\left(1 - \boldsymbol{h}_1\boldsymbol{P}_t\boldsymbol{h}_1^{\mathrm{T}}\right)^{-1}\boldsymbol{h}_1\boldsymbol{P}_t \\ \hat{\boldsymbol{\theta}}_{t+1} = \hat{\boldsymbol{\theta}}_t + \boldsymbol{P}_{t+1}\boldsymbol{h}_{t+1}^{\mathrm{T}}\left(y_{t+1} - \boldsymbol{h}_{t+1}\hat{\boldsymbol{\theta}}_t\right) \\ \qquad - \boldsymbol{P}_{t+1}\boldsymbol{h}_1^{\mathrm{T}}\left(y_1 - \boldsymbol{h}_1\hat{\boldsymbol{\theta}}_t\right) + \lambda\boldsymbol{P}_{t+1}\left(\hat{\boldsymbol{\theta}}_t - \hat{\boldsymbol{\theta}}_{t-1}\right) \end{cases} \tag{5-34}$$

其中，$\boldsymbol{P}$ 为方差矩阵，$\boldsymbol{\Gamma}$ 为无物理含义的中间变量矩阵。

可以证明，当式(5-34)的递推计算式中系数矩阵 $\boldsymbol{h}$ 列满秩时，该计算式渐进稳定，而当 $\boldsymbol{h}$ 列不满秩时，能够保证误差不发散且始终维持在同一数量级。这证明了所提在线辨识算法在观测信息稀缺时，能够根据先验估计值给出合理结果的能力。

5.5　精准电流计算

通过前述章节实现了推力系数、电磁定位力等电机参数的离线和在线辨识，利用准确的参数辨识结果，基于电机动力学模型计算并分配各相电流，可以实现精准推力输出。在常见的永磁同步电机中，线圈多采用过驱动布置，即电流相数(电机独立绕组数)大于电机运动自由度数，此时电流计算结果在满足目标推力输出的前提下存在剩余自由度，需要增加额外约束以确定唯一值。例如，在 D-Q 分解中，对相电流作电流归零约束，即要求三相电流可以连接成星形(Y型)或三角形(△型)，在 4.3.2 节中介绍了基于最小二乘的最小 2 范数约束下的电流分配方法。本节将给出计算驱动方法的电流计算基本原则，并分别针对三类常见相电流约束或目标给出相应的电流计算方式，说明各自的需求与适用条件。

线圈电流首先应满足推力输出准确，即各相电流代入式(5-14)所示的动力学模型后，应使等式左边输出指定推力(或加速度)，此为电流计算的第一个约束。此外，常见的永磁同步电机采用 Y 型线圈绕制方式时，要求三相电流代数和为零，这是第二个约束。下面针对三相正弦约束、最小热功率损失、最小电流变化率三种目标分别给出相应的电流计算方法。

1. 三相正弦约束

市面上部分现有电机驱动器、控制器等硬件的固有程序中，已通过 D-Q 分解将相电流限定为三相正弦形式，为避免与已有固件产生冲突，若希望电流依然保留三相正弦形式，可通过校正正弦幅值来计算电流。具体地，以平面电机为例，x 方向与 y 方向线圈相电流按如下方式计算。

$$\begin{cases} I_{Ux}=r_x\cdot\cos\left(\dfrac{2\pi x}{\tau}-\dfrac{2\pi}{3}+\phi_{Mx}\right), I_{Uy}=r_y\cdot\cos\left(\dfrac{2\pi y}{\tau}-\dfrac{2\pi}{3}+\phi_{My}\right) \\ I_{Vx}=r_x\cdot\cos\left(\dfrac{2\pi x}{\tau}+\phi_{Mx}\right), I_{Vy}=r_y\cdot\cos\left(\dfrac{2\pi y}{\tau}+\phi_{My}\right) \\ I_{Wx}=r_x\cdot\cos\left(\dfrac{2\pi x}{\tau}+\dfrac{2\pi}{3}+\phi_{Mx}\right), I_{Wy}=r_y\cdot\cos\left(\dfrac{2\pi y}{\tau}+\dfrac{2\pi}{3}+\phi_{My}\right) \end{cases} \tag{5-35}$$

其中，r_x,r_y 为幅值校正因子，大小由位置 x,y 决定。校正因子 r_x,r_y 应使电机输出指定推力，为确定其具体形式，将式(5-35)的电流表达式代入动力学模型式(5-12)中，并将式(5-12)中的运动加速度以指令值 $a_{x\text{ref}},a_{y\text{ref}}$ 代替，经过系列化简得到：

$$\begin{cases} r_x=\dfrac{ma_{x\text{ref}}+F_{f,x}\operatorname{sgn}(v_x)+F_{v,x}v-F_{d,x}(x)}{\sum\limits_{i=U,V,W}K_{i,x}(x)\cos\left(\dfrac{2\pi x}{\tau}+\varphi_i+\phi_{Mx}\right)} \\ r_y=\dfrac{ma_{y\text{ref}}+F_{f,y}\operatorname{sgn}(v_y)+F_{v,y}v-F_{d,y}(y)}{\sum\limits_{i=U,V,W}K_{i,y}(x)\cos\left(\dfrac{2\pi y}{\tau}+\varphi_i+\phi_{My}\right)} \end{cases} \tag{5-36}$$

其中，$\varphi_U=-2\pi/3,\varphi_V=0,\varphi_W=2\pi/3$，推力系数、电磁定位力等辨识参数的下标 x,y 分别表示其对应的 x 方向与 y 方向分量。

因此，按式(5-36)实时计算幅值校正因子 $r(x)$，代入式(5-35)中计算各相电流，即可实现在精准输出指定推力(或加速度)的前提下，保留三相标准正弦电流数学形式，便于计算驱动方法拓展应用至现有电机驱动器、控制器中。

2. 最小热功率损失

在电机运行过程中，常需尽量减小线圈电流产生的功耗，从而降低线圈整体发热量，事实上，在假定三相线圈电阻一致时，4.3.2 节中的最小二乘法电流分配能够获得最小 2 范数的线圈电流向量，实现最小热功率损失目标。尽管结果与最小二乘法类似，这里仍给出计算驱动方法中考虑最小热功率目标的电流计算一般性问题描述与解法。

综合准确推力输出约束、三相电流和为零约束及最小热功率目标，可将电流计算视为优化问题。

$$\begin{cases}\min\ P=\sum_i I_i^2\\ \text{s.t.}\ \ G=F-\sum_i K_i I_i=0\\ H=\sum_i I_i=0\end{cases}\tag{5-37}$$

其中，F 为目标电磁推力，是从目标推力的合力中去除电磁定位力、摩擦力等外部阻力后得到的，K_i 为 i 相推力系数。

由拉格朗日乘数法(这里省略推导过程)，可得式(5-37)的最优解为

$$I_i=\frac{\left(K_i-\sum_i K_i\Big/N\right)F}{\sum_i K_i^2-\left(\sum_i K_i\right)^2\Big/N}\tag{5-38}$$

其中，N 为电流相数，在常见的三相线圈布置(即 $i=U,V,W$ 时)等于 3。

因此，按照式(5-38)计算电流即可满足最小热功率损失目标，同时使电机输出准确的目标推力。

3. 最小电流变化率

在某些电机外部环境(如负载高速变化)场合，往往对电机推力有较高的动态响应需求，由于驱动器中电流闭环带宽受硬件电路限制，无法完美地跟踪电流指令值，此时若能尽量减小电流指令的时间变化率、降低瞬态变化幅度，则能减轻电流闭环负担，保证较高的推力动态响应。

将最小化电流变化率视为优化目标，结合前述两个电流约束，得到优化问题为

$$\begin{cases}\min\ P=\sum_i\left(I_i-I_i^*\right)^2\\ \text{s.t.}\ \ G=F-\sum_i K_i I_i=0\\ H=\sum_i I_i=0\end{cases}\tag{5-39}$$

其中，I_i^* 代表上一时间步的电流计算值。

同样地，利用拉格朗日乘数法，解得最优电流为

$$I_i=I_i^*+\frac{\left(K_i-\sum_i K_i\Big/N\right)\left(F-\sum_i K_i I_i^*\right)}{\sum_i K_i^2-\left(\sum_i K_i\right)^2\Big/N}\tag{5-40}$$

因此，利用式(5-40)计算各相电流，即可实现最小电流变化率下的电机精准推力输出。

5.6　仿真与实验验证

本节通过仿真和实验验证计算驱动方法的有效性。验证过程分为两个主要部分，首先，针对直线电机进行仿真与实验验证，然后针对平面电机进行仿真与实验验证。对直线电机的仿真和实验，不仅验证了计算驱动方法的有效性，也证明了有限元仿真验证方法的可行性和准确性。在此基础上，进一步对平面电机进行仿真，以验证计算驱动方法在平面电机中应用的准确性和有效性。

5.6.1　直线电机仿真与实验验证

与具有二维运动的平面电机相比，仅包含单自由度运动的直线电机的驱动方法更为简明，与平面电机推力系数模型式(5-7)类似，直线电机推力系数计算式为

$$\boldsymbol{K}(x,t)=\Gamma_{x,n}\boldsymbol{K}_n(t)+\left(1-\Gamma_{x,n}\right)\boldsymbol{K}_{n+1}(t)\ ,x\in\left[x_n,x_{n+1}\right) \tag{5-41}$$

与式(5-16)类似，直线电机动力学方程可记为

$$\begin{aligned}ma_c[k]=&\sum_{i=U,V,W}\left\{\Gamma_{x,n}I_i[k]K_{i,n}^{(\text{left})}+\left(1-\Gamma_{x,n}\right)I_i[k]K_{i,n}^{(\text{right})}\right\}\\&+\Gamma_{x,n}F_{d,n}^{(\text{left})}+\left(1-\Gamma_{x,n}\right)F_{d,n}^{(\text{right})}-F_{f,n}\operatorname{sgn}\left(v[k]\right)\\&-F_{v,n}v[k],\ \ \Gamma_{x,n}=\frac{x[k]-x_n}{x_{n+1}-x_n}\end{aligned} \tag{5-42}$$

又与式(5-35)类似，直线电机的三相正弦约束电流计算式为

$$\begin{cases}I_U=r(x)\cdot\cos\left(\dfrac{2\pi x}{\tau}-\dfrac{2\pi}{3}+\phi_{M0}\right)\\I_V=r(x)\cdot\cos\left(\dfrac{2\pi x}{\tau}+\phi_{M0}\right)\\I_W=r(x)\cdot\cos\left(\dfrac{2\pi x}{\tau}+\dfrac{2\pi}{3}+\phi_{M0}\right)\end{cases} \tag{5-43}$$

其中，电流幅值校正因子为

$$r(x)=\frac{ma_{\text{ref}}+F_f\operatorname{sgn}(v)+F_v v-F_d(x)}{\displaystyle\sum_{i=U,V,W}K_i(x)\cos\left(\frac{2\pi x}{\tau}+\varphi_i+\phi_{M0}\right)} \tag{5-44}$$

其余关于推力系数辨识与线圈电流计算的理论公式均与平面电机类似，可简单地通过类比得到。下面开展直线电机的计算驱动仿真和实验验证。

1. 仿真验证

借助 ANSYS 有限元分析软件，搭建直线电机电磁场有限元模型，对其推力进行仿真求解，建立的直线电机二维有限元模型如图 5.8 所示，磁钢尺寸为 0.4mm×2.3mm，线圈尺寸为 0.45mm × 1mm，气隙厚度为 0.4mm。

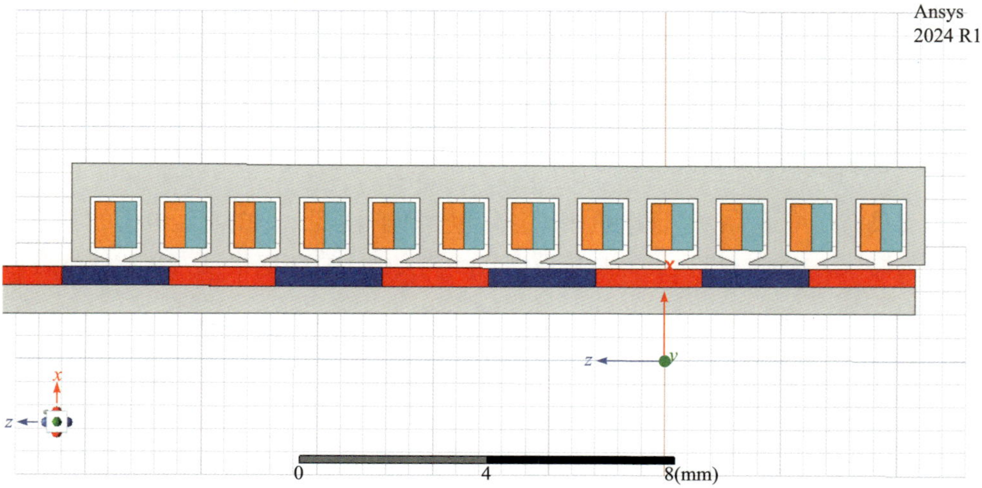

图 5.8　直线电机二维有限元模型

在软件中设置磁钢模型材料为钕铁硼 NdFe35，矫顽力为 890kA/m，线圈材料为铜，初级、次级材料均为 1010 钢。完成对模型的网格划分后，可以开展电磁场仿真，首先得到动子运动行程上的径向磁感应强度分布，如图 5.9(a)所示，从图中可以发现，因边缘效应磁场强度分布两端不再是理想正弦曲线，且中心区域存在一定尺度的幅值误差，实际应用中的磁场还会因电机磁钢制造与安装的偏差而产生非周期误差，这些非理想正弦的误差成分都会导致传统 D-Q 分解驱动方法产生推力误差。

设置线圈按传统 D-Q 分解方法通入相位差 120°的三相电流，且初始相位与零点位置径向磁场分布的初始相位相同，通过仿真求解器得出动子所受电磁合力，设置目标推力恒定为 10N，动子在行程各位置处的实际推力仿真结果如图 5.9(b)所示。

从图 5.9(b)可以看出，行程两端存在明显推力误差，这主要是由边缘效应引起的，此外在行程中心区域，仿真推力与目标指令之间存在周期性波动误差，主要原因是磁场分布谐波，后续将对比传统驱动方法与计算驱动方法仿真结果的推力误差空间频谱。

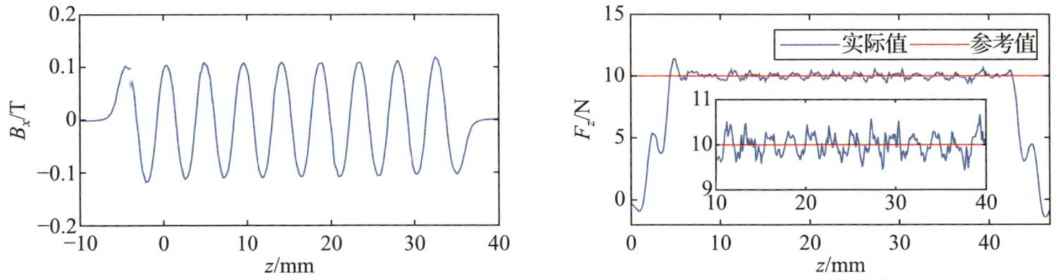

(a) x向磁感应强度分布　　(b) z向推力

图 5.9　磁感应强度分布与传统驱动推力仿真结果

下面采用推力系数离线辨识方式进行计算驱动仿真模拟。首先在电机行程范围内随机生成激励电流数据，并将激励电流数据代入有限元模型，通过求解器得到动子所受合力，将合力换算为加速度数据与电流数据，一同代入计算驱动推力系数辨识方程，求解得到三相线圈推力系数分布，如图 5.10(a)所示。利用图 5.10(a)所示的辨识结果，采用计算驱动方法直接计算相电流并驱动电机，观察电机推力输出情况。参考目标推力同样设为 10N，得到计算驱动方法推力输出结果如图 5.10(b)所示。

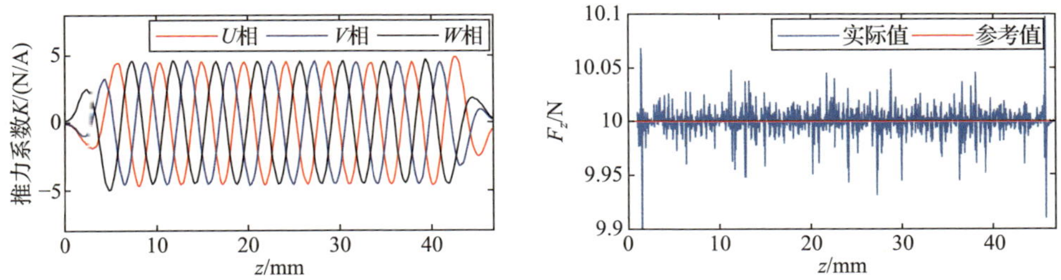

(a) 三相推力系数分布　　(b) z向推力

图 5.10　推力系数辨识结果与推力输出结果

观察图 5.10(b)可发现，由于电机全行程的推力系数被准确辨识，即便在磁场边缘区域，输出推力依然保持在参考指令附近，不存在传统驱动中因磁场边缘效应导致的明显推力误差。此外，在电机行程中心区域，从计算驱动方法的推力误差中也观测不到明显的周期性波动成分，表明计算驱动方法已将推力特性中的非线性精准辨识出来，并通过电流计算完成相应补偿。作为对比，将计算驱动与传统驱动在行程中心区域的推力误差分布进行空间位置傅里叶变换，得到两者推力误差的空间频谱，如图 5.11 所示，可以发现传统驱动推力误差存在显著的磁场二次与六次谐波成分，而计算驱动得到的推力误差则不存在低频主导频率成分，且误差幅值相比传统驱动降低了一个数量级，进一步证实了计算驱动对推力波动的充分补偿能力。

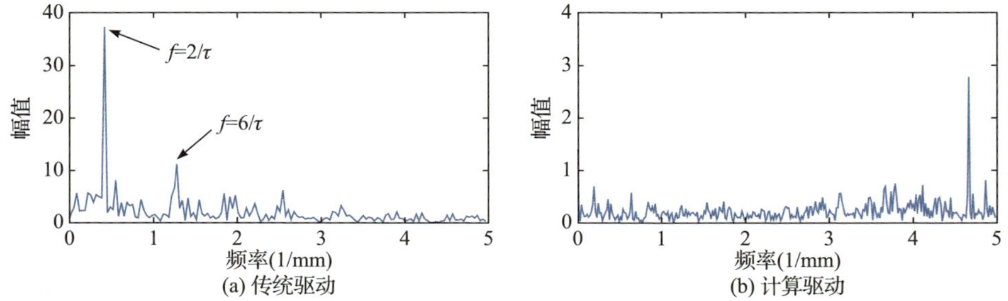

图 5.11　传统驱动与计算驱动推力误差空间频谱对比

2. 实验验证

搭建直线电机驱动系统实验平台，如图 5.12 所示，其工作原理是，工控机向驱动器发送电流指令，驱动器通过内部电流闭环电路将各相电流输入到线圈中，从而驱动电机运动，运动过程中，电机位移和加速度由光栅编码器和加速度计实时采样并发送至工控机。该无铁芯直线电机的行程为 800mm，磁钢阵列节距为 40mm，动子质量 10kg，可产生最大瞬时推力 100N。驱动器由北京华卓精科公司生产，型号为 DCPA-260/30/50，相电流单独控制闭环带宽为 10kHz，噪声密度 $20\mu A/\sqrt{Hz}$，最大输出电流 50A。光栅编码器分辨率 0.2μm，加速度计为 Analog Devices 公司生产的 ADIS16201，具备 0.46mg 分辨率、2.25kHz 测量带宽、1.7g 量程。在工控机上开发计算驱动验证程序，通过 Windows 操作系统与 RTX 实时操作系统交互，实现位移与加速度信号帧的接收与解析，运行计算驱动的推力系数辨识与线圈电流计算算法，并通过串口传输电流指令。

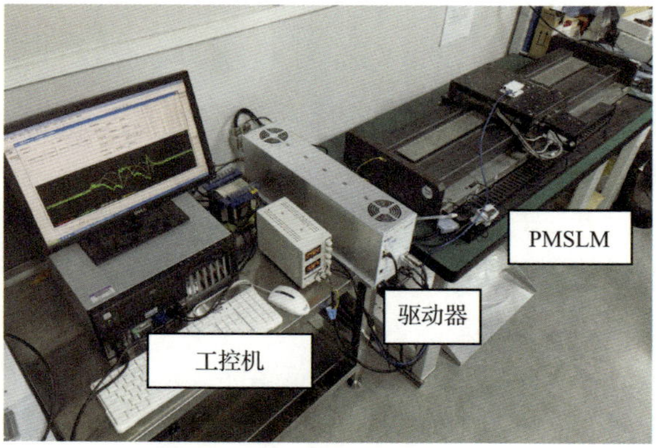

图 5.12　直线电机驱动实验平台

首先验证推力系数离线辨识方法，根据计算驱动理论，设计激励电流波形，如图 5.13(a)所示，将其通入电机线圈中激励电机产生运动，运动过程中的动子加速度、动子速度、电机运动位移实测曲线如图 5.13(b)～图 5.13(d)所示，不难发现所设计的激励电流使得电机在一个方向稳定连续地运动，满足计算驱动中对激励电流的行程遍历条件。

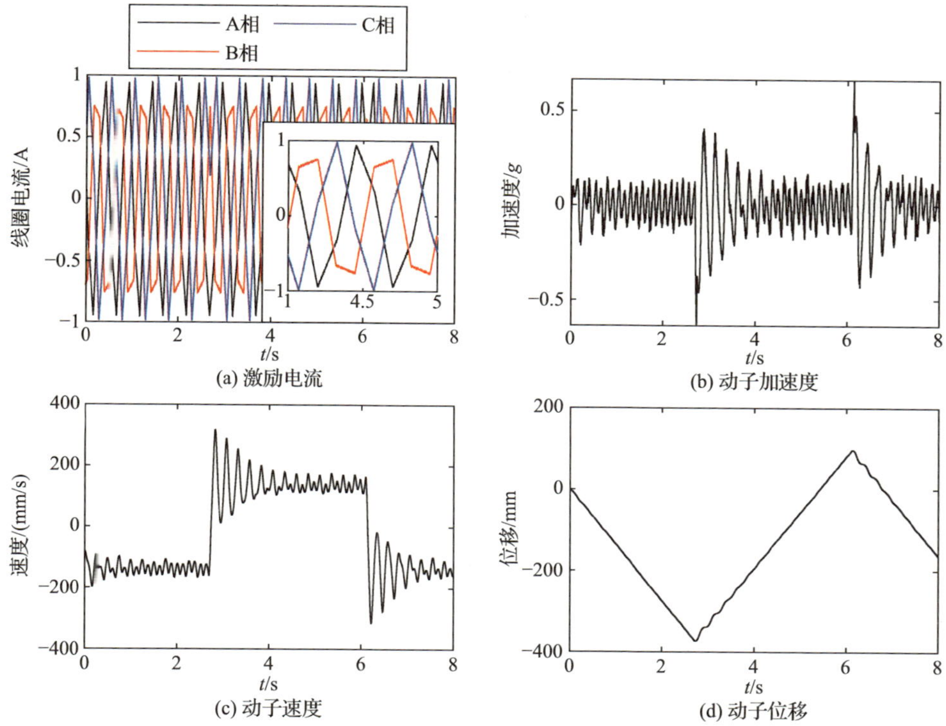

图 5.13　电机激励过程运动状态

在工控机上运行推力系数离线辨识算法，动子行程区间步长取 1mm，该步长不能过长也不能过短，过长会增大推力系数线性化误差，过短则易导致每段区间内包含的数据量较少，增大辨识结果的不确定性。得到三相线圈的推力系数与电磁定位力分布曲线，如图 5.14 所示，图中圆圈表示区间端点的辨识结果，各圆圈之间的实线为所提分段线性模型计算的连续结果。

从图 5.14 中可以看出，识别出的推力系数分布形状较接近标准正弦函数，这说明该台直线电机经过生产厂家的调整具备较优秀的磁场正弦度，尽管如此，图 5.14 中对电磁定位力的辨识结果表明，电机仍存在幅度明显偏离正弦的电磁定位力，这将在实际电机运动控制中产生显著的推力误差，进而影响运动精度与动态性能。

利用推力系数辨识结果计算各相驱动电流，分别进行开环恒推力测试、闭环恒速测试及闭环四阶轨迹跟踪测试，各测试结果如图 5.15 所示。在开环恒推力测试中，电机以位移开环控制的方式运行，给定恒定推力指令，指令设定为先正向施力恒加速再反向施力恒减速。将传统 D-Q 分解与计算驱动两种驱动方案的加速度误差对比绘于图 5.15(a)中，相较于传统驱动方案，计算驱动的加速度均方根误

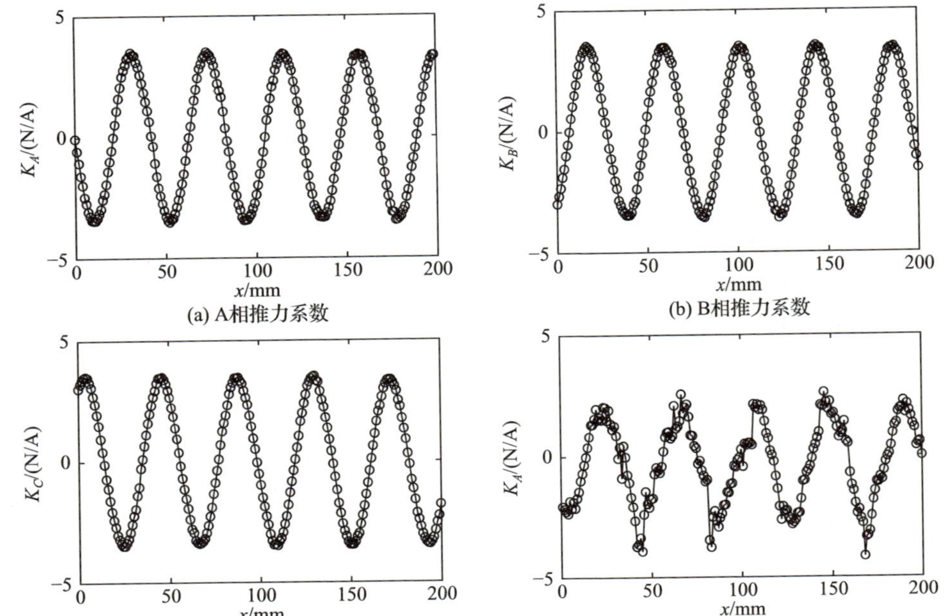

(a) A相推力系数　(b) B相推力系数

(c) C相推力系数　(d) 定位力

图 5.14　推力系数与电磁定位力辨识结果

差降低了 57.3%，说明计算驱动显著抑制了推力或加速度波动，提高了推力输出线性度。

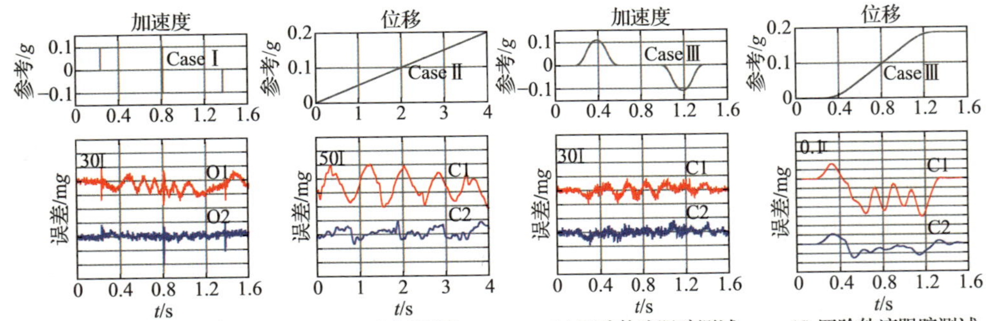

(a) 恒推力测试　(b) 恒速测试　(c) 四阶轨迹跟踪测试　(d) 四阶轨迹跟踪测试

图 5.15　电机驱动测试结果

在闭环恒速测试中，通过设计的 PID 控制器对电机位移进行闭环控制，参考位移指令为匀速运动，传统驱动与计算驱动两种方案在过程中的位移误差如图 5.15(b)所示，可以发现计算驱动的位移误差幅度更小，位移均方根误差较传统驱动降低 63.7%，最大误差降低 52.9%。在闭环四阶轨迹跟踪测试中，两种驱动方案仍然采用相同的 PID 控制器，位移参考轨迹设置为模拟光刻机步进扫描的四阶运动轨迹，运动过程中两种驱动方案的加速度误差与位移误差如图 5.15(c)、图 5.15(d)所示，相较传统驱动，计算驱动的加速度均方根误差降低 19.0%，位移均方根误差降低 65.9%，位移最大误差降低 62.7%。

接下来验证推力系数在线辨识方法。由于实际电机运行时外部环境变化缓慢不易观察，为测试在线辨识方法的性能，将推力系数、电磁定位力等参数的离线辨识结果人为扩大 2 倍，作为在线辨识的初始值。设计电机进行图 5.16(a)所示的步进运动，在运动过程中实时采集位移与电流数据用于在线辨识。某一行程区间的端点推力系数与电磁定位力辨识结果曲线如图 5.16(b)所示，可以发现辨识结果约在 50 步次迭代后基本收敛(对于 2.5kHz 伺服频率，50 次迭代耗时 20ms)，验证了所提在线辨识算法具有较高的收敛速率。为验证算法收敛精度，将收敛后全行程的推力系数分布结果与离线辨识结果对比，如图 5.16(c)所示，两者分布曲线基本吻合，推力系数均方根误差约为幅值的 3.6%。

为说明在线辨识的必要性及所提辨识方法的高收敛精度，对比传统 D-Q 分解驱动、推力系数离线辨识结果驱动、推力系数在线辨识结果驱动三种方案，在推力系数阶跃变化工况下的电机驱动效果，三种方案的闭环恒速测试下的位移误差

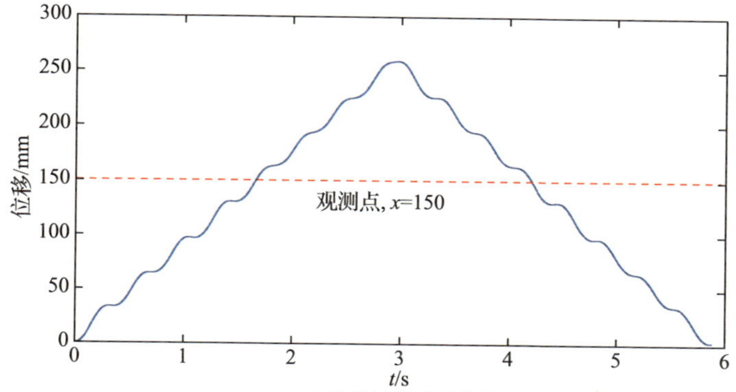

(a) 激励过程动子位移

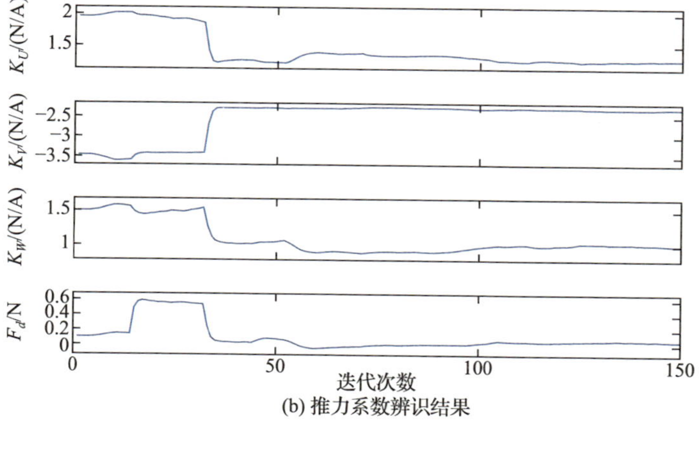

(b) 推力系数辨识结果

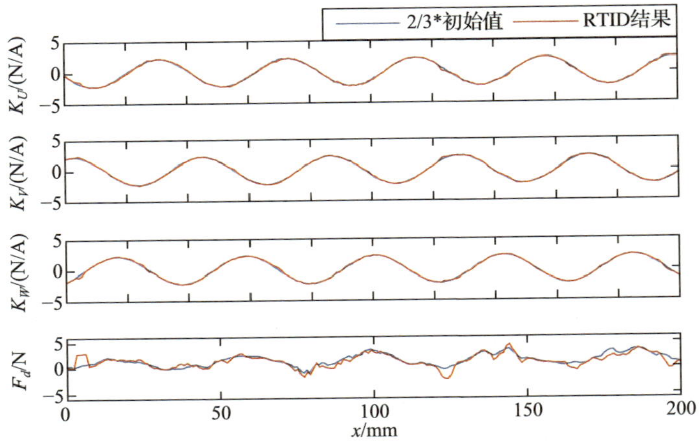

(c) 收敛后全行程推力系数辨识结果

图 5.16　推力系数在线辨识结果

结果如图 5.17 所示，并给出各方案的位移均方根误差对比柱状图，结果表明，在线辨识驱动方案位移误差幅度最小，均方根误差较其他两种方案分别降低 65.3% 和 40.9%。

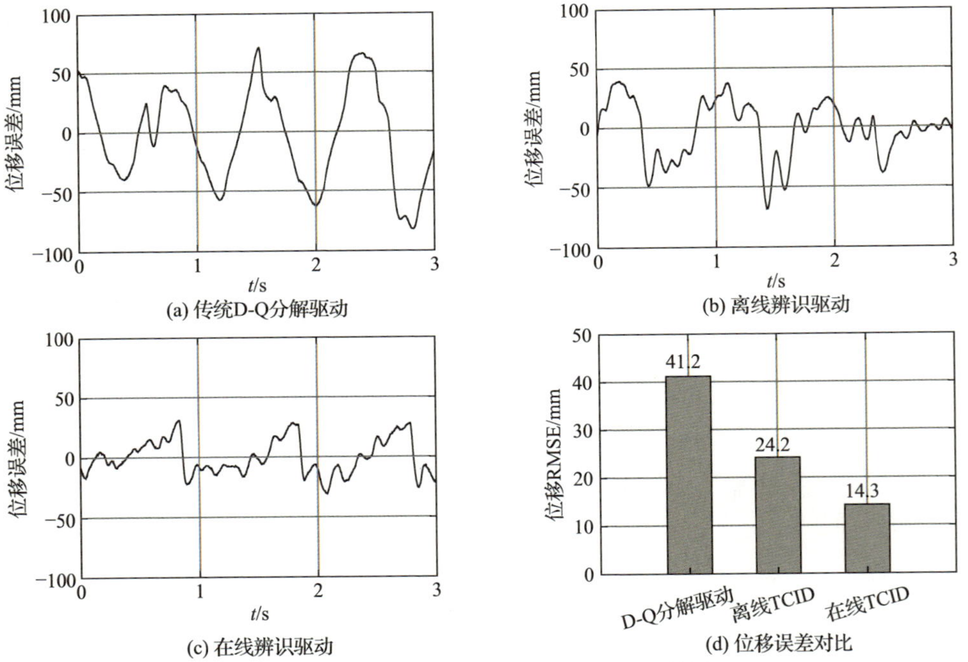

(a) 传统D-Q分解驱动　　(b) 离线辨识驱动

(c) 在线辨识驱动　　(d) 位移误差对比

图 5.17　三种驱动方案的闭环恒速测试结果

三种驱动方案闭环四阶轨迹跟踪测试的位移误差结果如图 5.18 所示，同样地，在线辨识驱动方案具有最小的位移误差，其均方根误差较传统驱动与离线辨识驱动方案分别降低 44.3%和 44.7%。

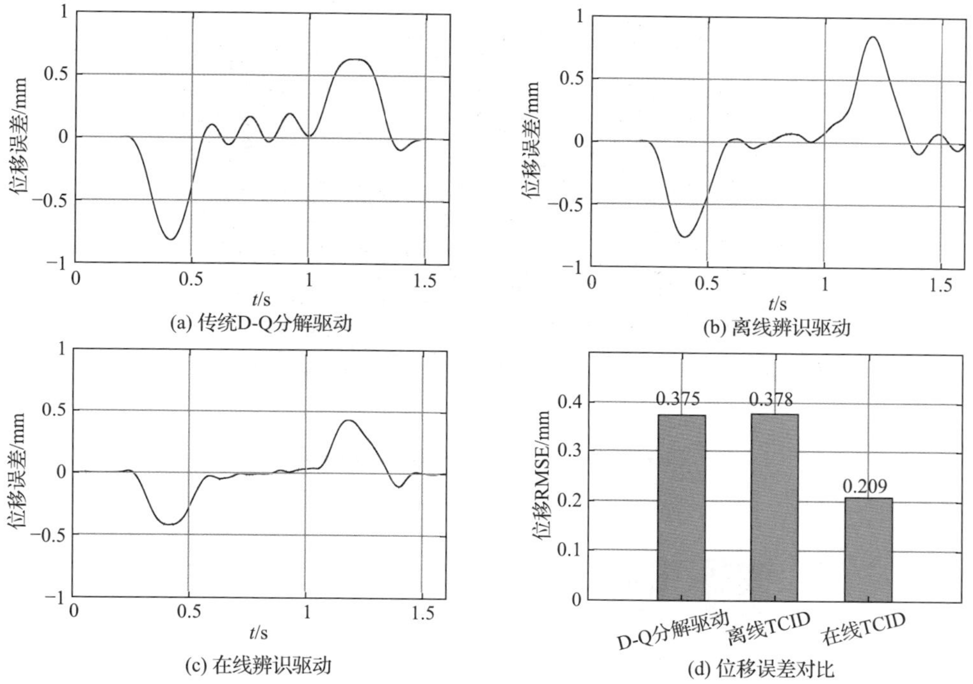

图 5.18　三种驱动方案的闭环四阶轨迹跟踪测试结果

5.6.2　平面电机仿真验证

通过 ANSYS 有限元分析仿真软件搭建平面电机磁钢阵列与动子线圈模型，如图 5.19 所示，其中，磁钢与线圈的尺寸参数如图 5.20 所示。

在软件中设置磁钢模型材料为钕铁硼 NdFe35，矫顽力为 890kA/m，通过有限元仿真求解器可得出空间内的磁感应强度分布，对于本节平面电机，在线圈运动平面内的 z 向磁场分量对产生电磁推力起主导作用，将其结果导出并绘制，如图 5.21 所示。其中，图 5.21(b)给出该 z 向磁场分量在某几处固定 y 坐标下随 x 坐标的变化曲线。观察发现，在磁钢阵列的中心区域，磁场具有显著的周期性，而在靠近磁钢阵列边缘区域，由于失去磁钢分布对称性，磁场强度幅度随着远离中心而逐渐衰减，空间分布不再具备周期性特征。

为验证计算驱动对推力输出精度的提升，作为对比，先给出传统驱动即 D-Q 分解驱动的推力输出仿真结果。设定参考推力输出为 x 向、y 向大小各 10N，参考动子位置变化轨迹为磁钢阵列的对角线(即 $y = x$)，根据 D-Q 分解公式可计算产生指定推力所需通入三相线圈的电流大小，在软件中赋予线圈模型电流属性，并

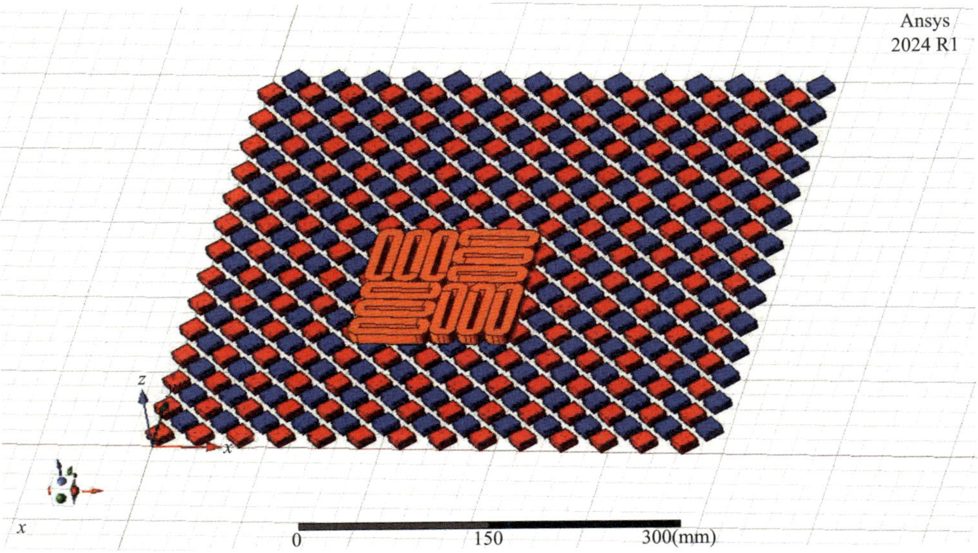

图 5.19　平面电机有限元仿真模型

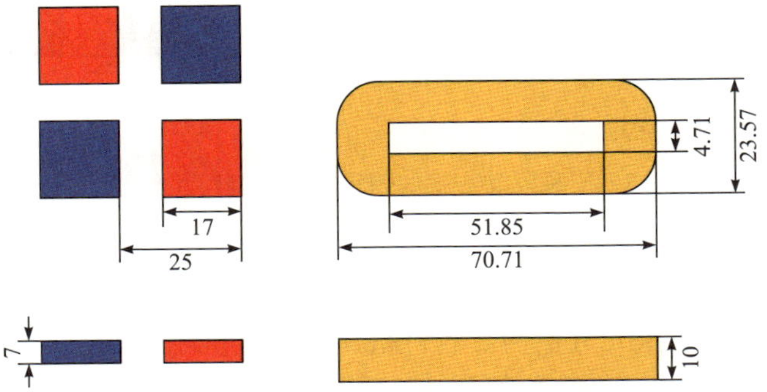

图 5.20　平面电机模型尺寸参数(单位：mm)

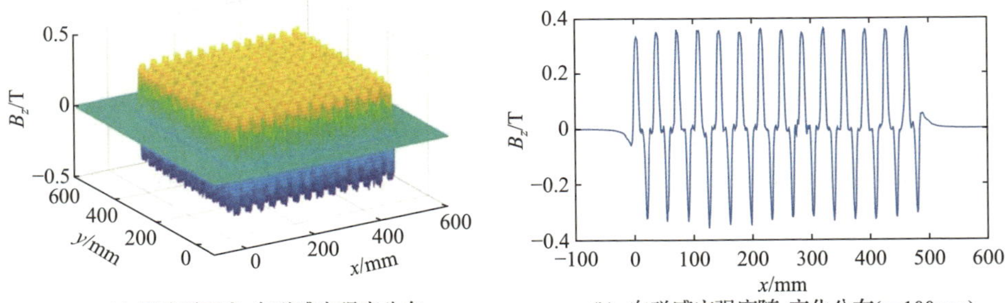

(a) 运动平面内z向磁感应强度分布　　(b) z向磁感应强度随x变化分布(y=100mm)

图 5.21　线圈运动平面内 z 向磁感应强度分布

设定相应电流大小与方向，通过求解器得到动子线圈整体所受电磁合力，动子参考轨迹上的仿真推力输出结果如图 5.22 所示。

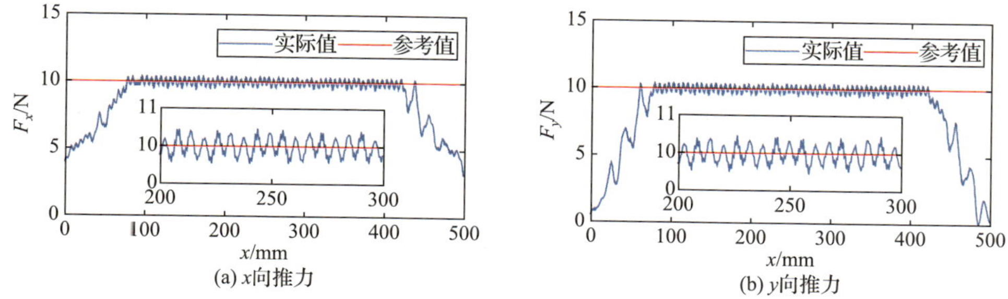

图 5.22　传统驱动推力输出结果

从图 5.22 中可以看出，变磁场边缘效应影响，参考轨迹两端的推力输出存在明显较大误差，此外，从观察局部放大图可知，即便在轨迹中心区域，x 方向与 y 方向推力也存在一定幅度的波动误差，且随位置变化呈现周期性，这主要是因为磁场分布结果并非理想正弦函数，导致 D-Q 分解的电流计算结果产生偏差。此外，由于仿真模型中并未加入线圈齿槽，此时推力误差仅由磁场不理想因素所致，而在有铁芯电机中，齿槽与磁钢间的相互作用力产生齿槽力，会进一步降低输出推力精度。

下面进行计算驱动仿真，推力系数辨识过程与上一节直线电机仿真类似，这里不再赘述。给出最终三相线圈推力系数分布仿真结果，如图 5.23 所示。

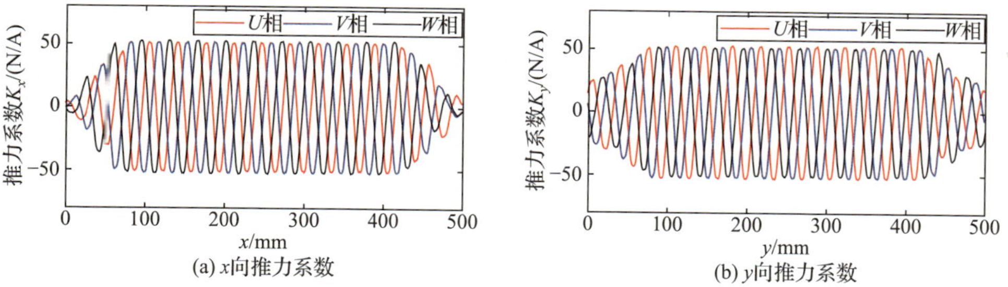

图 5.23　推力系数辨识结果

利用图 5.23 所示的辨识结果，采用计算驱动方式直接计算相电流并驱动电机，观察电机推力输出情况。参考推力与动子参考轨迹设置与传统驱动测试相同，得到计算驱动推力输出结果如图 5.24 所示。

观察图 5.24 可知，仿真结果与直线电机类似，电机全行程的推力系数被准确辨识，边缘效应引起的推力误差被完全消除，行程中心的推力误差也几乎不存在明显谐波成分。同样地，对计算驱动与传统驱动在行程中心区域的推力误差分布进行空间位置傅里叶变换，结果如图 5.25 所示，可以发现，传统驱动方法得到的推力误差中存在显著的磁场六次谐波成分，而计算驱动方法得到的推力

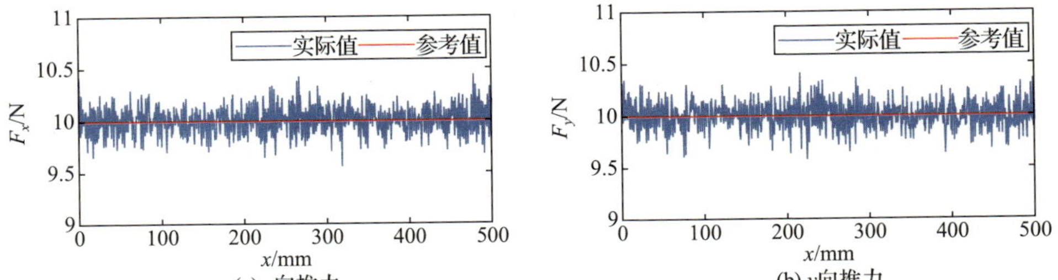

(a) x向推力　(b) y向推力

图 5.24　计算驱动推力输出结果

误差则不存在显著主导频率成分，进一步证实了计算驱动对推力波动的充分补偿能力。

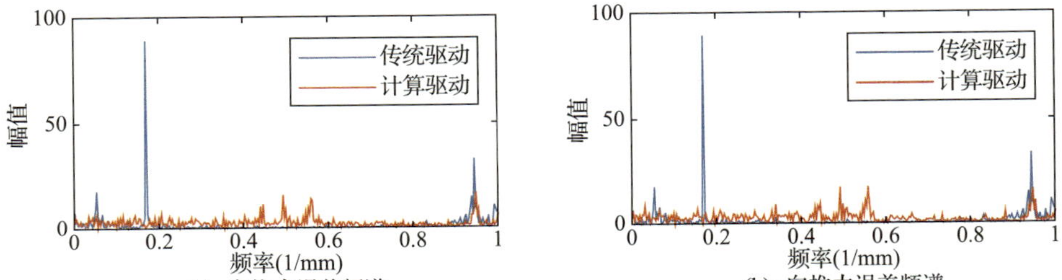

(a) x向推力误差频谱　(b) y向推力误差频谱

图 5.25　推力误差空间频谱

计算驱动是近年来针对精密与超精密运动系统需求提出的理论与方法。与传统电机驱动基于理想设计与简化假设的推力模型不同，计算驱动采用复杂计算算法手段，通过对现实应用中的电机电磁定位力进行细节化建模，具有更好的电磁定位力模型精度与线性度，推动了超精密运动系统的发展。

目前工业界使用的几乎所有电机驱动器(为电机提供电流)所依赖的传统驱动方法，具有模型结构简单、计算量小的特点，普通 DSP、FPGA 即可完成驱动器电流检测与闭环任务，但对计算驱动而言，由于引入复杂的离线与在线模型、建模算法，以及线圈绕组电流分配算法、电流与电机绕组位置信息，给基于计算驱动方法的电机驱动器工程实现带来挑战。如何平衡算法结构、计算复杂度、计算量与电磁定位力模型精度，是未来计算驱动发展有待解决的问题之一。

参考文献

[1] Inoue M, Sato K. An approach to a suitable stator length for minimizing the detent force of permanent magnet linear synchronous motors[J]. IEEE Transactions on Magnetics, 2000, 36(4): 1890-1893.

[2] Chi S, Yan J H, Shan L, et al. Detent force minimizing for moving-magnet-type linear synchronous motor[J]. IEEE Transactions on Magnetics, 2019, 55(6): 1-5.

[3] Kim C E, Lee S H, Lee D H, et al. The analysis of permanent magnet double-sided linear synchronous motor with perpendicular arrangement[J]. IEEE Transactions on Magnetics, 2013, 49(5): 2267-2270.
[4] Wang M Y, Li L Y, Pan D H. Detent force compensation for PMLSM systems based on structural design and control method combination[J]. IEEE Transactions on Industrial Electronics, 2015, 62(11): 6845-6854.
[5] Boduroglu A, Gulec M, Demir Y, et al. A new asymmetric planar V-shaped magnet arrangement for a linear PM synchronous motor[J]. IEEE Transactions on Magnetics, 2019, 55(7): 1-5.
[6] Tavana N R, Shoulaie A. Pole-shape optimization of permanent-magnet linear synchronous motor for reduction of thrust ripple[J]. Energy Conversion and Management, 2011, 52(1): 349-354.
[7] Huang X Z, Ji T P, Li L Y, et al. Detent force, thrust, and normal force of the short-primary double-sided permanent magnet linear synchronous motor with slot-shift structure[J]. IEEE Transactions on Energy Conversion, 2019, 34(3): 1411-1421.
[8] Zhao J, Mou Q S, Zhu C C, et al. Study on a double-sided permanent-magnet linear synchronous motor with reversed slots[J]. IEEE/ASME Transactions on Mechatronics, 2021, 26(1): 3-12.
[9] Huang X Z, Li J, Zhang C M, et al. Electromagnetic and thrust characteristics of double-sided permanent magnet linear synchronous motor adopting staggering primaries structure[J]. IEEE Transactions on Industrial Electronics, 2019, 66(6): 4826-4836.
[10] Cho K, Kim J, Choi S B, et al. A high-precision motion control based on a periodic adaptive disturbance observer in a PMLSM[J]. IEEE/ASME Transactions on Mechatronics, 2015, 20(5): 2158-2171.
[11] Fei Q, Deng Y T, Li H W, et al. Speed ripple minimization of permanent magnet synchronous motor based on model predictive and iterative learning controls[J]. IEEE Access, 2019, 7: 31791-31800.
[12] Qian W Z, Panda S K, Xu H X. Torque ripple minimization in PM synchronous motors using iterative learning control[J]. IEEE Transactions on Power Electronics, 2004, 19(2): 272-279.

第 6 章　无铁芯永磁平面电机多轴解耦控制

6.1　引　　言

在无铁芯永磁平面电机的复杂系统中，多轴解耦控制是实现精确运动控制的关键技术之一。由于平面电机的多自由度特性，其在运动过程中往往伴随着轴间的耦合效应，不仅限制了电机的性能，也对控制系统的设计提出了更高的要求。本章将深入探讨多轴解耦控制的理论基础、实现方法及其在平面电机中的应用，分析多轴耦合效应的产生机理，详细介绍动力学模型解耦和 MIMO 控制器解耦的策略。通过这些多轴解耦控制方法，可以显著提高平面电机的运动精度和动态响应。此外，本章还将介绍如何通过实验验证多轴解耦控制方法的有效性。

6.2　多轴耦合效应产生机理

6.2.1　数学定义

磁浮平面电机多自由度驱动控制框图如图 6.1 所示。图中，$\boldsymbol{r}$、$\boldsymbol{p}$、$\boldsymbol{e}$、$\boldsymbol{d}$ 分别为代表六自由度参考轨迹、实际位置、跟踪误差和干扰的向量，$\boldsymbol{G}_p$ 是被控对象磁浮平面电机的模型矩阵，即

$$\boldsymbol{G}_p = \mathrm{diag}(P_x \quad P_y \quad P_z \quad P_{\theta_x} \quad P_{\theta_y} \quad P_{\theta_z}) \tag{6-1}$$

其中，下标 x、y、z、θ_x、θ_y、θ_z 代表被控轴，如 P_x 是 x 轴的模型。$\boldsymbol{G}_c$ 是 6×6 的反馈控制器矩阵，$\boldsymbol{i}\in\mathbf{R}^{n\times 1}$ 是电流值向量，n 是线圈的数量，也是驱动自由度的数量，磁浮平面电机常为过驱动系统，故 $n>6$。$\boldsymbol{D}\in\mathbf{R}^{n\times 6}$ 是电流分配矩阵，将反馈控制器产生的六自由度控制力 $\hat{\boldsymbol{u}}$ 转换成需要的线圈电流 $\boldsymbol{i}$。$\boldsymbol{A}\in\mathbf{R}^{6\times n}$ 是驱动矩阵，将线圈中的电流向量转换成实际的六自由度出力向量 $\boldsymbol{u}$。驱动矩阵是磁浮平面电机的自有属性，代表从线圈电流到出力的转换关系。对磁浮平面电机的电磁建模，就是通过磁场模型、出力模型等尽可能准确地获取驱动矩阵 $\boldsymbol{A}$ 的值，进而对电流分配矩阵 $\boldsymbol{D}$ 进行设计。

在大多数情况下，磁浮平面电机都是过驱动系统，可以用最小二乘法得到电流分配矩阵 $\boldsymbol{D}$：

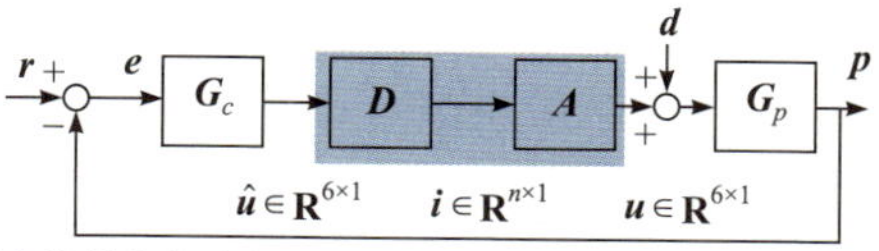

蓝色框内的是出力分配和驱动过程，是多轴耦合效应产生的部分

图 6.1 磁浮平面电机多自由度驱动控制框图(无前馈)

$$\boldsymbol{D}=\hat{\boldsymbol{A}}^{\mathrm{T}}(\hat{\boldsymbol{A}}\hat{\boldsymbol{A}}^{\mathrm{T}})^{-1} \tag{6-2}$$

其中，$\hat{\boldsymbol{A}}$ 是通过建模方法得到的驱动矩阵 $\boldsymbol{A}$ 的名义值。设 $\boldsymbol{C}=\boldsymbol{AD}\in\mathbf{R}^{6\times6}$ 为耦合矩阵。当磁浮平面电机中的名义模型和实际模型之间存在偏差时，会导致驱动矩阵 $\boldsymbol{A}$ 的名义值不等于真实值，即 $\hat{\boldsymbol{A}}\neq\boldsymbol{A}$ 。因此，

$$\boldsymbol{C}=\boldsymbol{AD}=\boldsymbol{A}\hat{\boldsymbol{A}}^{\mathrm{T}}(\boldsymbol{A}\hat{\boldsymbol{A}}^{\mathrm{T}})^{-1}\neq\boldsymbol{I} \tag{6-3}$$

耦合矩阵 $\boldsymbol{C}$ 中非对角线上的非零元素会导致某个轴的控制输出对其他轴产生影响，即存在多轴耦合效应。如果建模得到的驱动矩阵和真实驱动矩阵完全相同，即 $\boldsymbol{A}=\hat{\boldsymbol{A}}$，那么有 $\boldsymbol{C}=\boldsymbol{I}$，即能够实现各轴之间的完全解耦。当实际建模中得到的驱动矩阵不是绝对准确时，就需要设计额外的多轴解耦方法来对残余的多轴耦合效应进行补偿。因此，对磁浮平面电机进行多轴解耦的过程可以定义为，首先用建模方法得到驱动矩阵的名义值 $\hat{\boldsymbol{A}}$，通过式(6-2)得到电流分配矩阵；进一步使用解耦方法使耦合矩阵 $\boldsymbol{C}=\boldsymbol{AD}$ 尽可能接近单位矩阵，从而实现各轴解耦。

消除多轴耦合效应的方法主要有两种，设计多自由度控制器[1]或者从动力学模型解耦的角度对电流分配矩阵 $\boldsymbol{D}$ 进行修正。已有的多自由度控制方法主要通过基于数据的方法对控制参数进行优化,优化目标常定义为跟踪误差序列的 2 范数，并使用梯度下降等方法对控制器参数进行迭代。采用多自由度控制方法时，通常需要进行多次实验来得到目标函数对被优化参数的梯度值，同时多自由度控制器设计涉及的参数相比于单自由度呈平方量级增加。相比之下，修正电流分配矩阵的方法从驱动机理的角度出发，从多轴耦合效应产生的根源进行校正，不需要引入额外的控制量，是更加直接有效的办法。根据第 4 章的介绍，电流分配方法包括 D-Q 电流分配方法和最小二乘电流分配方法。然而，由于分配机理的原因，D-Q 电流分配方法天生存在寄生力矩的问题[2]。因此，本节将从最小二乘电流分配方法入手，实现多轴耦合效应的消除。

根据以上分析，磁浮平面电机的多轴耦合效应源头在于驱动矩阵名义值和实际值的偏差，导致耦合矩阵 $\boldsymbol{C}=\boldsymbol{AD}$ 不再等于单位矩阵。因此，如果需要对模型偏差导致的多轴耦合效应进行标定及消除，就需要分析模型偏差对驱动矩阵的影响。据此，下一节针对动磁式平面电机，分析耦合效应产生的机理，为研究解耦方法奠定基础。

6.2.2 耦合效应机理建模

本节进行多轴解耦控制的对象——动磁式磁浮平面电机如图 6.2 所示，该磁浮平面电机采用模块化结构，动子为 4×4 的磁钢阵列，定子为 5×5 的线圈阵列，线圈形状为圆形。通过 3 个激光三角位移传感器和 3 个电涡流传感器实现动子的六自由度测量。传感器信号通过 AD 卡进行采集，上位机系统采用 LabWindows/CVI 和 RTX 实时系统，实现运动控制的软件部分，能够实现 2000Hz 采样频率下的实时位移解算、出力分配以及运动控制，再通过 DA 卡将控制信号传递给驱动器，进而对线圈电流进行控制。值得一提的是，本节叙述的解耦方法虽然是针对图 6.2 所示的实验平台，但是解耦思路与其他平面电机一致，可以为其他平面电机解耦提供参考。

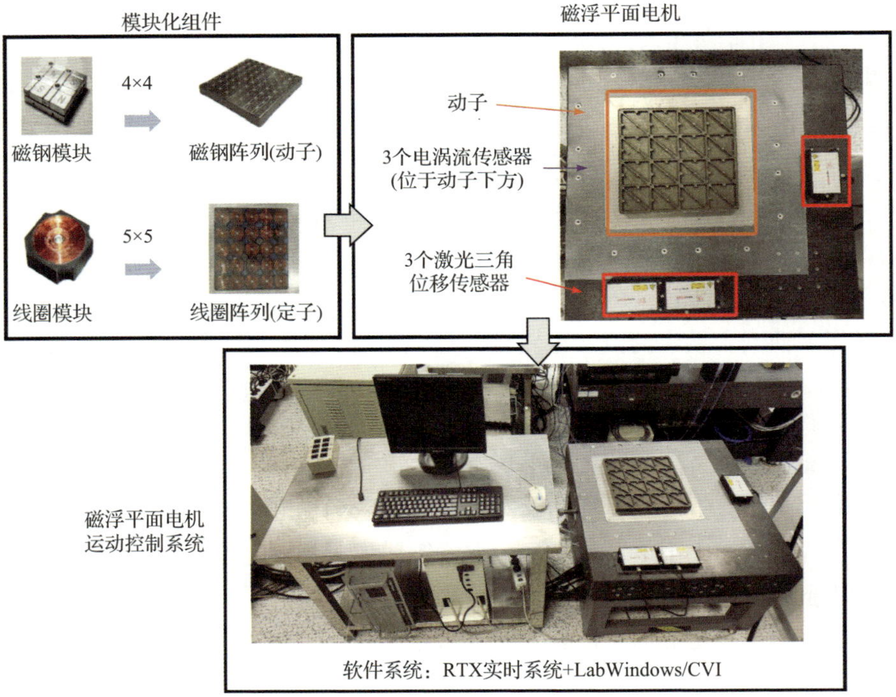

图 6.2　模块化动磁式磁浮平面电机

磁浮平面电机各个坐标轴系统定义如图 6.3 所示。全局坐标系(Global Coordinate System，GCS)、线圈坐标系(Coil Coordinate System，CCS)、实际运动坐标系(Actual Coordinate System，ACS)和磁钢坐标系(Magnet Coordinate System，MCS)的原点分别为 O_G,O_C,O_A 和 O_M。O_G 位于线圈阵列顶点，O_C 位于线圈中心。O_M 的名义值是磁场与线圈相互作用力计算模型中的磁场中心，以下简称为磁心；O_A 的名义值是动子的质量中心，以下简称为质心。O_M 和 O_A 的名义值在全局坐

标系下 x、y 坐标是相同的，均位于动子的几何中心，即正方形动子的中心；在 z 方向，O_M 位于磁钢阵列底部，O_A 位于磁钢阵列中心。GCS 和 ACS 的坐标轴是固定的，平行于线圈阵列的两条边。MCS 和 CCS 的坐标轴随着动子的旋转而旋转。

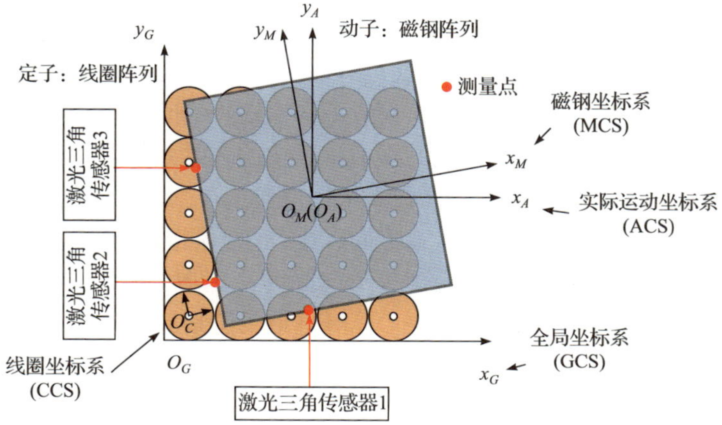

图 6.3　磁浮平面电机各坐标轴定义

磁浮平面电机从测量到最终出力的转换过程如图 6.4 所示，通过对该过程的建模可以得到驱动矩阵名义值 $\hat{A}$。在本章的介绍中，测量系统的测量值以及磁场出力模型被认为是准确的，因此，偏差主要来自磁心和质心，这是两个主要的可能存在偏差的模型因素。在动子形状规则、质量均匀、磁钢阵列制造无误差的前提下，磁心和质心的实际值应该与名义值重合，但在实际过程中，由于制造和装配误差等原因，磁心和质心的实际值总会产生偏差，例如，动子不可能是绝对规整的正方形，动子的质量不可能完全均匀，磁钢模块在装配的过程中磁场中心也会有所偏差。磁心和质心的偏差会使得驱动矩阵的实际值和名义值产生偏差，进

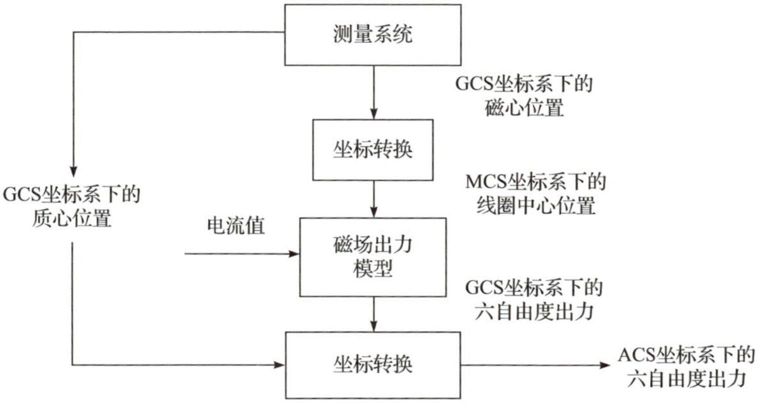

图 6.4　磁浮平面电机从测量到最终出力的过程

而导致多轴耦合效应。在测量值和出力模型相对准确的假设下，这两个因素的偏差是导致多轴耦合效应的主要来源，需要给出相应方法消除偏差，并减小多轴耦合效应。

在本节中，磁浮平面电机中一共有 25 个线圈，因此，驱动矩阵为

$$\boldsymbol{A}\in\mathbf{R}^{6\times 25}=[\boldsymbol{A}_1\ \ \boldsymbol{A}_2\ \ \cdots\ \ \boldsymbol{A}_{25}] \tag{6-4}$$

其中，每一列 $\boldsymbol{A}_i\in\mathbf{R}^{6\times 1},i=1,2,\cdots,25$ 为一个线圈产生的六自由度推力。根据第 3 章介绍的扩展统一推力模型，可以得到线圈与磁钢阵列间的相互作用力。由于线圈形状为圆形，通过三维积分得到的推力矩阵中的一些系数为零，一些系数互为相反数，因此，只需要 5 个不同的参数就可以完整描述圆形线圈的推力系数矩阵。此外，已有关于推力模型的研究，在不同区域选取不同阶次的谐波分量。定义归一化幅值大于 0.05 的谐波为有效谐波，在 4 个顶点区域的有效谐波为 8 阶谐波，在 4 个边线区域选取 3 阶谐波，在中心区域选取 1 阶谐波。由此可得单个线圈与磁钢阵列在 CCS 坐标系中的相互作用力为

$$^{c}\boldsymbol{F}_j=i_j\cdot\sum_{k,l}\exp(\omega_\lambda^m C_z)\cdot\begin{bmatrix}-2u_1^{(k,l)}\cos(\omega_k^m C_x)\sin(\omega_l^m C_y)\\ 2u_2^{(k,l)}\sin(\omega_k^m C_x)\cos(\omega_l^m C_y)\\ 2u_3^{(k,l)}\sin(\omega_k^m C_x)\sin(\omega_l^m C_y)\\ 2u_4^{(k,l)}\sin(\omega_k^m C_x)\cos(\omega_l^m C_y)\\ -2u_5^{(k,l)}\cos(\omega_k^m C_x)\sin(\omega_l^m C_y)\\ 0\end{bmatrix} \tag{6-5}$$

其中，$^{c}\boldsymbol{F}_j$ 是 CCS 坐标系下线圈和磁钢动子之间的六自由度相互作用力，即 $^{c}\boldsymbol{F}_j=[^{c}F_x\ \ ^{c}F_y\ \ ^{c}F_z\ \ ^{c}T_x\ \ ^{c}T_y\ \ ^{c}T_z]^{\mathrm{T}},j=1,2,\cdots,25$。依照惯例，左上角标代表坐标系（$g$ 代表 GCS 坐标系，c 代表 CCS 坐标系，m 代表 MCS 坐标系，a 代表 ACS 坐标系），i_j 是线圈中的电流，$u_i^{(k,l)}$ 是推力模型中的常量系数，与线圈的形状有关。k,l 是谐波阶次，$\omega_k=k\pi/\tau$，$\omega_l=l\pi/\tau$，其中，τ 是磁钢阵列的极距且 $\omega_\lambda=\sqrt{\omega_k^2+\omega_l^2}$。对于一个特定的磁浮平面电机，以上这些系数都是常值且被假定为相对准确。$^{m}C_x$、$^{m}C_y$、$^{m}C_z$ 是线圈中心在 MCS 坐标系下的坐标值，为了表达方便，这里省去下标 j。

为了得到 ACS 坐标系下的六自由度推力，需要对 CCS 中的推力进行坐标转换。驱动矩阵 $\boldsymbol{A}$ 的每一列可以表示为

$$\boldsymbol{A}_j=\boldsymbol{T}_R\cdot\boldsymbol{T}_t\cdot\frac{^{c}\boldsymbol{F}_j}{i_j} \tag{6-6}$$

其中，

$$
\boldsymbol{T}_t = \begin{bmatrix} c & \boldsymbol{I}_3 & & 0 \\ 0 & -{}^aC_z & {}^aC_y & \\ {}^aC_z & 0 & -{}^aC_x & \boldsymbol{I}_3 \\ -{}^aC_y & {}^aC_x & 0 & \end{bmatrix} \tag{6-7}
$$

$$
\boldsymbol{T}_R = \begin{bmatrix} \cos(\theta_z) & -\sin(\theta_z) & 0 & 0 & 0 & 0 \\ \sin(\theta_z) & \cos(\theta_z) & 0 & 0 & 0 & 0 \\ 0 & 0 & 1 & 0 & 0 & 0 \\ 0 & 0 & 0 & \cos(\theta_z) & -\sin(\theta_z) & 0 \\ 0 & 0 & 0 & \sin(\theta_z) & \cos(\theta_z) & 0 \\ 0 & 0 & 0 & 0 & 0 & 1 \end{bmatrix} \tag{6-8}
$$

这里的 $\boldsymbol{T}_t$ 和 $\boldsymbol{T}_R$ 分别是平移和旋转矩阵，${}^aC_x$、${}^aC_y$、${}^aC_z$ 是线圈中心在 ACS 坐标系下的坐标。$\boldsymbol{I}_3$ 是一个 3×3 的单位矩阵，θ_z 是动子在 ACS 坐标系下绕 z 轴的旋转角度。为了方便表示，省去了 $\boldsymbol{T}_t$ 和 $\boldsymbol{T}_R$ 中的下标 j。将 $\boldsymbol{T}_t$ 和 $\boldsymbol{T}_R$ 组合，便完成了六自由度推力从 CCS 坐标到 ACS 坐标的转换，再除以电流值，即可得到驱动矩阵中的每一列 $\boldsymbol{A}_j$ 。

在上文提到的假设下，$\boldsymbol{A}$ 的名义值表达式中与线圈形状等相关的参数是相对准确的，因此，模型偏差主要来自线圈中心在 MCS 和 ACS 坐标系下的坐标，即 ${}^mC_x$、${}^mC_y$、${}^mC_z$、${}^aC_x$、${}^aC_y$ 和 ${}^aC_z$。考虑到线圈位置在全局坐标系下是固定的，因此，偏差主要来自 MCS 和 ACS 坐标系的原点，即磁心 O_M 和质心 O_A 的偏差。磁心 O_M 和质心 O_A 的名义值可以在磁钢动子加工过程中得到，但是由于实际加工装配等影响这两个参数不可避免存在偏差。O_M 和 O_A 的偏差会导致 $\boldsymbol{A}$ 的名义值与实际值存在偏差，进而导致多轴耦合效应，因此，需要通过标定消除这两个模型偏差导致的多轴耦合效应，避免各轴运动的相互影响。

6.3　基于悬浮出力的模型偏差标定

针对 O_M 和 O_A 的偏差，本节给出一种基于悬浮出力的标定方法。根据式(6-3)，多轴耦合效应产生的原因是 $\hat{\boldsymbol{A}}$ 和 $\boldsymbol{A}$ 之间的偏差导致耦合矩阵 $\boldsymbol{C}$ 为非单位阵。可以注意到，$\hat{\boldsymbol{A}}$ 和 $\boldsymbol{A}$ 之间的偏差是相对的，例如，当 $\hat{\boldsymbol{A}}$ 的第一行发生变化时，对 $\boldsymbol{C}$ 产生的影响和改变 $\boldsymbol{A}$ 的第一行是类似的。因此，可对一个新的耦合矩阵进行分析

$$
\boldsymbol{C}' = \boldsymbol{A}^*\boldsymbol{A}^{\mathrm{T}}(\boldsymbol{A}\boldsymbol{A}^{\mathrm{T}})^{-1} \tag{6-9}
$$

其中，$A^* = A-(\hat{A}-A)$。当磁浮平面电机的动子悬浮在空中不做任何运动时，唯一的外在干扰是动子的重力，即

$$d = [0\ \ 0\ \ -d_z\ \ 0\ \ 0\ \ 0]^{\mathrm{T}} \tag{6-10}$$

其中，$d_z = mg$，m 是动子的质量。由于动子在悬浮时不做任何运动，可以认为对被控对象模型矩阵 G_p 的输入近似为 0。根据图 6.1 中的控制结构，可以得到

$$C'\hat{u} = A^* A^{\mathrm{T}} (AA^{\mathrm{T}})^{-1} \hat{u} = -d \tag{6-11}$$

因此，控制器的控制输出为

$$\hat{u} = -C'^{-1} d = -AA^{\mathrm{T}} (A^* A^{\mathrm{T}})^{-1} d \tag{6-12}$$

当不存在多轴耦合效应，即 $A^* = A$ 和 $C' = I$ 时，可以得到

$$\hat{u} = [\hat{u}_x\ \ \hat{u}_y\ \ \hat{u}_z\ \ \hat{u}_{\theta_x}\ \ \hat{u}_{\theta_y}\ \ \hat{u}_{\theta_z}]^{\mathrm{T}} = [0\ \ 0\ \ mg\ \ 0\ \ 0\ \ 0]^{\mathrm{T}} \tag{6-13}$$

因此，可以得到以下推论。

推论 6.1： 如果磁浮平面电机中没有多轴耦合效应，那么当动子悬浮在空中不做任何运动时，控制器的控制输出应该只有 z 方向的出力，同时该方向的出力等于动子的重力。

根据推论 6.1，当动子悬浮在空中不做任何运动时，控制器的出力可以作为一个判断多轴耦合效应是否存在的依据。与已有研究中基于数据的前馈控制器参数设计方法相比，观察动子悬浮时的各轴控制器出力更加简单便捷。该方法不需要动子运行任何运动轨迹，只需让动子悬浮在空中，同时实时根据各轴出力情况来调整被校正的参数，是一种简单有效的消除多轴耦合效应的方法。

本章研究主要对磁心 O_M 和质心 O_A 的偏移进行标定，因此，需要分析这两个模型偏差因素对动子悬浮时控制器出力的影响。联立式(6-5)～式(6-8)。可以得到驱动矩阵 A 的名义值表达式。旋转矩阵 T_R 中的旋转角度由传感器数据得到，可假定为准确的。不难观察到，质心坐标 ${}^aC_x$、${}^aC_y$、${}^aC_z$ 只出现在 A 的后三行，而磁心坐标 ${}^mC_x$、${}^mC_y$、${}^mC_z$ 则是在每一行均出现，因此，可以进一步得到以下推论。

推论 6.2： 磁心 O_M 的偏移会对磁浮平面电机六个自由度的出力均产生影响；质心 O_A 的偏移只会影响后三个自由度的出力，即只影响转矩，不会对平动出力产生影响。

根据推论 6.2，动子受到的平动力只受磁心 O_M 偏移的影响，而转矩同时受磁心 O_M 和质心 O_A 偏移的影响。因此，需要先根据动子悬浮时前三个自由度控制器输出的平动力对磁心 O_M 的偏移进行标定；完成磁心 O_M 的标定之后，再根据动子悬浮时后三个自由度控制器的输出转矩对质心 O_A 的偏移进行标定。具体的标定

过程在以下小节中进行介绍。

6.3.1　磁心标定过程

首先，对磁心 O_M 偏移导致的多轴耦合效应进行标定。从式(6-5)可以观察到，${}^mC_z$ 出现在指数函数中，因此，可以近似地把磁心 z 方向偏移对各自由度出力的影响看作放缩的效果，在小偏移范围内用线性放缩进行拟合，即 $\boldsymbol{A}^* = \alpha \boldsymbol{A}$，其中，$\alpha$ 是放缩的系数，因此，控制器的输出为

$$\hat{\boldsymbol{u}} = -\boldsymbol{A}\boldsymbol{A}^{\mathrm{T}}(\boldsymbol{A}^*\boldsymbol{A}^{\mathrm{T}})^{-1}\boldsymbol{d} = -\alpha \boldsymbol{d} \tag{6-14}$$

磁心 O_M 在 z 方向的偏移会导致各自由度控制器输出控制量的放缩。进一步地，根据推论 6.2，磁心 O_M 在 x 和 y 方向的标定可以通过观察控制器在 x 和 y 方向的平动出力来实现。例如，磁心 O_M 在 x 方向的偏移会影响 ${}^mC_x$，进而改变 $\boldsymbol{A}^*$ 矩阵的第一行。耦合矩阵 $\boldsymbol{C}$ 在理想情况下是单位矩阵，第一行是[1 0 0 0 0 0]，在磁心 x 方向存在偏移的情况下会变为 $[a_1\ \ a_2\ \ a_3\ \ a_4\ \ a_5\ \ a_6]$，其中，$a_i$，$i = 1,2,\cdots,6$ 为非零值，代入式(6-12)可以发现输出控制量 $\hat{\boldsymbol{u}}$ 的第一行不为零，即当动子悬浮在空中时，控制器在 x 轴会有非零的直流分量输出。这个非零的直流分量可被用来进行磁心 O_M 偏移的标定。从式(6-5)可以看出，磁心 x 或 y 方向的偏移会同时影响 x 轴和 y 轴的出力，因此，磁心 x 和 y 方向的标定需要同时进行。根据以上分析可以得到以下推论。

推论 6.3: 磁浮平面电机动子悬浮时的控制器出力 $\hat{u}_x$，$\hat{u}_y$ 可以作为磁心 O_M 在 x 和 y 方向是否准确的判断依据，当磁心 O_M 在 x 和 y 方向均没有偏移时，控制器出力应满足

$$\hat{u}_x = 0,\ \hat{u}_y = 0 \tag{6-15}$$

推论 6.4: 磁心 z 方向的偏移可以被近似认为会造成控制器出力的放缩，因此，磁浮平面电机动子悬浮时的控制器出力 $\hat{u}_z$ 可作为磁心 O_M 在 z 方向是否准确的判断依据。当磁心在 z 方向无偏移时，应有

$$\hat{u}_z = mg \tag{6-16}$$

根据推论 6.2，即使质心 O_A 存在偏移，推论 6.3 和推论 6.4 仍然成立。根据推论 6.3 和推论 6.4，首先利用控制器 x 和 y 方向的出力对磁心 x 和 y 方向的偏移进行标定，即调整磁心位置的 x 和 y 方向坐标，直到 x 和 y 方向的出力满足 $\hat{u}_x = 0$，$\hat{u}_y = 0$；然后对磁心位置的 z 方向坐标进行调整，直到 z 方向的出力满足 $\hat{u}_z = mg$，至此就完成了磁心位置的标定。

6.3.2 质心标定过程

完成对磁心 O_M 位置的标定之后就可以对质心 O_A 位置进行标定。根据推论6.2，可以根据动子悬浮时控制器输出的转矩对质心位置进行标定。设置动子的初始状态，可以将旋转角度 θ_z 调整到零值附近，那么有 $\boldsymbol{T}_R \approx \boldsymbol{I}$ 。令

$$\boldsymbol{Z}=\begin{bmatrix} 0 & -{}^{a}C_x & {}^{a}C_y \\ {}^{a}C_z & 0 & -{}^{a}C_x \\ -{}^{a}C_y & {}^{a}C_x & 0 \end{bmatrix}, \delta\boldsymbol{Z}=\begin{bmatrix} 0 & -\delta_x & \delta_y \\ \delta_z & 0 & -\delta_x \\ -\delta_y & \delta_x & 0 \end{bmatrix} \tag{6-17}$$

其中， δ_x 、 δ_y 、 δ_z 是质心在 x、y、z 方向的偏移值。那么有

$$\boldsymbol{T}_t=\begin{bmatrix} \boldsymbol{I}_3 & 0 \\ \boldsymbol{Z} & \boldsymbol{I}_3 \end{bmatrix}, \boldsymbol{T}_t'=\begin{bmatrix} \boldsymbol{I}_3 & 0 \\ \boldsymbol{Z}+\delta\boldsymbol{Z} & \boldsymbol{I}_3 \end{bmatrix} \tag{6-18}$$

其中， $\boldsymbol{T}_t'$ 是有带有质心偏移的平移矩阵。令

$$\delta\boldsymbol{T}_t'=\begin{bmatrix} 0 & 0 \\ \delta\boldsymbol{Z} & 0 \end{bmatrix} \tag{6-19}$$

可以得到

$$\delta\boldsymbol{T}_t=\begin{bmatrix} 0 & 0 \\ \delta\boldsymbol{Z} & 0 \end{bmatrix}=\begin{bmatrix} 0 & 0 \\ \delta\boldsymbol{Z} & 0 \end{bmatrix}\begin{bmatrix} \boldsymbol{I}_3 & 0 \\ \boldsymbol{Z} & \boldsymbol{I}_3 \end{bmatrix}=\delta\boldsymbol{T}_t\cdot\boldsymbol{T}_t \tag{6-20}$$

因此，

$$\boldsymbol{T}_t'=\boldsymbol{T}_t+\delta\boldsymbol{T}_t=\boldsymbol{T}_t+\delta\boldsymbol{T}_t\cdot\boldsymbol{T}_t=(\boldsymbol{I}+\delta\boldsymbol{T}_t)\boldsymbol{T}_t \tag{6-21}$$

联立式(6-4)、式(6-6)和式(6-21)，可以得到

$$\begin{aligned} &\boldsymbol{A}^*=(\boldsymbol{I}+\delta\boldsymbol{T}_t)\boldsymbol{A}, \\ &\boldsymbol{C}'=\boldsymbol{A}^*\boldsymbol{A}^{\mathrm{T}}(\boldsymbol{A}\boldsymbol{A}^{\mathrm{T}})^{-1}=\boldsymbol{I}+\delta\boldsymbol{T}_t \end{aligned} \tag{6-22}$$

将式(6-22)代入式(6-12)，当质心存在偏移时，控制器输出的控制量是

$$\hat{\boldsymbol{u}}=-\boldsymbol{C}'^{-1}\boldsymbol{d}=-(\boldsymbol{I}+\delta\boldsymbol{T}_t)^{-1}\boldsymbol{d}=-\begin{bmatrix} \boldsymbol{I}_3 & 0 \\ \delta\boldsymbol{Z}^{\mathrm{T}} & \boldsymbol{I}_3 \end{bmatrix}\boldsymbol{d} \tag{6-23}$$

因此，

$$\hat{u}_{\theta_x}=-\delta_y\cdot mg,\ \hat{u}_{\theta_y}=\delta_x\cdot mg \tag{6-24}$$

从式(6-12)可以看出，质心在 x 或者 y 方向的偏移会导致 θ_y 或者 θ_x 方向出力的非零直流分量。此外，这个非零的直流分量和偏移量成正比。从直观上理解，当动子的质心名义值和实际值存在偏差时，即使动子不做任何运动，在重力的作

用下也会产生 θ_x 或者 θ_y 方向的外在干扰转矩。为了保证动子的稳定悬浮，需要在 θ_x 或者 θ_y 方向产生一个额外的控制量来抵消由于质心偏移而产生的干扰转矩，进而体现为控制器在 θ_x 或者 θ_y 方向存在一个非零的直流分量输出。这个非零直流分量输出可以作为质心标定的依据，由此可以得到以下推论。

推论 6.5： 磁浮平面电机动子悬浮时，θ_x 或者 θ_y 方向的控制器出力可以分别作为质心在 x 或 y 方向是否准确的判断依据，当质心在 x 和 y 方向均没有偏移时，控制器出力应满足

$$\hat{u}_{\theta_x}=0,\ \hat{u}_{\theta_y}=0 \tag{6-25}$$

6.3.3　标定过程小结

将上文中对磁心和质心的标定过程进行整合，得到以下基于悬浮出力的磁浮平面电机多轴耦合效应标定方法。

(1) 对磁浮平面电机的磁心进行标定。将磁浮平面电机的动子进行定位悬浮，各轴均不运行运动轨迹，调整磁心 O_M 的 x 和 y 方向位置的名义值，直到控制器输出在 x 和 y 方向均无非零直流分量。然后调整 O_M 的 z 方向位置的名义值，直到控制器 z 方向的输出等于动子所受的重力。

(2) 对磁浮平面电机的质心进行标定。完成磁心的标定后再对质心进行标定。将动子进行定位悬浮，调整质心 O_A 的 x 方向位置的名义值，直到控制器输出在 θ_y 方向无非零直流分量；调整质心 O_A 的 y 方向位置的名义值，直到控制器输出在 θ_x 方向无非零直流分量。

(3) 完成标定。

综合的标定过程如图 6.5 所示。磁心和质心位置名义值的调整主要采用试验的方式，可以利用一些技巧来加快标定的速度。磁心或质心的偏移与偏移导致的各轴非零直流分量满足正相关关系，即偏移越大，导致的非零直流分量越大，且直流分量的正负和偏移的正反方向对应，因此，可以将磁心或质心的位置往非零直流分量减小的方向调整，利用这种相关关系可以迅速完成标定过程。对于磁心 x 和 y 方向位置的标定会稍微复杂一些，因为这两个位置需要同时参照 x 和 y 方向的控制量进行标定。可以先利用上述相关关系，通过几次试验得到准确位置的上下界，然后取中间值快速找到准确位置的范围，再通过微调得到最终的准确位置。

本章给出的标定解耦方法是建立在一定假设下，例如，传感器的测量值相对准确、采用的推力模型相对准确。在这些假设下，动子磁心和质心名义值与实际值的偏差是导致多轴耦合效应的主要因素。这些假设在一定程度上和实际情况相符。

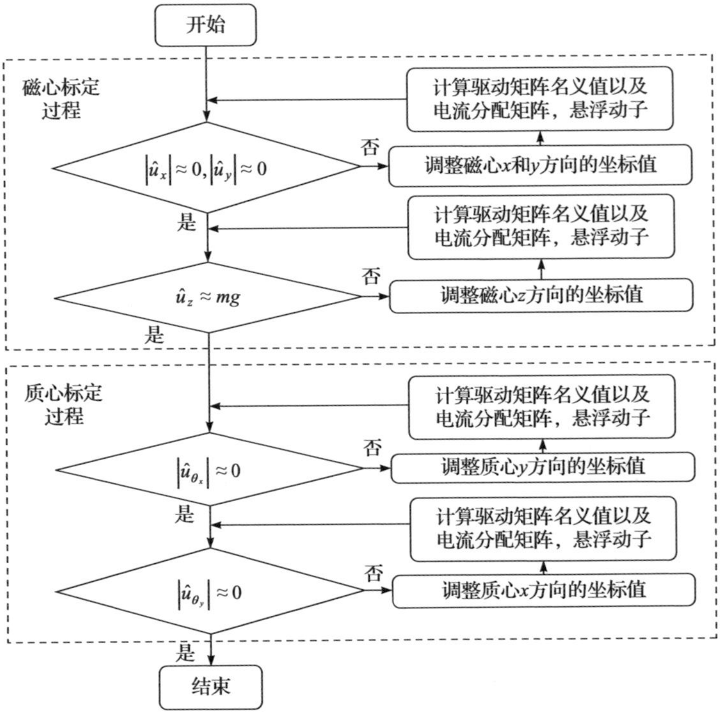

图 6.5　基于悬浮出力的多轴耦合效应标定过程

在本章的研究中没有考虑质心 O_A 在 z 方向的偏移。质心 O_A 在 z 方向的偏移和重力在同一个方向，因此，不会产生非零的控制输出来平衡转矩。一种可行的办法[3]是在 x 轴运行运动轨迹，通过观察 θ_y 轴的跟踪误差来对质心 z 方向的偏移进行调整。但这种方法与直接观察定位悬浮时的出力相比更加复杂，需要进行额外的运动实验。

6.4　多轴解耦控制实验

本节通过设计一系列的实验，对本章介绍的多轴耦合效应机理以及解耦控制方法进行验证。

6.4.1　实验设置

本章的实验设备是图 6.2 所示的动磁式磁浮平面电机。在实验中磁浮平面电机各轴控制器采用比例-积分-微分控制器(PID)，离散的 PID 控制器的传递函数可表达为

$$C(z) = K_{\mathrm{P}} + K_{\mathrm{I}}\frac{z}{z-1} + K_{\mathrm{D}}\frac{z-1}{z} \tag{6-26}$$

其中，z 是离散域的变量，K_P、K_I 和 K_D 分别为比例、积分和微分系数。x、y、z、θ_x、θ_y、θ_z 轴的闭环带宽分别为 42.1Hz、45.8Hz、46.9Hz、41.5Hz、43.8Hz、47.3Hz。图 6.6 和图 6.7 展示了主要的两个运动轴——x 轴和 y 轴的辨识模型，以及在 PID 控制器下的闭环模型。x 轴和 y 轴的 PID 参数分别为 $K_P = 30, K_I = 0.1, K_D = 2500$，以及 $K_P = 27, K_I = 0.1, K_D = 2000$，闭环控制系统内的位移单位是 mm。从图 6.6(a)和图 6.7(a)可以看出，被控对象在低频段具有明显的–40dB/decade 幅频特性，这与悬浮结构的特性吻合；图 6.6(b)和图 6.7(b)展示的闭环模型显示了所使用的 PID 参数的有效性。

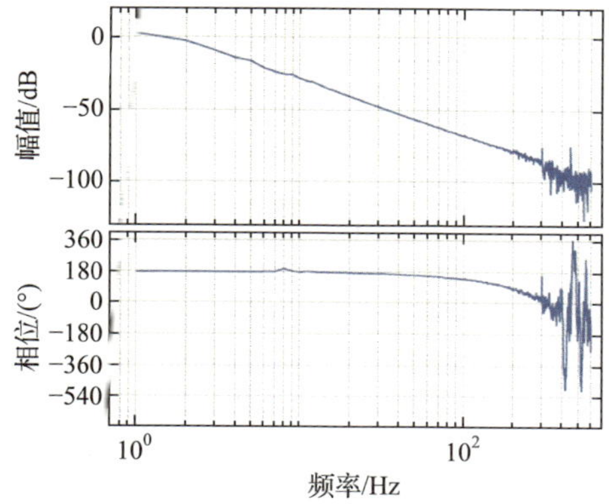

(a) x轴辨识模型

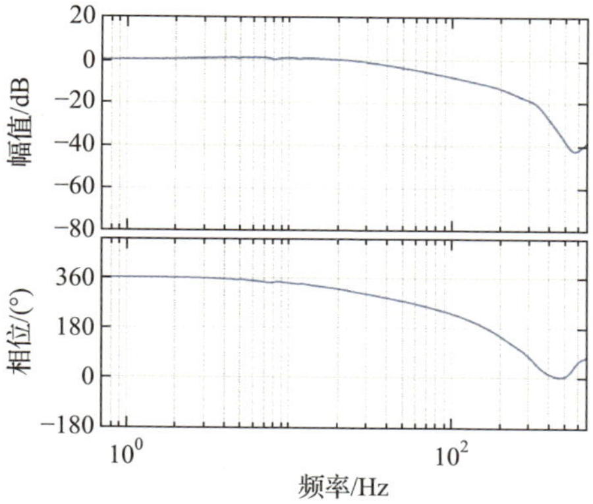

(b) x轴闭环模型

图 6.6　磁浮平面电机 x 轴模型

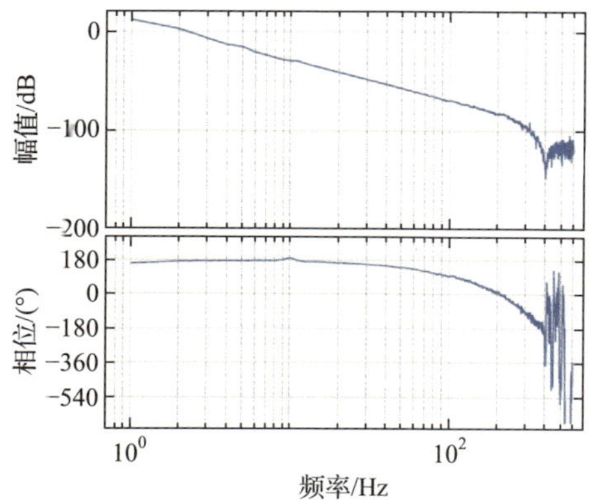

(a) y轴辨识模型

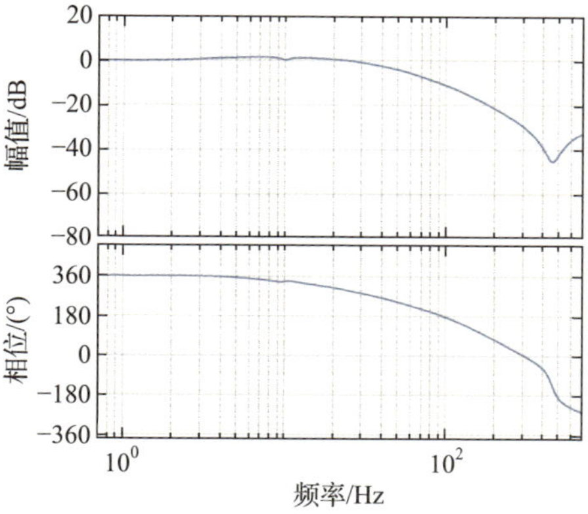

(b) y轴闭环模型

图 6.7　磁浮平面电机 y 轴模型

本节中的参考轨迹如图 6.8 所示，包括一条高速点到点轨迹和一条高速正弦轨迹，这两条参考轨迹的高速度和高加速度是为了使多轴耦合效应更加明显，更加方便标定前后的对比。为了验证本章所提多轴耦合效应标定方法的有效性，本小节设计了以下三组实验。

实验 1：为了验证对磁心偏移的标定效果，运动轴和被影响轴分别选取 y 轴和 z 轴。

实验 2：为了验证对质心 x 方向偏移的标定效果，运动轴和被影响轴分别选取 y 轴和 θ_z 轴。

实验 3：为了验证对质心 y 方向偏移的标定效果，运动轴和被影响轴分别选取 x 轴和 θ_z 轴。

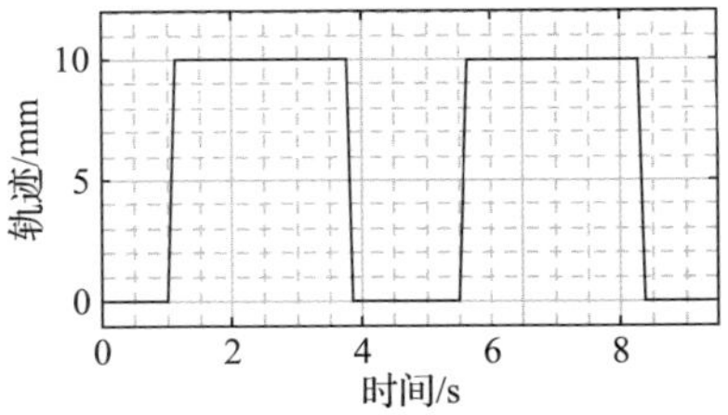

(a) 参考轨迹1：高速点到点轨迹

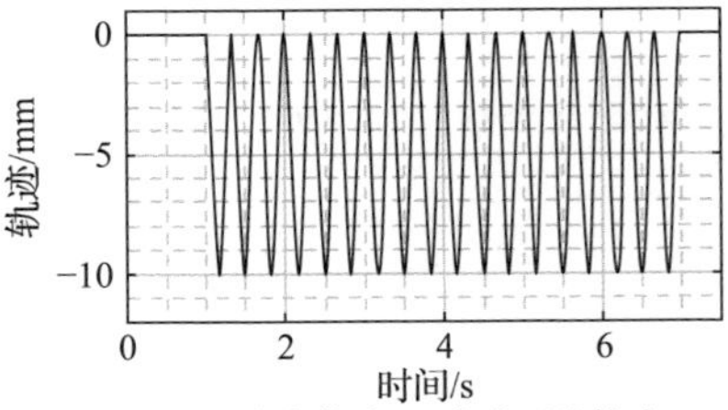

(b) 参考轨迹2：高速正弦轨迹

图 6.8　验证多轴耦合效应标定方法的参考轨迹

本章研究的创新点在于，从理论上证明了多轴耦合效应和特定的实验现象的联系，并提供一种简单有效的解耦标定方法，对于磁浮平面电机有较好的适用性；模型偏差越大，其导致的动子悬浮时各轴控制器出力就越大，耦合效应越明显。实验验证中为了对所提理论进行更加直观的体现，手动将磁心和质心的名义值进行偏移，从而引入模型偏差，观察存在模型偏差的情况下，悬浮出力是否与所提理论分析一致；然后采用所提方法对手动引入的偏差进行标定，验证所提方法的有效性。实验设置中的标定前指的是手动设置磁心或质心偏移的情况，标定后指的是使用本章方法对手动设置的偏移进行标定后的情况。

在对实验效果进行比较时，采用如下两个指标作为参考值，见表 6.1。

(1) $e_{\mathrm{RMS}}=\left(\dfrac{1}{T}\displaystyle\int_0^T\left|e_t\right|^2\mathrm{d}t\right)^{1/2}$，被影响轴定位误差的均方根值(Root Mean Square, RMS)，其中，e_t 是定位误差，T 是轨迹的运行时长。

(2) $e_{\max}=\max\limits_t\{|e_t|\}$，被影响轴定位误差在运行时长内的绝对值最大值。

表 6.1　定位误差性能指标

		参考轨迹 1		参考轨迹 2	
		标定前	标定后	标定前	标定后
实验 1	e_{RMS}(μm)	23.95	**7.864**	51.8	**10.97**
	$e_{\max}$(μm)	203.7	**55.42**	112.5	**35.93**

续表

		参考轨迹 1		参考轨迹 2	
		标定前	标定后	标定前	标定后
实验 2	$e_{RMS}(\times10^{-4}rad)$	5.654	**2.062**	10.84	**2.477**
	$e_{max}(\times10^{-4}rad)$	42.59	**8.303**	30.25	**8.114**
实验 3	$e_{RMS}(\times10^{-4}rad)$	4.943	**0.970**	9.181	**1.233**
	$e_{max}(\times10^{-4}rad)$	33.49	**4.162**	19.13	**4.523**

6.4.2　磁心标定实验

根据推论 6.2，磁浮平面电机的平动出力只会受磁心偏移的影响，不会受质心偏移影响，因此，在验证磁心标定方法的实验 1 中，将平动轴 y 轴和 z 轴分别作为运动轴和被影响轴。图 6.9 展示的是实验 1 的结果，其中，图 6.9(a)和图 6.9(c)分别展示的是标定前 y 轴运行参考轨迹 1 和 2 时 z 轴的定位误差，图 6.9(b)和图 6.9(d)分别展示的是标定后 y 轴运行参考轨迹 1 和 2 时 z 轴的定位误差，图 6.9(e)展示的是标定前后悬浮状态下控制器 x 轴出力的对比，图 6.9(f)展示的是标定前后悬浮状态下控制器 y 轴出力的对比。

从图 6.9(e)和图 6.9(f)可以看出，标定前由于磁心 x 和 y 方向存在偏差，控制器 x 和 y 轴出力均存在一个非零直流分量，与此对应的是图 6.9(a)和图 6.9(c)中 z 轴在 y 轴运行参考轨迹的情况下出现较大的定位误差，说明此时 y 轴对 z 轴的影响较为严重，存在明显的耦合效应。当采用本章的标定方法，以控制器 x 和 y 轴出力为依据对磁心进行标定之后，控制器 x 和 y 轴出力的非零直流分量均消失，与此对应的是图 6.9(b)和图 6.9(d)中 z 轴的定位误差大幅度减小，与 y 轴不运动时的定位误差较为接近，说明此时 y 轴对 z 轴的影响被有效消除。实验 1 结果中非零直流分量和多轴耦合效应的对应，与上文通过理论分析得到的推论 6.3 一致，由此说明了推论 6.3 的正确性；标定后 z 轴定位误差的大幅度减小说明多轴耦合效应被有效消除，由此也说明了本章给出的基于悬浮出力的标定方法的有效性。标定前后 z 轴定位误差的性能指标见表 6.1。

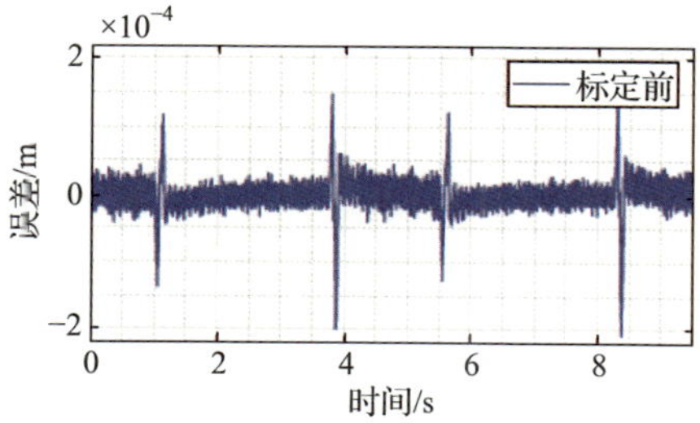

(a) 标定前y轴运行轨迹1时z轴误差

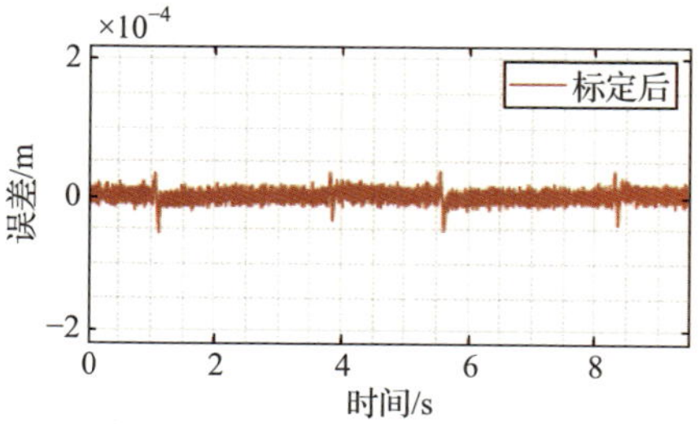

(b) 标定后y轴运行轨迹1时z轴误差

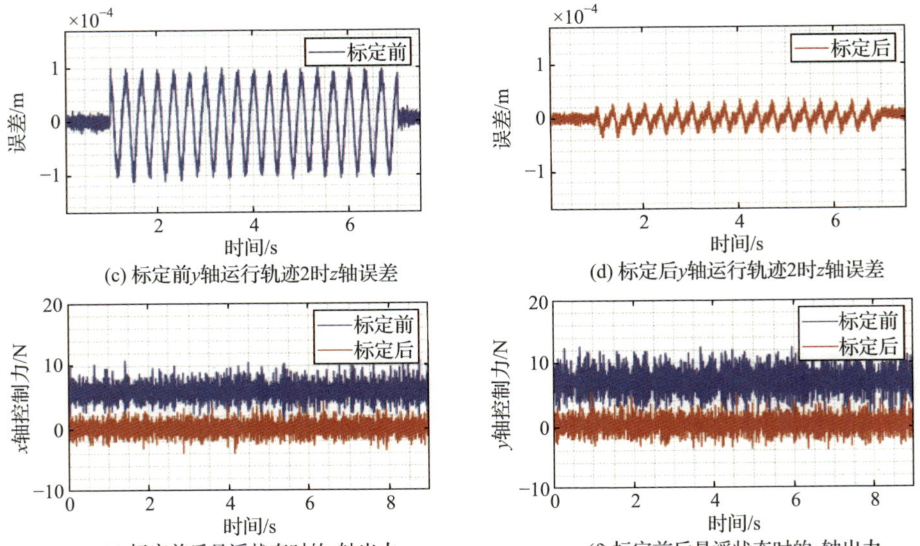

(c) 标定前y轴运行轨迹2时z轴误差　(d) 标定后y轴运行轨迹2时z轴误差

(e) 标定前后悬浮状态时的x轴出力　(f) 标定前后悬浮状态时的y轴出力

图 6.9　实验 1：磁心标定的实验验证结果

完成磁心 x 和 y 方向的标定之后，进一步对磁心的 z 方向进行标定，磁心 z 方向存在不同偏移量时的控制器 z 方向出力如图 6.10 所示。从图中可以看出，随着磁心 z 方向偏移从负到正，控制器 z 方向的出力逐渐增大，该实验现象与推论 6.4 中的结论一致,即磁心 z 方向偏移的影响可以被近似成对控制器出力的放缩。对动子的质量进行测量可以得到动子所受重力约 66.98N，进一步通过调整磁心的 z 方向位置，使控制器出力与动子所受重力相同，即完成磁心 z 方向的标定。图 6.10 展示的实验结果与推论 6.4 一致，说明了相关理论分析的准确性。

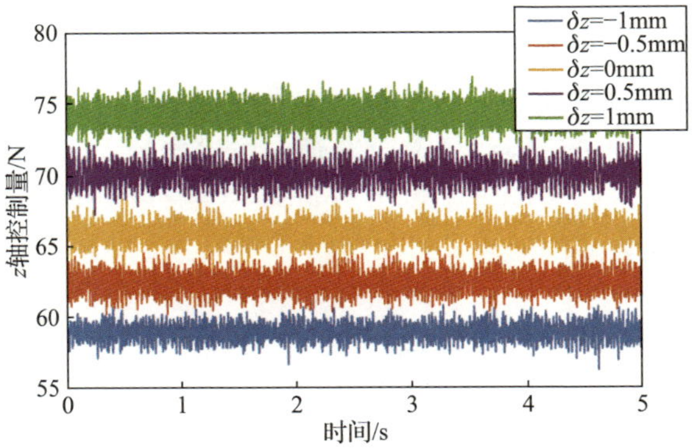

图 6.10　磁心 z 方向不同偏移量下的 z 方向控制量

6.4.3　质心标定实验

根据推论 6.2，质心偏移会影响磁浮平面电机的转矩出力，因此，在验证质心

x 方向标定效果的实验 2 中，将 y 轴和 θ_z 轴分别作为运动轴和被影响轴，在验证质心 y 方向标定效果的实验 3 中，将 x 轴和 θ_z 轴分别作为运动轴和被影响轴。

图 6.11 展示的是实验 2 的结果，其中，图 6.11(a)和图 6.11(c)分别展示的是标定前 y 轴运行参考轨迹 1 和 2 时 θ_z 轴的定位误差，图 6.11(b)和图 6.11(d)分别展示的是标定后 y 轴运行参考轨迹 1 和 2 时 θ_z 轴的定位误差，图 6.11(e)展示的是标定前后悬浮状态下控制器 θ_y 轴出力的对比。

从图 6.11(e)可以看出，标定前由于质心 x 方向存在偏差，控制器 θ_y 轴出力存在一个非零直流分量，与此对应的是图 6.11(a)和图 6.11(c)中 θ_z 轴在 y 轴运行参考轨迹的情况下出现了较大的定位误差，说明 y 轴的运动会对 θ_z 轴产生较大影响。当采用本章标定方法，以控制器 θ_y 轴出力为依据对质心 x 方向进行标定之后，控制器 θ_y 轴出力的非零直流分量消失，与此对应的是图 6.11(b)和图 6.11(d)中 θ_z 轴的定位误差大幅度减小，说明此时 y 轴对 θ_z 轴的耦合影响得到有效消除。

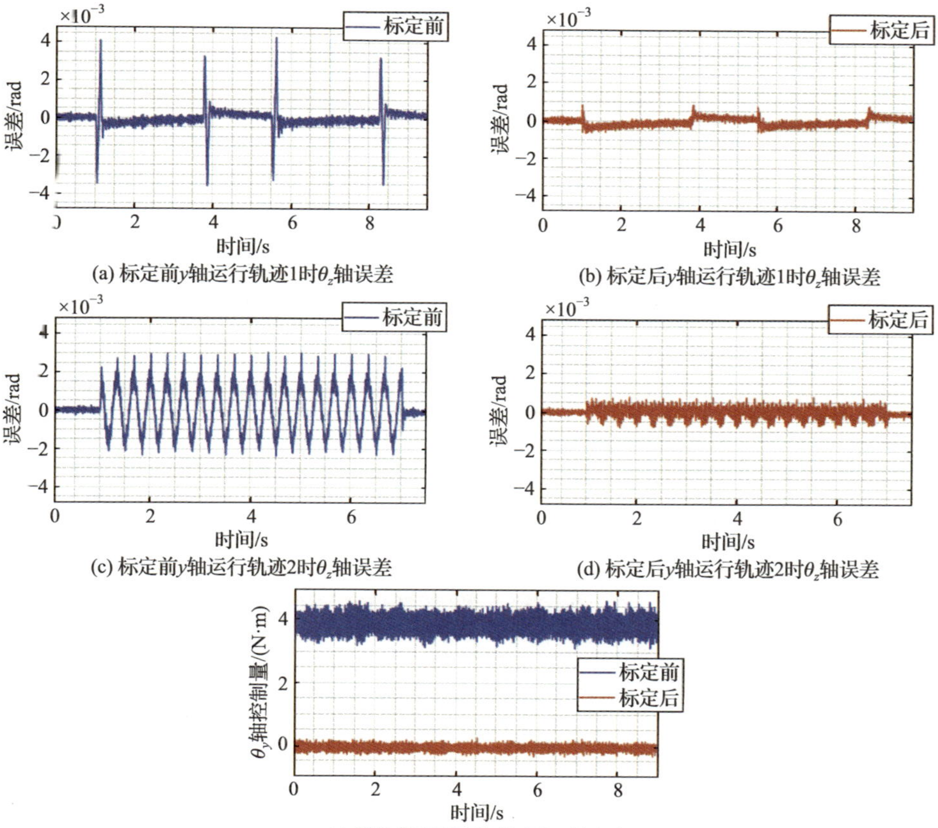

(a) 标定前y轴运行轨迹1时θ_z轴误差　(b) 标定后y轴运行轨迹1时θ_z轴误差

(c) 标定前y轴运行轨迹2时θ_z轴误差　(d) 标定后y轴运行轨迹2时θ_z轴误差

(e) 标定前后悬浮状态时的θ_y轴出力

图 6.11　实验 2：质心 x 方向标定的实验验证结果

实验 2 结果和推论 6.5 一致，由此说明了推论 6.5 的正确性；标定后 θ_z 轴定位误差的大幅度减小，说明多轴耦合效应被有效消除，由此也说明了本章所提的基于悬浮出力的标定方法的有效性。标定前后的 θ_z 轴定位误差的性能指标见表 6.1。

实验 3 中对质心 y 方向的标定结果如图 6.12 所示，其中，图 6.12(a)和图 6.12(c)分别展示的是标定前 x 轴运行参考轨迹 1 和 2 时 θ_z 轴的定位误差，图 6.12(b)和图 6.12(d)分别展示的是标定后 x 轴运行参考轨迹 1 和 2 时 θ_z 轴的定位误差，图 6.12(e)展示的是标定前后悬浮状态下控制器 θ_x 轴出力的对比。最终结论与质心 x 方向的结果类似。实验 3 中悬浮定位时控制器在 θ_x 方向的非零直流分量说明质心在 y 方向存在偏差，由此导致 x 轴对 θ_z 轴的影响，这个耦合效应也通过 x 轴运行轨迹时 θ_z 的定位误差得到体现，这个实验现象与推论 6.5 的结论一致。以控制器在 θ_x 方向的出力作为依据进行标定之后，x 轴对 θ_z 轴的影响得到消除，由此说

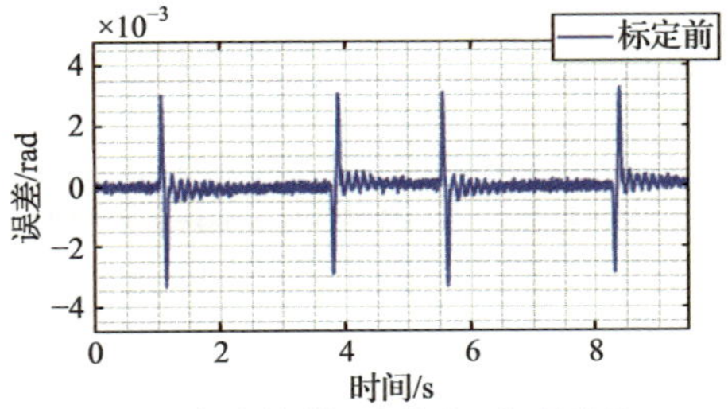

(a) 标定前x轴运行轨迹1时θ_z轴误差

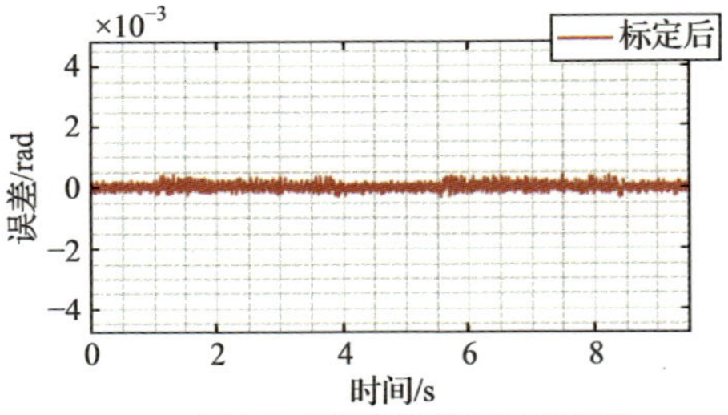

(b) 标定后x轴运行轨迹1时θ_z轴误差

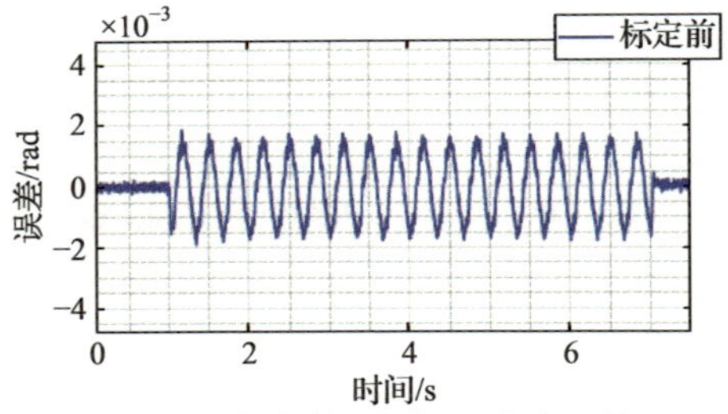

(c) 标定前x轴运行轨迹2时θ_z轴误差

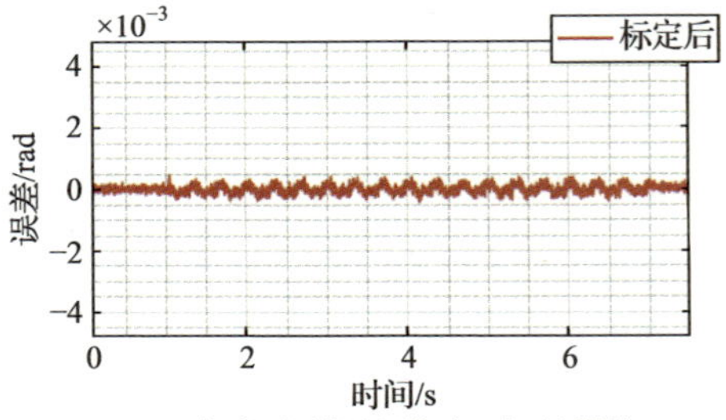

(d) 标定后x轴运行轨迹2时θ_z轴误差

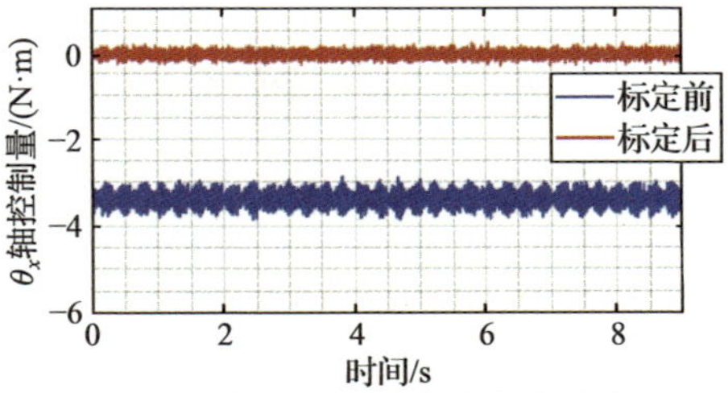

(e) 标定前后悬浮状态时的θ_x轴出力

图 6.12　实验 3：质心 y 方向标定的实验验证结果

明了本章所提的基于悬浮出力的标定方法的有效性。标定前后的 θ_z 轴定位误差的性能指标见表 6.1。

本章对无铁芯永磁磁浮平面电机的多轴耦合效应机理进行研究，并给出了基于悬浮出力的多轴耦合效应标定方法。本章基于推力模型和电流分配方法，针对磁心和质心偏移这两个因素对多轴耦合效应的影响进行分析，从理论上证明了动子悬浮时控制器的出力和这两个因素导致的多轴耦合效应存在对应关系，给出了基于悬浮出力的标定解耦方法，对基于最小二乘的电流分配方法进行修正以实现耦合效应的消除。本章揭示了平面电机多自由度耦合模型的误差机理，并提供了解耦控制方法以供读者参考。

参 考 文 献

[1] Jiang Y, Zhu Y, Yang K, et al. A data-driven iterative decoupling feedforward control strategy with application to an ultraprecision motion stage[J]. IEEE Transactions on Industrial Electronics, 2014, 62(1): 620-627.

[2] Compter J C. Electro-dynamic planar motor[J]. Precision Engineering, 2004, 28(2): 171-180.

[3] 戴渌爻. 超精密运动控制系统动态误差产生机理及控制方法研究[D]. 北京：清华大学，2021.

第 7 章　大行程可旋转模块化磁浮平面电机

7.1　引　言

在现代工业自动化和精密制造领域,对大行程和可旋转运动的需求日益增长。本章将深入探讨一种创新的解决方案——大行程可旋转模块化磁浮平面电机。这种电机以其独特的设计，能够实现在二维平面内的大范围平动和绕垂直轴的旋转运动，为精密定位和物料搬运提供新的可能性。本章首先介绍模块化磁浮平面电机的基本概念和设计要求，然后详细阐述其结构设计、性能测试和应用案例。通过这些内容，读者将了解到如何通过模块化设计来扩展电机的行程，提高其在工业自动化中的实用性和灵活性。

7.2　模块化磁浮平面电机基础

模块化大角度旋转平面电机旨在为集成电路制造领域的平面运动台提供一种新型驱动方案，针对多样化、多规格的用户需求，设计出满足要求的平面电机，追求更好的驱动性能，同时降低平面电机设计、制造的难度与成本。模块化大角度旋转平面电机与传统平面电机的区别在于，前者的基本组成为模块，后者的基本组成为零件。因此，进行电机结构设计时，前者的设计对象为模块，利用设计得出的模块构建满足任意需求的模块化平面电机；而后者的设计对象为零件，利用设计得出的零件装配形成单个平面电机。对于模块化大角度旋转平面电机，模块的构型是电机功能与性能的重要保障，其设计结果直接影响模块化大角度旋转平面电机能否满足多样化、多规格的用户需求。

模块化大角度旋转平面电机能够实现沿 x 轴、y 轴的大行程平动，以及绕 z 轴的大角度旋转。根据文献调研可知，采用二维磁钢阵列和圆形线圈的“动磁式”平面电机是实现上述运动的首选平面电机拓扑构型，因此，模块化大角度旋转平面电机构型方案也以此种平面电机为基础进行设计。

模块化大角度旋转平面电机由定子和动子两部分组成，如图 7.1 所示，动子为磁钢阵列，由多个磁钢模块组成，磁钢阵列直接安装到用户负载上；定子为线圈阵列，由线圈模块组成，线圈模块中集成了水冷结构、电气连接装置等。动子与定子之间为气隙，通过通电线圈在磁场中产生的电磁力驱动动子悬浮，并实现沿 x 轴、y 轴的大行程平动与绕 z 轴的大角度转动。

磁钢模块和线圈模块为模块化平面电机的基本组成单元，磁钢模块由一到多块磁钢及相应的模块安装背板构成，可实现大尺寸阵列的快速、安全和高精度装配；线圈模块由一到多个具备过热监测功能的线圈组成，可根据需求增加标准冷却装置和电流切换装置，单元之间带有标准电气和机械接口，便于快速组装。

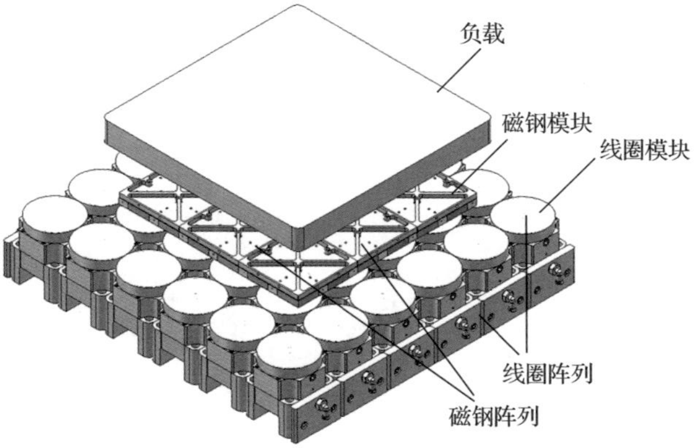

图 7.1　模块化大角度旋转平面电机结构

模块化大角度旋转平面电机通过模块化的结构，具备满足不同用户需求的能力。针对不同的驱动能力需求，模块化平面电机可通过模块尺寸缩放实现不同尺寸的磁钢阵列和线圈阵列，实现电机驱动能力的变化；或者在模块尺寸保持不变的前提下增加磁钢阵列中的磁钢模块数量，进而增加通电线圈数量，形成不同规格的平面电机。模块化大角度旋转平面电机的两种驱动能力扩展方式参见图 7.2。当面向不同的行程需求时，可以通过模块尺寸缩放或模块数量增减两种方式满足需求，但是通过模块尺寸缩放实现不同行程时，效率较低，且针对大行程运动需求时，会导致模块尺寸较大，增加电机加工制造的难度；而通过模块数量增减实现不同行程时，可以使用相同尺寸的线圈模块，扩展难度较小。因此，本章只采用线圈模块数量增减的方式实现不同的运动行程，如图 7.3 所示。

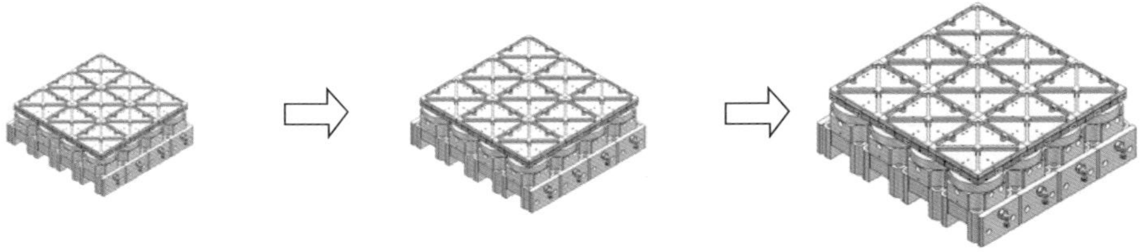

(a) 模块尺寸缩放

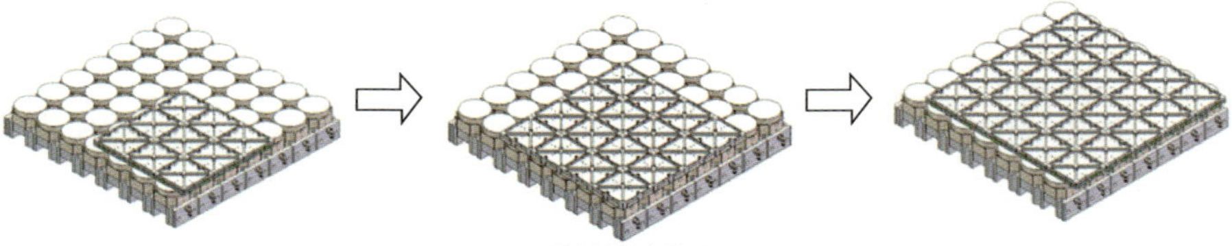

(b) 模块数量增减

图 7.2　模块化大角度旋转平面电机驱动能力扩展方式

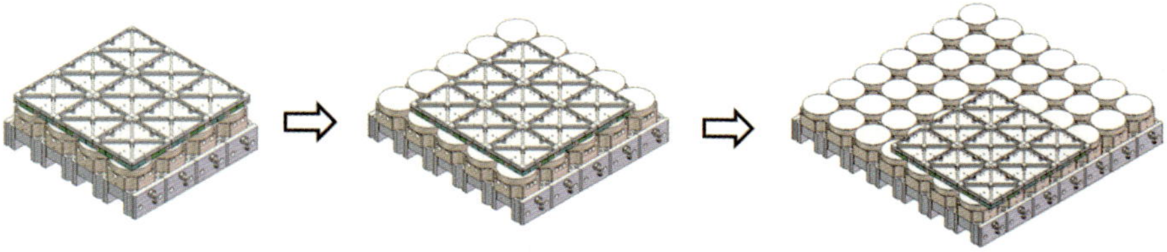

图 7.3　模块化大角度旋转平面电机行程扩展方式

7.3　平面电机样机设计

7.3.1　平面电机构型优化设计

首先进行磁浮平面电机的构型设计，本节采用统一推力模型对构型进行优化，旨在快速、科学地提供一种最适合大行程可旋转磁浮平面电机的构型。统一推力模型为磁浮平面电机的推力呈现了一种统一的形式，为构型优化提供了更多可能性。在此基础上，可基于统一模型开展构型优化，以筛选出最适合大行程可旋转磁浮模块化电机的构型。其中，磁钢构型采用公认的 Halbach 磁钢阵列，本节对线圈的构型进行优化。

基于统一推力模型和 2.5.2 节介绍的闭环线圈建模，可以对任意形状的线圈进行参数化建模，如图 7.4 所示。图中圆角多边形由一个红色的中线 5 边形(每个顶点 v_i 由所在位置的极坐标表示)，线圈宽度 cb 和圆角半径 r 共 12 个参数确定。与此类似，圆角 n 边形需要 $2n+2$ 个参数。圆角多边形的参数化过程即多边形的生成过程。为了更清楚地展示这一过程，图 7.5 给出两边夹一角的典型结构的生成流程。首先将中线多边形的顶点从极坐标轴开始沿逆时针方向编号，相邻两顶点连线按照由小编号指向大编号的方向生成，如图 7.5(a)所示的中线矢量 $\vec{\beta}_i$ 和 $\vec{\beta}_{i+1}$，相邻中线矢量的夹角 α_i 可以按式(7-1)进行计算：

$$\alpha_i = \arctan\left(\frac{\vec{\beta}_{i+1} \cdot \hat{y}}{\vec{\beta}_{i+1} \cdot \hat{x}}\right) - \arctan\left(\frac{\vec{\beta}_i \cdot \hat{y}}{\vec{\beta}_i \cdot \hat{x}}\right) \tag{7-1}$$

其中，$\hat{x}, \hat{y}$ 表示坐标轴的单位矢量，另外，还需要做一些数值上的调整，使得凸顶点对应的夹角为正，凹顶点对应的夹角为负。

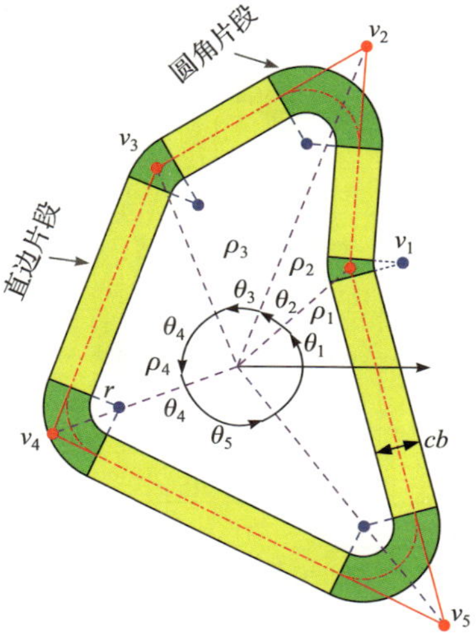

图 7.4　圆角多边形线圈的参数化

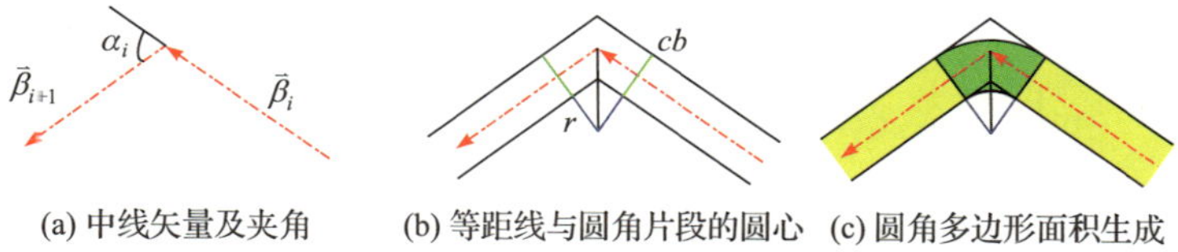

图 7.5　由中线多边形生成圆角多边形面积

接着沿与中线矢量正交的方向在中线两侧做 $cb/2$ 的等距线，形成图 7.5(b)所示的封闭面积，并在顶点锐角一侧的角平分线上寻找与前述等距线距离为 r 的点，作为圆角片段顶点。最后以 r 和 $r+cb$ 为半径，生成与两组等距线相切的圆弧形成圆角片段。对于凸多边形的凸顶点，圆角片段的圆心在多边形内，对于凹多边形的凹顶点，圆角片段的圆心在多边形形外。

需要说明的是，上述参数化过程有一个约束条件——圆角片段的半径相等，这样做主要是为了与下文的优化研究相一致，减少变量个数有助于提高优化效率。而本节的参数化过程并不对各个圆角片段的半径有任何约束，在实际建模过程中，各个圆角片段的半径是否相等也不会影响数值计算流程。

有了这种高效的建模方法，在开展优化相关的研究时，就可以彻底摒弃穷举法的旧思路。本节将采用参数化的圆角多边形近似建模方法，针对大行程可旋转磁浮平面电机应用(x-y-θ_z 三自由度大范围运动)进行优化设计，如图 7.6 所示。

由于涉及 θz 的旋转，需要评估线圈在各个转角下的性能，现有方法缺乏解析形式的旋转分析，本节采用在多个角度遍历的方法进行近似评估，优化目标为

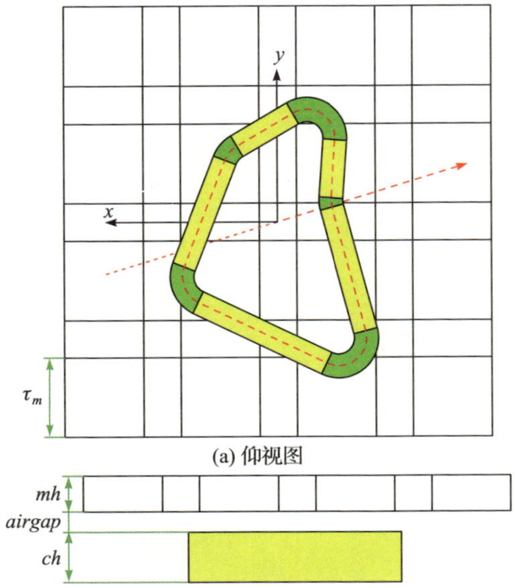

(a) 仰视图

(b) 侧视图

图 7.6　圆角多边形近似建模方法仿真验证

$$\min_{(\theta,\rho,r)} J(\theta,\rho,cb,r) = \min_{(\theta,\rho,cb,r)} \max_{\alpha} \frac{S(\theta,\rho,cb,r,\alpha)}{F_{xy\_\max}(\theta,\rho,cb,r,\alpha)^2} \tag{7-2}$$

为了考察旋转过程中目标函数的变化情况，需要遍历在 360°范围内图 7.7(a)所示的 32 个不同转角的情况，并通过比较得到最大值。考虑到目标函数具有如下的周期特性：

$$\frac{S(\theta,\rho,cb,r,\alpha)}{F_{xy\_\max}(\theta,\rho,cb,r,\alpha)^2} = \frac{S(\theta,\rho,cb,r,\alpha+\pi/2)}{F_{xy\_\max}(\theta,\rho,cb,r,\alpha+\pi/2)^2} \tag{7-3}$$

上述遍历工作得以简化到图 7.7(b)所示的 90°范围内的 8 个转角位置。

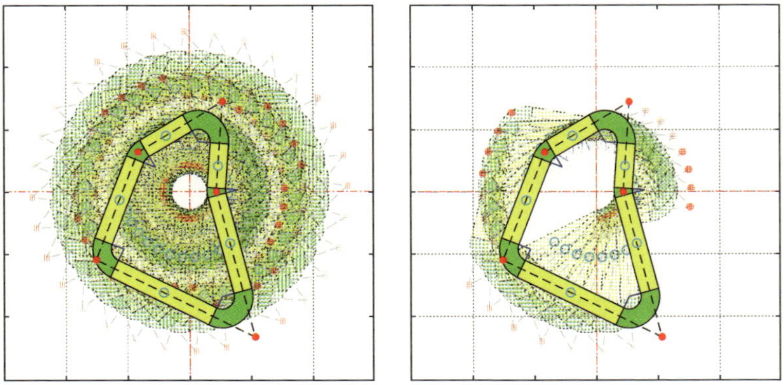

(a) 原始遍历范围　　(b) 实际遍历范围

图 7.7　x-y-θ_z 大范围运动需求下的优化

本节也采用粒子群算法和序列二次规划算法组合的优化方法。考虑到本节优化问题需遍历 8 个转角，计算量较大，故选择 3、4、5、6、7、8 边形这 6 种情况进行优化。6 种情况下得到的最优结果如图 7.8 所示，6 种情况的最优解都收敛到比较相似的圆形线圈，据此可以推测该形状就是当前目标函数下的最优形状。

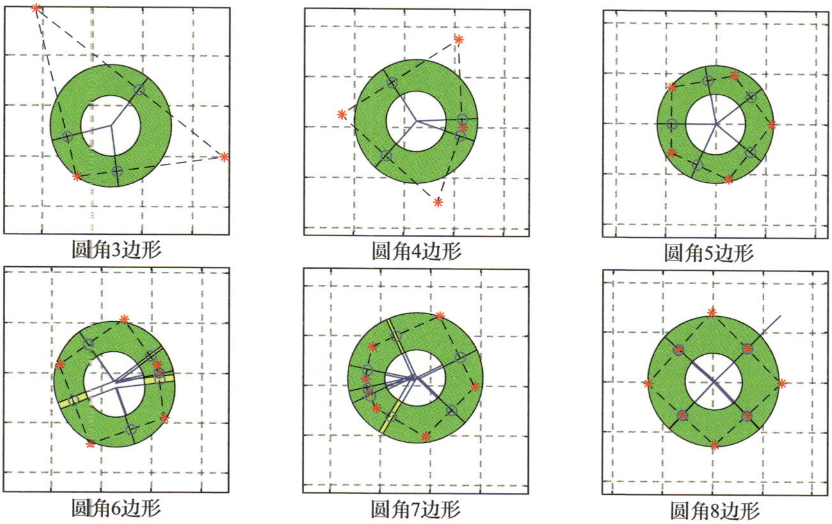

图 7.8　x-y-θ_z 大范围运动需求下的优化结果

由于最优形状中不存在直边片段，为了验证优化过程的正确性，图 7.9 给出了针对 8 边形的优化迭代中间结果。从图中可以清楚地看到，直边片段在优化过程中逐渐消失。

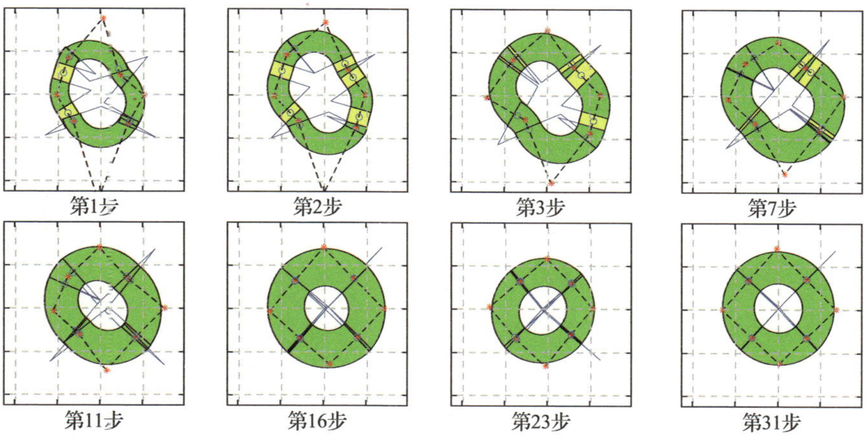

图 7.9　迭代收敛过程：8 边形

因此，基于参数优化结果，确定本章的大行程可旋转磁浮平面电机设计的最优构型是，动子为 Halbach 磁钢阵列，定子为圆形线圈阵列。

7.3.2　平面电机参数优化设计

针对优化得到的构型，本章分别通过模块单元优化和整体优化，对模块尺寸参数和线圈模块中心距进行优化，待优化的模块参数及其取值范围见表 7.1。首先以单个线圈模块和单个磁钢模块组成的部分平面电机为优化对象，对表 7.1 中前 5 个参数进行模块单元优化，然后以多个模块组成的平面电机为对象，优化线圈模块中心距。

表 7.1　待优化模块参数

序号	参数名称	取值范围	单位	优化方式
①	大磁钢宽度，τ_m	$(0, \tau)$	m	模块单元优化
②	磁钢高度，h_m	$(0, \infty)$	m	
③	线圈内径，D_{i}	$(0, D_{\mathrm{o}})$	m	
④	线圈外径，D_{o}	$(0, 2\tau)$	m	
⑤	线圈高度，h_c	$(0, \infty)$	m	
⑥	线圈模块中心距，l_v	$(0, \infty)$	m	整体优化

模块作为模块化大角度旋转平面电机的基本组成单元，其尺寸会直接影响电机性能。首先以单个磁钢模块和线圈模块组成的平面电机为对象，优化模块尺寸参数。根据模块结构特点，磁钢模块长度和宽度均为 2τ，而线圈模块整体尺寸未定。因此，优化时忽略磁钢模块的边缘效应，假定磁场在线圈模块上方呈周期性分布。具体优化目标函数为

$$S = \frac{F_{z\text{-}peak}^2}{\left(m_m i\right)^2 R_\Omega} \tag{7-4}$$

其中，$F_{z\text{-}peak}$ 为线圈模块在磁钢模块中 z 向出力峰值，其值可以通过统一推力模型计算得出；i 为线圈电流；R_Ω 为线圈电阻；m_m 为磁钢模块质量和负载质量的和，负载质量假设为磁钢模块质量的 k 倍。

$$\begin{aligned} m_m &= m_{\text{magnet}} + m_{\text{load}} \\ &= 2\tau \times 2\tau \times h_m \times \rho_m + 2\tau \times 2\tau \times h_b \times \rho_b \\ &\quad + k\left(2\tau \times 2\tau \times h_m \times \rho_m + 2\tau \times 2\tau \times h_b \times \rho_b\right) \end{aligned} \tag{7-5}$$

其中，ρ_m 和 ρ_b 分别为磁钢和模块安装背板的密度，h_b 为安装背板高度，取值为 0.1τ，模块安装背板采用铝合金材料。

对式(7-5)进行化简可得

$$S = Cf\left(\tau_m / \tau\right) f\left(h_m / \tau\right) f\left(h_c / \tau\right) f\left(\tau, R, b_c\right) \tag{7-6}$$

其中，

$$C = \frac{16Br^2}{\rho\pi^2} \mathrm{e}^{\frac{-2\sqrt{2}\pi \cdot gap}{\tau}} \quad (gap \text{ 为磁钢到线圈的间隙}) \tag{7-7}$$

$$f\left(h_m / \tau\right) = \left(1 - \mathrm{e}^{\frac{\sqrt{2}h_m\pi}{\tau}}\right)^2 \mathrm{e}^{\frac{-2\sqrt{2}\pi h_m}{\tau}} / m_m^2 \tag{7-8}$$

$$f\left(\tau_m / \tau\right) = \left(\sin\left(\frac{\pi\tau_m}{2\tau}\right)\left(2\cos\left(\frac{\pi\tau_m}{2\tau}\right) + \sqrt{2}\sin\left(\frac{\pi\tau_m}{2\tau}\right)\right)\right)^2 \tag{7-9}$$

$$f\left(h_c / \tau\right) = \frac{\mathrm{e}^{\frac{-\sqrt{2}\pi h_c}{\tau}} \sinh^2\left(\frac{\pi h_c}{\sqrt{2}\tau}\right)}{h_c / \tau} \tag{7-10}$$

$$f\left(\tau, R, b_c\right) = \frac{\tau^3\left(K_{z3} + K_{z4}\right)^2}{b_c R} \tag{7-11}$$

线圈内径 D_i、外径 D_o 与线圈中径 R、单边宽 b_c 可通过以下公式计算：

$$D_\mathrm{o} = 2R + b_c \tag{7-12}$$

$$D_\mathrm{i} = 2R - b_c \tag{7-13}$$

由上述分析可知，目标函数可以化简成多个函数的乘积，每个函数相互独立，因此，可对上述 6 个参数分别进行单独优化。函数 f_{hm}、$f_{\tau m}$ 随 h_m/τ 和 τ_m/τ 的变化如图 7.10 所示，目标函数均存在最大值，最大值对应的 h_m 和 τ_m 取值分别

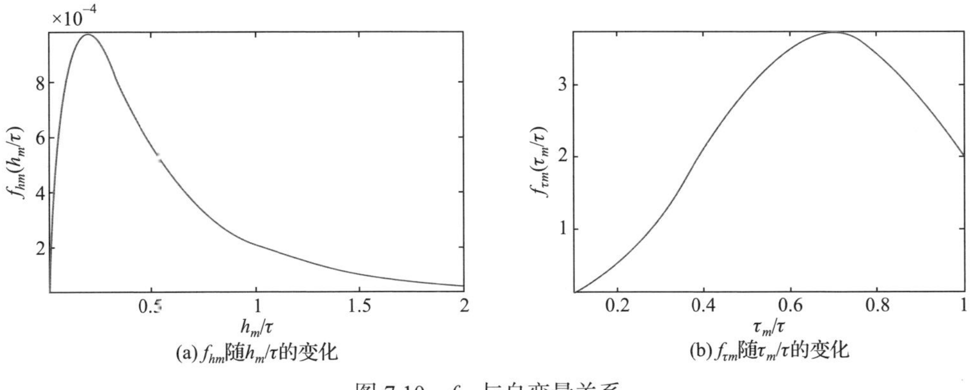

(a) f_{hm}随h_m/τ的变化　　(b) $f_{\tau m}$随τ_m/τ的变化

图 7.10　f_{hm} 与自变量关系

为 0.19τ 和 0.696τ。其余函数随自变量的变化趋势与函数 f_{hm}、$f_{\tau m}$ 类似，由此得出 h_c、D_o 和 D_i 的优化结果分别为 0.28τ、0.21τ 和 1.48τ。

线圈阵列由多个线圈模块紧密排列组成。由于线圈模块的线圈上装有不锈钢散热罩，不锈钢罩侧面厚度越大，对线圈温升的降低效果越明显。但是，不锈钢罩侧面厚度增加会同步增大线圈模块中心距，导致磁钢阵列下方的线圈模块数量减少，同时影响线圈模块在磁钢阵列中的相位关系，进而影响电机功耗。因此，为综合考虑线圈模块中心距对散热结构和电机功耗的影响，本章以一定加速度下电机连续功耗最小为目标，对线圈模块中心距进行优化，目标函数表示为：

$$f = \min_{F_x=F_y=F_z=mg} P_{\text{loss}} = \min i^2 R_{\Omega} \tag{7-14}$$

电机连续功耗随线圈模块中心距的变化趋势如图 7.11 所示，可以看出，随着线圈模块中心距增加，电机连续功耗先是逐渐减小，然后缓慢变大。因此，线圈模块中心距存在最优取值。由于电机连续功耗取值与电机位置相关，在计算时采用位置遍历的方式进行求解。对于不同的磁钢模块极距值，I_v 最优值在 1.57τ～1.58τ，故取 I_v 的最优值为 1.58τ。

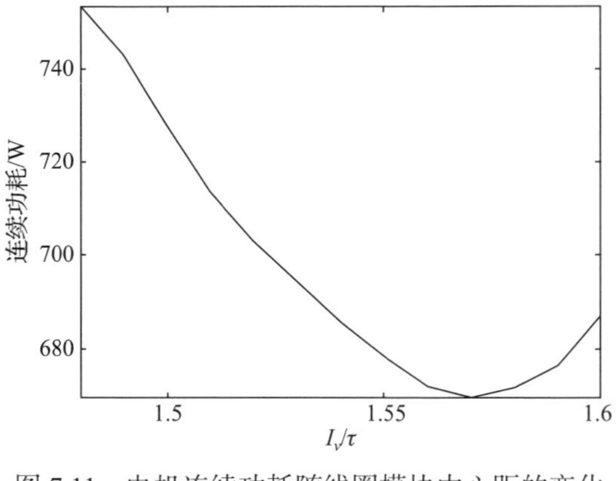

图 7.11　电机连续功耗随线圈模块中心距的变化

综上，得出模块化大角度旋转平面电机参数优化结果，见表 7.2。由表 7.2 可知，电机模块的关键参数与磁钢阵列极距 τ 呈比例关系，当磁钢阵列极距取值确定后，即可根据该比例关系得出其余参数取值。因此，可用极距表征磁钢模块和线圈模块的关键尺寸，后续内容中用模块极距表示模块尺寸。

表 7.2　参数优化结果

序号	参数名称	优化结果	单位
①	大磁钢宽度，τ_m	0.696τ	m

续表

序号	参数名称	优化结果	单位
②	磁钢高度，h_m	0.19τ	m
③	线圈内径，D_i	0.21τ	m
④	线圈外径，D_o	1.48τ	m
⑤	线圈高度，h_c	0.28τ	m
⑥	线圈模块中心距，I_v	1.58τ	m

因此，基于平面电机的载荷设计目标、样机的相关设计指标及已有设备参数，结合构型与参数优化结果，确立最终尺寸见表 7.3。最终根据需求，确定线圈数目为 5×5，共 25 个，Halbach 磁钢阵列数目包含 8×8 共 64 个线圈。

表 7.3　现有磁钢和线圈尺寸参数

参数名称	取值
极距，τ	37.5mm
大磁钢宽度，τ_m	26.1mm
磁钢高度，h_m	7.2mm
线圈外径，D_o	60mm
线圈内径，D_i	10mm
线圈高度，h_c	16.5mm
线圈模块中心距，I_v	61mm
线圈匝数	642 匝
线圈电阻	2.6 Ω

7.3.3　平面电机整机结构设计

模块化发展为集成化设计带来了挑战，本节基于优化结果，提出一种可行的设计方案。根据模块化大角度旋转平面电机构型设计原则，线圈模块应能实现通用与互换，并可以快速装配形成线圈阵列，这就要求线圈模块具有标准的安装接口。线圈模块包含线圈、水冷结构和温度检测传感器等组件，因此，需要设计定位与紧固接口、电气接口与冷却水道接口。基于上述要求，设计的线圈模块构型如图 7.12(a)所示，由圆形线圈、热敏电阻、不锈钢罩、水冷底座、定位销、电气接插件、水冷接口和定位基座(线缆连接座)等组成。热敏电阻安装在线圈底面，用于监控线圈温升。线圈模块装配时，依靠 2 个定位销和水冷底板下表面实现六自由度定位。电气接插件用于实现线圈驱动与热敏电阻信号传输，每个线圈由 1 个驱动器单独供电。不锈钢罩、水冷底板和水冷接口等组成线圈模块的散热系统，冷却水从线圈下方流过。与传统散热结构相比，线圈模块散热结构与线圈为集成式设计，具有标准接口，便于扩展。利用标准水冷接口和水冷底板中的水道，可将不同模块间的冷却水串联连通，冷却水流通路径如图 7.12(b)所示。

在线圈模块中，水冷底座、线圈、不锈钢罩与热敏电阻等组成线圈模块上部，其余组件为线圈模块下部。由于下部是上部的定位与装配基准，因此，在利用线圈模块装配形成线圈阵列时，需先将线圈模块下部形成阵列，再在其上安装线圈模块上部，如图 7.13 所示，从而实现线圈阵列的快速、高效装配。

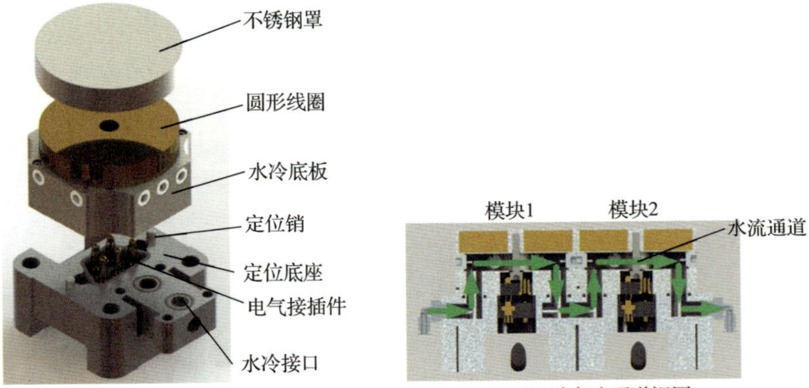

(a) 爆炸视图　　(b) 冷却水通道视图

图 7.12　线圈模块结构

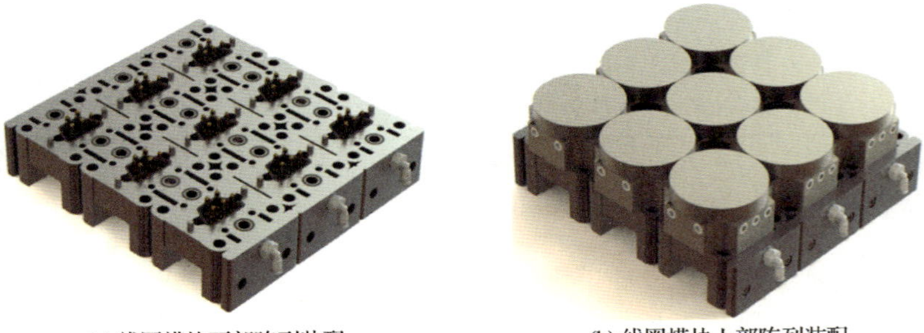

(a) 线圈模块下部阵列装配　　(b) 线圈模块上部阵列装配

图 7.13　线圈阵列装配

因此，基于上述参数设计与结构设计结果，搭建电机样机，电机磁钢阵列中包含 16 个磁钢模块，通过螺钉固定至阵列背板，如图 7.14(c)所示。线圈阵列中包含 25 个线圈模块，安装在钛合金底座上，如图 7.14(d)所示。

基于该平面电机样机，设计平面运动台，重点设计测量系统和整机结构。设计指标要求实现大行程平动和绕 z 轴的 360°旋转运动，但当前缺少能够直接实现

(a) 磁钢模块

(b) 线圈模块上部

(c) 磁钢阵列

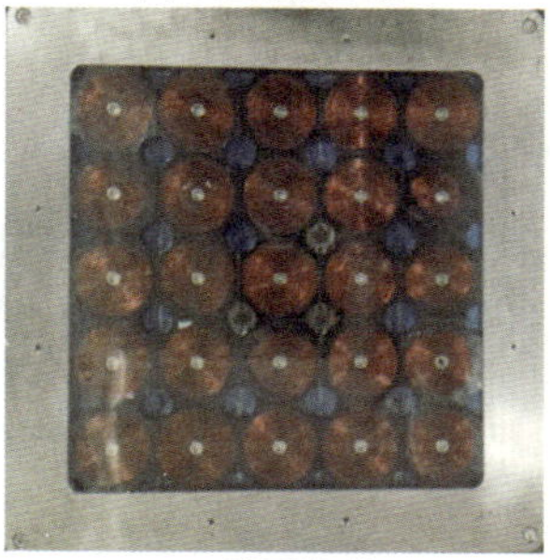

(d) 线圈阵列

图 7.14　线圈阵列装配

大角度测量的传感器，因此采用图 7.15 所示的测量系统，实现所需的大行程平动和大角度旋转运动测量。该测量系统包含 3 个激光三角传感器、3 个电涡流传感器和 1 个旋转编码器。

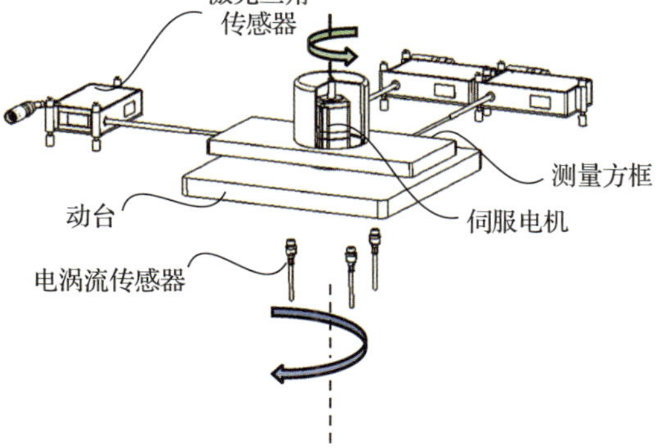

图 7.15　平面电机六自由度测量系统

电涡流传感器安装在线圈模块间隙，实现电机动子 z 向、θ_x 和 θ_y 三个自由度测量，可用下式表示：

$$p_z = \frac{e_1 + e_2 + e_3}{3} \tag{7-15}$$

$$\theta_x = \arctan\frac{e_1 - e_2}{l_e} \tag{7-16}$$

$$\theta_y = \arctan\frac{e_3 - e_2}{l_e} \tag{7-17}$$

其中，e_1、e_2和 e_3分别为 3 个电涡流传感器读数，l_e为电涡流传感器安装间距，如图 7.16(a)所示。

3 个激光三角传感器(ILD 2200-200)布置于动子侧面，用于实现 x 向、y 向和 θz 测量，激光三角传感器测量分辨率为 3μm。为确保传感器测量精度，在动台上安装一台伺服电机(Yaskawa SGMJV-01ADA6S)，伺服电机输出轴上固连一个方形测量框。当平面电机绕 z 轴旋转运动时，位于动台上的伺服电机反向旋转，使测量方框垂直于激光三角测量光线。因此，动台绕 z 轴的实际转角可以表示为

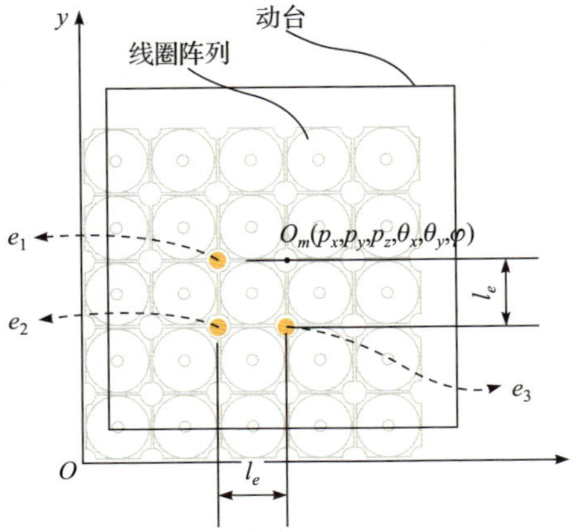

(a) 电涡流传感器方案

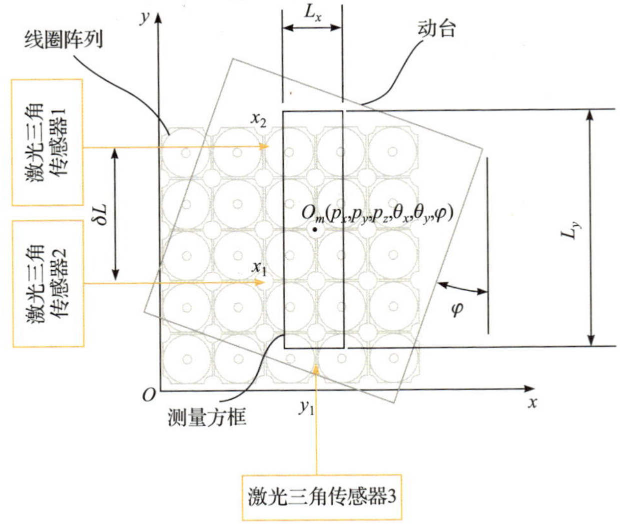

(b) 激光三角传感器方案

图 7.16　传感器布置方案

$$\varphi = \varphi_1 + \varphi_2 \tag{7-18}$$

其中，φ_1 为伺服电机旋转编码器读数，φ_2 为激光三角传感器角度解算结果。

$$\varphi_2 = \arctan\frac{x_2 - x_1}{\delta L} \tag{7-19}$$

在控制过程中，伺服电机通过转角闭环控制，使 φ_2 始终维持在零附近，该角度值可以忽略，因此，其余两个坐标值可以表示为

$$p_x = \frac{x_1 + x_2 + L_x}{2} \tag{7-20}$$

$$p_y = y_1 + \frac{L_y}{2} \tag{7-21}$$

其中，x_1、x_2 和 y_1 为激光三角在坐标系 x-o-y 下的测量结果，L_x 和 L_y 分别为测量方框的长和宽。

利用上述六自由度测量系统，可以在每个伺服周期内获取动子磁钢阵列的相对位置与转角，进而通过控制系统实现运动台的六自由度运动控制。

基于平面电机方案及六自由度测量系统，设计的运动台整体结构如图 7.17 所示，样机基座采用大理石材质，平面电机与测量系统安装在大理石基座上。

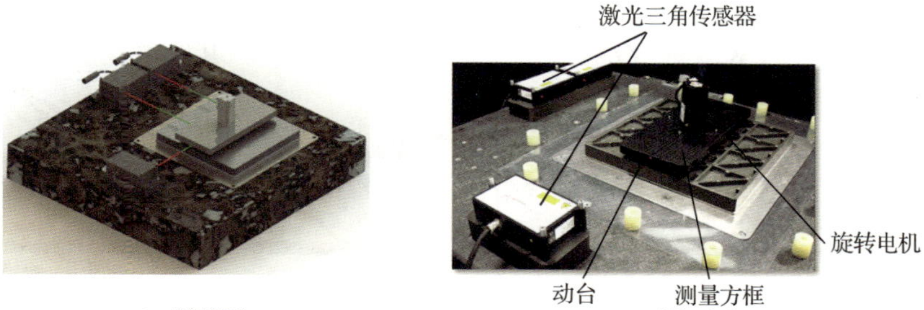

(a) 三维模型　　(b) 样机实物

图 7.17　整机结构

7.4　系统性能测试

7.4.1　大行程大角度旋转实验

基于该模块化磁浮平面电机，采用 PID 控制算法实现运动台在悬浮状态(z 向浮起高度为 0.6mm)下的大行程平动及绕 z 轴的大角度旋转控制。电机悬浮时的定位精度如图 7.18 所示，可以看出，x 轴、y 轴定位纹波约为±20μm，与传感器线性度处于同一数量级，θ_z 定位精度约为±0.015°。

在动台悬浮状态下，进行沿 x 轴、y 轴的大行程平动和绕 z 轴的大角度旋转

运动控制，控制指令和传感器反馈结果如图 7.18 所示。可以看出，运动台的平动行程约为 100mm×100mm，绕 z 轴的旋转角度达到 360°，实现了预定运动行程。由图 7.19 可知，动台进行大行程平动运动和大角度旋转运动时，存在一定运动误差。运动控制中的轨迹跟踪误差如图 7.20 所示。具体来看，运动台进行平动运动

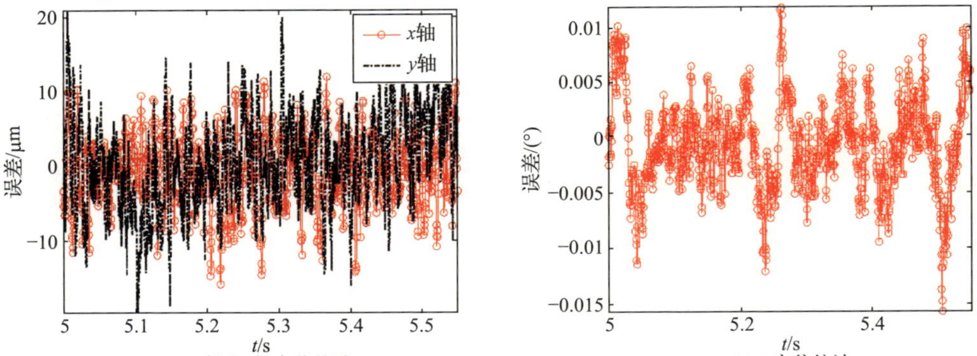

(a) x轴和y轴定位纹波　　(b) θ_z定位纹波

图 7.18　运动台定位纹波

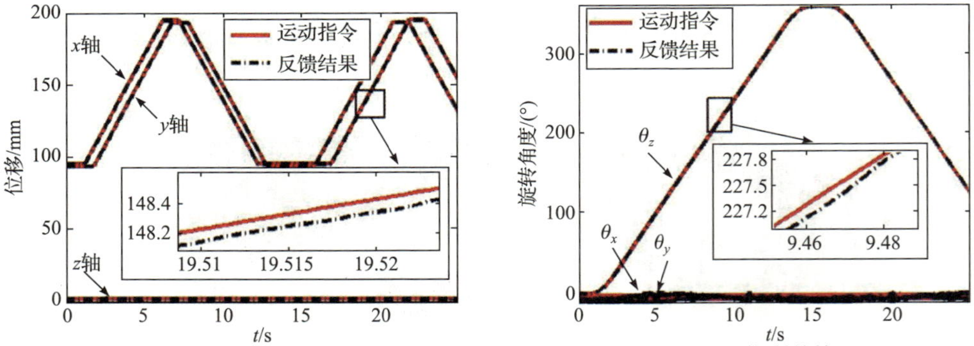

(a) 平动运动　　(b) 绕z轴旋转

图 7.19　运动轨迹指令与反馈结果

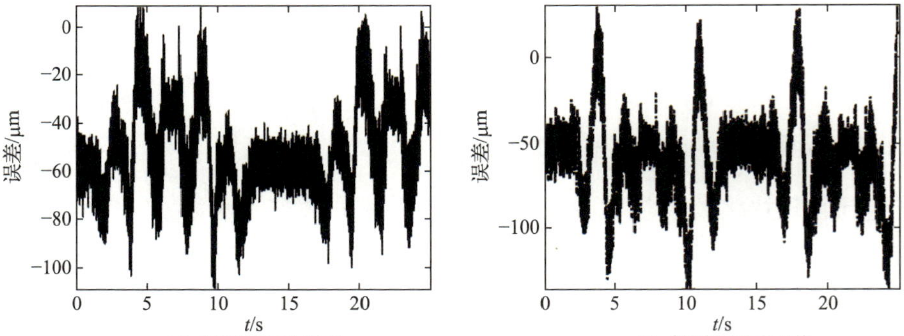

(a) x轴平动运动误差　　(b) y轴平动运动误差

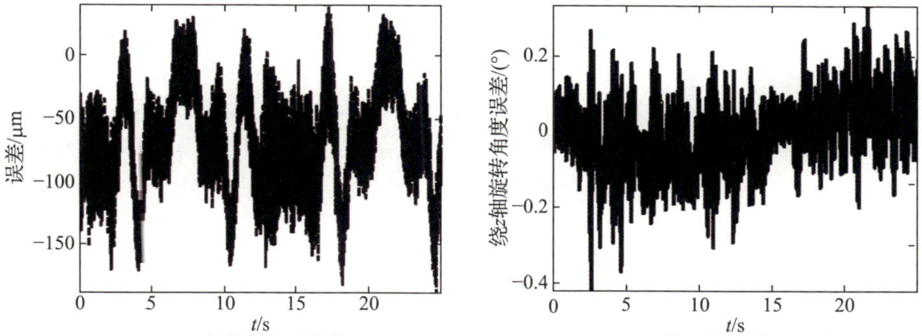

(c) z轴平动运动误差　　(d) 绕z轴旋转角度误差

图 7.20　轨迹跟踪误差

时，x 轴、y 轴和 z 轴的最大轨迹跟踪误差分别约为–100μm、–130μm 和–180μm，如图 7.20(a)～(c)所示。绕 z 轴 360°旋转的运动控制指令、反馈结果及旋转角度误差分别如图 7.19(b)和图 7.20(d)所示，θz 最大误差约为–0.4°。

7.4.2　电流分配实验

利用第 3 章介绍的扩展统一推力模型，在模块化磁浮平面电机上实现了稳定的六自由度磁浮闭环控制及 x-y-θ_z 三自由度大行程运动(x: 100mm，y: 100mm，θ_z: ± 20°)。为直观体现扩展统一推力模型带来的性能提升，开展电流分配实验。实验运行轨迹如图 7.21 所示，磁钢阵列沿 x 方向进行 100mm 往复运动，运动过程中先匀加速到指定速度，再匀速运行一段距离，最后匀减速至停止，其他 5 个自由度的轨迹保持定值。受传感器量程限制，当前轨迹已基本达到平台最大行程。

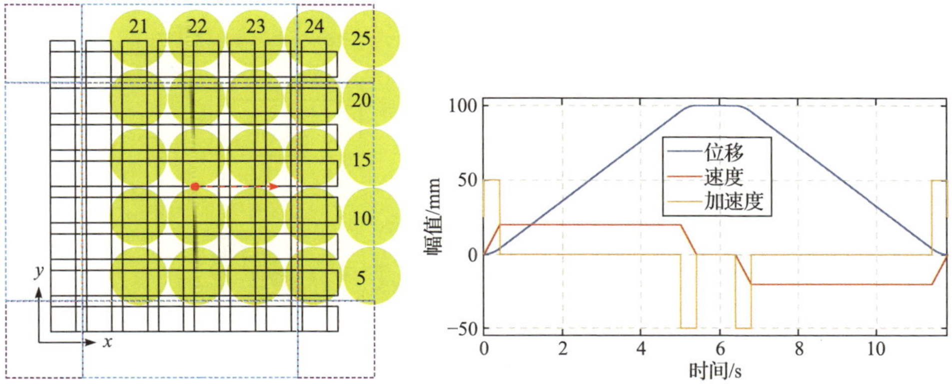

(a) 模型示意图　　(b) 详细轨迹示意图

图 7.21　平台闭环控制实验轨迹

闭环控制实验的控制框图如图 7.22 所示，轨迹指令与测量反馈求差值得到 6

个自由度的轨迹误差，磁浮系统采用 6 个单自由度控制器进行解耦控制，6 个自由度控制器的输出经过电流分配转化成 25 个线圈的电流,线圈在电流激励下产生 6 个自由度的电磁力作用在动子上，当推力模型能够准确描述线圈在磁钢阵列磁场下的电磁力作用规律时，图中蓝色方框内所有环节的整体作用效果可视为将控制器输出的推力指令 1：1 地作用于动子。

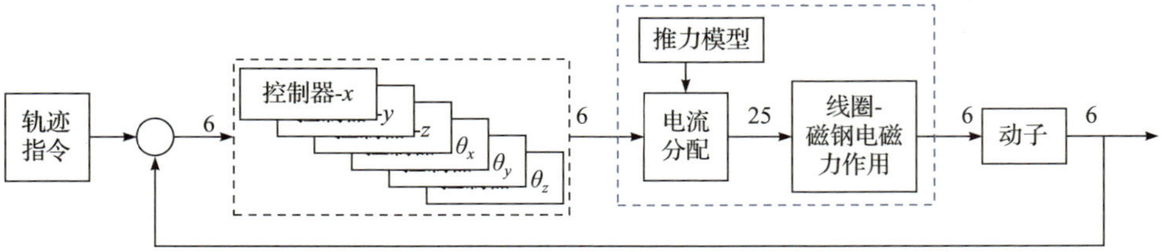

图 7.22　平台闭环控制实验控制框图

本章采用 4.3.2 节所述的最小二乘法进行电流分配,并结合包含边缘推力的扩展统一推力模型。为了进行公平比较，选择一种广泛使用的电流分配方法作为对照组，即 4.3.2 节介绍的不包含边缘推力建模的传统模型，该模型通过权重系数进行电流分配。在对比分析中，除推力模型和电流分配策略外，包括 PID 控制器参数在内的其他设置都保持一致。

如图 7.23 所示，对两种电流分配策略运行中的轨迹跟踪误差进行比较。采用本章提出的电流分配方法(即最小二乘法和扩展统一推力模型结合)，得到的轨迹跟踪误差的 2 范数为 0.079mm，相较于传统方法的 0.087mm 有所改善。这一结果在预期之内，因为两种方法的主要区别在于图 7.22 中所示的电流分配策略。两种方法使用的推力模型和电流分配策略均已验证其正确性，因此，理论上应得到相似的结果。本研究方法的优势在于，通过降低线圈中的电流，有效缓解了驱动器输出的非线性问题，并避免了驱动器限幅情况的发生，这一点在后续分析中得到了进一步证实。

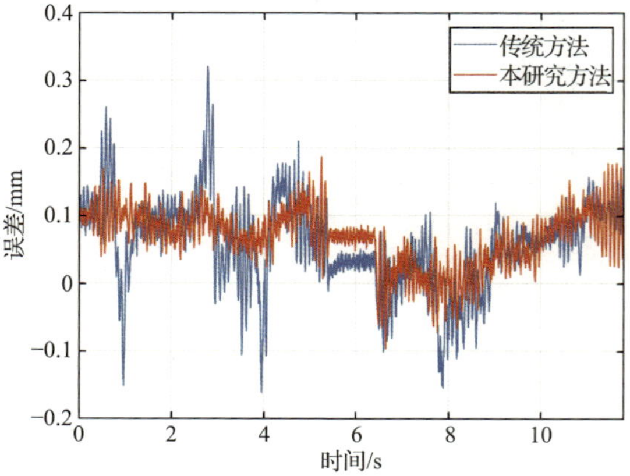

图 7.23　平台闭环控制实验轨迹跟踪误差对比

进一步从线圈电流角度对比两种电流分配策略的效果。图 7.24 和图 7.25 分别展示了传统方法和本研究方法在轨迹运动过程中所有线圈的电流分布情况。为了更直观地展示细节，图中省略了坐标轴的标签，其中，横轴代表时间(单位：s)，纵轴代表电流幅值(单位：A)。传统方法中，只有位于磁钢阵列中心区域的线圈被分配电流，导致 21～25 号线圈在整个轨迹运动过程中未受到电流激励。同样，1、6、11、16 号线圈，以及 5、10、15、20 号线圈也仅在轨迹运动的部分段落获得电流激励。

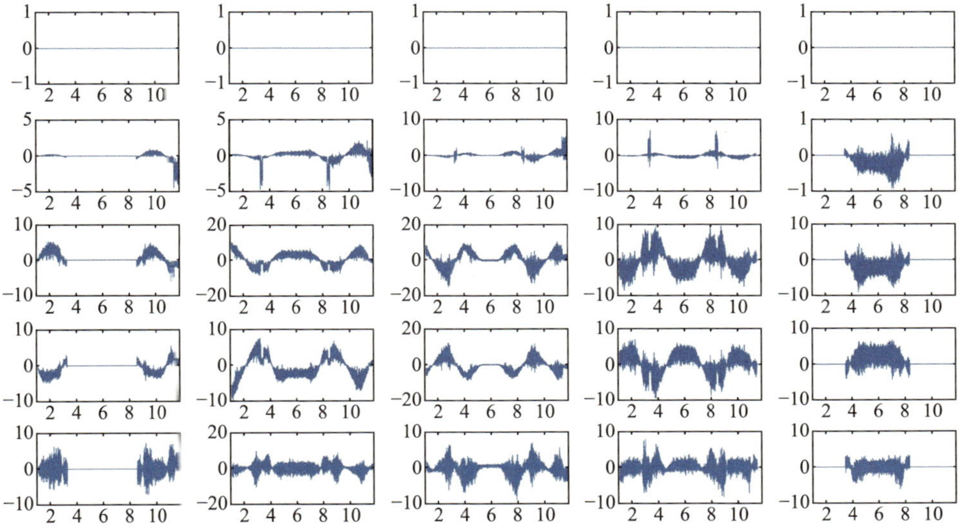

图 7.24　传统方法下各线圈的轨迹电流情况

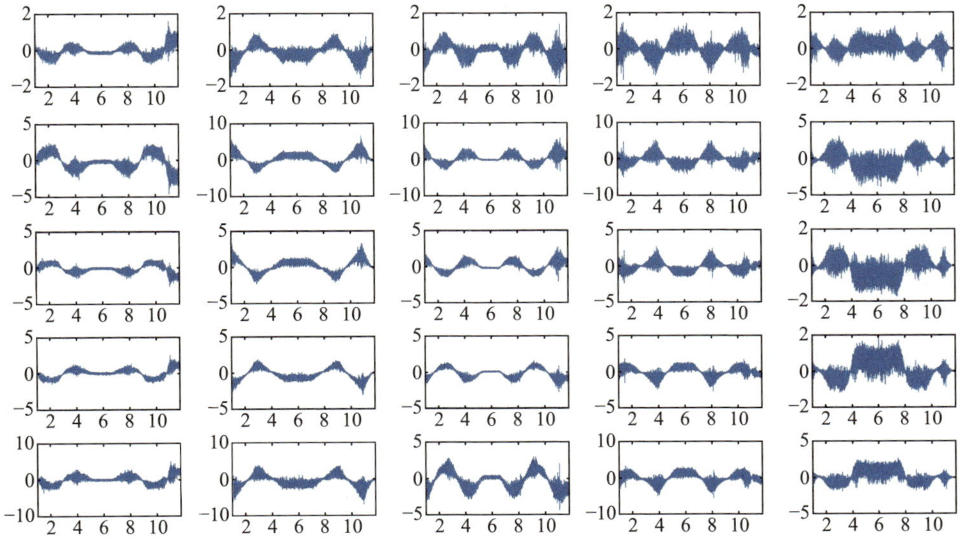

图 7.25　本研究方法下各线圈的轨迹电流情况

与此相对，本研究方法由于考虑了磁钢阵列对所有线圈的覆盖，实现了全程电流激励，即所有线圈在整个运动过程中都得到了电流供应。直观上，由于本方法中通电线圈数量增多，每个线圈的电流幅值相对较小，这有助于优化电机的性能和效率。

为了直观地比较两种电流分配策略下线圈的电流激励情况，可采用无穷范数和 2 范数这两个关键指标进行定量分析。图 7.26 展示了两种策略在不同时间点所有线圈电流向量的无穷范数(∞范数)对比。图中横轴代表时间，对应磁钢阵列在轨迹上的实时位置；纵轴代表电流向量的∞范数幅值。

在传统方法下，整个轨迹段的电流向量∞范数峰值为 9.85A，平均值为 4.5A。相比之下，本研究方法的电流向量∞范数峰值仅为 4.89A，平均值更是降至 2.12A。这一结果显示，本研究方法的电流幅值约是传统方法的一半。由于电流向量的∞范数是衡量驱动器驱动能力需求的重要指标，该结果不仅体现了本研究方法对降低驱动器要求的有效性，还为平面电机设计带来了显著优势。

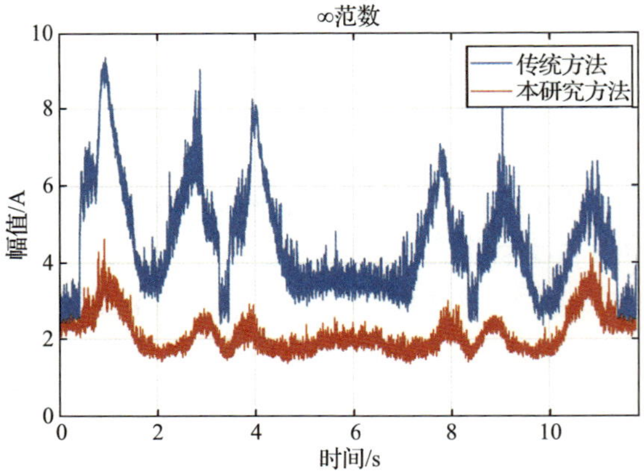

图 7.26　两种策略下线圈阵列的电流向量∞范数对比

最后分析图 7.27 中不同时间点两种电流分配策略的所有线圈电流向量 2 范数对比。横轴代表时间，纵轴代表 2 范数的幅值。由于线圈具有相同的形状，电流向量的 2 范数等同于线圈阵列总功率的平方根。在传统方法中，整个轨迹段的电流向量 2 范数峰值为 17.1A，平均值为 8.36A。相比之下，本研究方法的电流向量 2 范数峰值降低至 8.9A，平均值降至 4.26A。可见，本研究方法的电流幅值约为传统方法的一半，功率消耗则约为传统方法的四分之一。这不仅降低了线圈的电流幅值，还显著减少了线圈阵列的总功率，充分凸显了本研究方法的优势。实际上，根据 4.3.2 节介绍的电流分配方法，其结果具有最小 2 范数特性，可确保由相同线圈构成的线圈阵列功耗最小化。

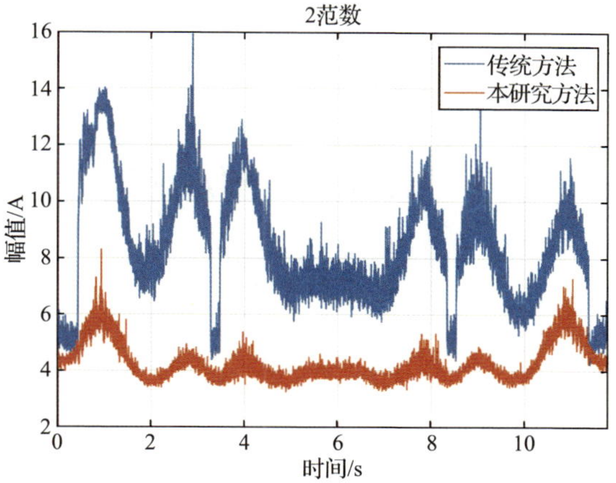

图 7.27　两种路线下线圈阵列的电流向量 2 范数对比

总体而言，本研究方法在所有线圈电流向量的无穷范数和 2 范数的比较中均显著低于传统方法。这使得采用本研究方法的平面电机系统在驱动器需求、功耗及散热性能方面具有明显优势。对于现有动子为磁钢阵列的平面电机，仅需在软件层面修改推力模型和电流分配方法，即可显著提升行程或负载能力。

从计算实时性的角度来看，本章的控制实验采用伺服周期为 500μs 的控制系统实现闭环控制。在这一周期内，传统方法完成所有计算的平均耗时为 285μs，而本研究方法仅需 234μs。尽管本研究方法需要对部分线圈计算更多的谐波数量，但由于边缘区域范围有限，涉及的线圈数量并未大幅增加。而且，本研究方法在电流分配过程中省去了每个线圈的加权值计算和加权伪逆求解，因此，在计算耗时上优于传统方法。

第 8 章　动磁式平面电机并行优化设计

8.1　引　　言

随着科技的持续进步，精密和超精密加工领域对机械设备的要求越来越高。在这些领域中，平面电机的性能直接影响加工精度和生产效率。本章聚焦于精密/超精密动磁式平面电机，这是一种专为实现高精度和高速度运动而设计的电机。本章将详细介绍这种电机的设计原理、控制策略，以及其在精密/超精密应用中的性能表现，探讨如何通过精细化的电流分配和先进的控制算法，实现电机的精确定位和稳定运行。此外，本章还将展示动磁式平面电机在实际精密设备中的应用案例，以及通过系统优化提升其性能的具体路径。通过这些内容，读者将深入了解在极端精密环境中如何高效利用动磁式平面电机的关键技术要点。

8.2　平面电机并行优化

为实现平面电机的精密运动性能(即同时实现高精度和高速度)，需满足多重技术要求。高精度依赖于精确的推力模型；高速度/高加速度则要求磁浮平面电机具有高电磁效率(如高推重比、低功率等)。现有研究表明，同时实现高精度和高速度的主要难点在于高刚度的实现。其中，精准推力模型已在第 2 章、第 3 章中给出，优化设计需兼顾电磁性能和刚度性能，但传统优化常常忽略电磁性能优化和刚度性能优化间的参数交叉问题。基于此，本节依托第 2 章、第 3 章提出的推力模型，对平面电机开展电磁性能与刚度性能并行优化，从硬件层面保障平面电机具备实现精密/超精密运动的潜能。

8.2.1　整体电磁性能优化

在电磁性能优化方面，现有磁浮平面电机电磁性能优化仅针对单个线圈与磁钢阵列的组合[1-7]，未将线圈阵列与磁钢阵列视为整体，忽略了电流分配等因素。因此，本节基于第 2 章、第 3 章建立的推力模型，构建磁浮平面电机优化参数与整体电磁性能关系的计算框架。根据相关研究[1-3]，推重比与损耗功率是平面电机整体电磁性能的核心指标，其中，推重比为磁浮平面电机在电流限制下，动子能达到的最大加速度；损耗功率指维持动子悬浮时，所有线圈产生的热损耗。传统优化方法常将电机整体性能拆解为单个线圈和磁钢阵列的性能进行优化，本节将结合推力模型与电流分配策略，构建图 8.1 所示的整体电磁性能计算框架，对整体电磁性能直接开展计算与优化。

在整体电磁性能计算框架中，推重比的计算首先基于统一推力模型，建立电流阵列到动子加速度的映射，即

$$a=-\frac{1}{m_{\text{mover}}}\underbrace{\begin{bmatrix} {}^{m}F_{x1} & {}^{m}F_{x2} & & {}^{m}F_{x25} \\ {}^{m}F_{y1} & {}^{m}F_{y2} & & {}^{m}F_{y25} \\ {}^{m}F_{z1} & {}^{m}F_{z2} & \cdots & {}^{m}F_{z25} \\ {}^{m}T_{x1} & {}^{m}T_{x2} & & {}^{m}T_{x25} \\ {}^{m}T_{y1} & {}^{m}T_{y2} & & {}^{m}T_{y25} \\ {}^{m}T_{z1} & {}^{m}T_{z2} & & {}^{m}T_{z25} \end{bmatrix}}_{\text{单位推力矩阵},\boldsymbol{W}_{\text{unit}}}\begin{bmatrix} I_1 \\ I_2 \\ \vdots \\ I_{25} \end{bmatrix} \tag{8-1}$$

其中，m_{mover} 是当前电机模型参数下计算得到的质量，$[{}^{m}F_{xi}\ \ {}^{m}F_{yi}\ \ {}^{m}F_{zi}\ \ {}^{m}T_{xi}\ \ {}^{m}T_{yi}\ \ {}^{m}T_{zi}]^{\mathrm{T}}$ 是当前参数下，第 i 个线圈通有单位电流时，对动子提供的六自由度力，$[I_1\ \ I_2\ \ \cdots\ \ I_{25}]^{\mathrm{T}}$ 是线圈的电流值。

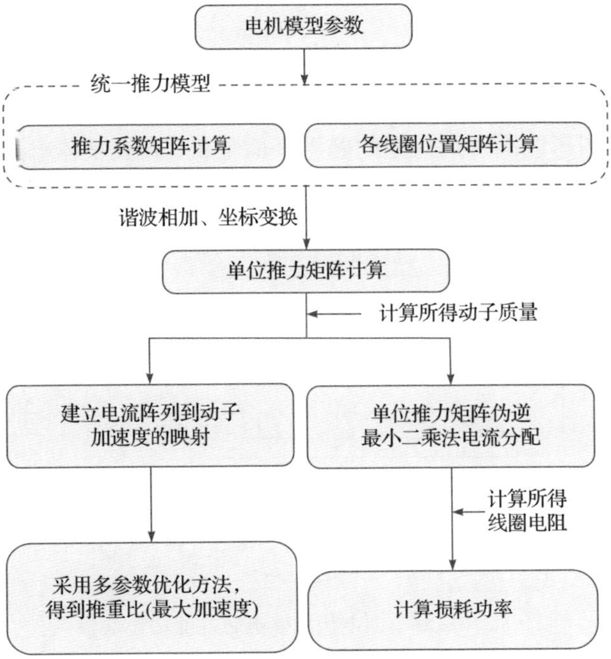

图 8.1　磁浮平面电机整体电磁性能计算框架

而后采用多参数优化方法，直接获得当前模型参数下的推重比，获取推重比

的表达式为

$$
\max|a| \text{ s.t.}
$$

$$
\begin{cases} a = -\boldsymbol{W}_{\text{unit}}[I_1, I_2, \cdots, I_{25}]^{\text{T}} / m_{\text{mover}} \\ \|I_i\| RC_i, i = 1, \cdots, 25 \end{cases} \tag{8-2}
$$

在损耗功率计算方面，首先依据当前模型参数，构建最小二乘法的电流分配方法，而后给出动子悬浮所需的期望力，进而计算所需电流阵列，即

$$
\begin{bmatrix} I_1 \\ I_2 \\ \vdots \\ I_{25} \end{bmatrix} = \begin{bmatrix} {}^{m}F_{x1} & {}^{m}F_{x2} & & {}^{m}F_{x25} \\ {}^{m}F_{y1} & {}^{m}F_{y2} & & {}^{m}F_{y25} \\ {}^{m}F_{z1} & {}^{m}F_{z2} & \cdots & {}^{m}F_{z25} \\ {}^{m}T_{x1} & {}^{m}T_{x2} & & {}^{m}T_{x25} \\ {}^{m}T_{y1} & {}^{m}T_{y2} & & {}^{m}T_{y25} \\ {}^{m}T_{z1} & {}^{m}T_{z2} & & {}^{m}T_{z25} \end{bmatrix}^{+} \begin{bmatrix} 0 \\ 0 \\ m_{\text{mover}} g \\ 0 \\ 0 \\ 0 \end{bmatrix} \tag{8-3}
$$

计算损耗功率为

$$
P_{\text{loss}} = \sum_{i=1}^{25} I_i^2 R_i \tag{8-4}
$$

基于整体电磁性能计算框架，为验证面向整体电磁性能的优化方案优于传统面向单个线圈与磁钢阵列的优化方案，本章针对第 6 章给出的动子为 Halbach 磁钢阵列、定子为圆形线圈阵列构型的磁浮平面电机，开展整体电磁性能优化验证，构建优化框架如图 8.2 所示。

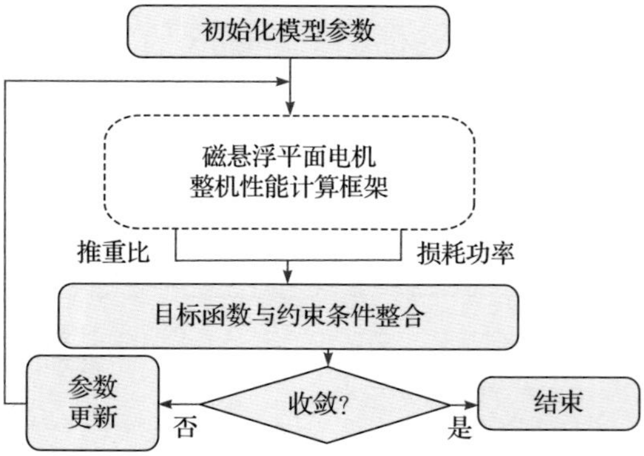

图 8.2　磁浮平面电机整体电磁性能优化框架

对于多参数优化问题，采用遗传算法进行求解，并对多目标问题进行整合，优化模型数学表达为

$$\underset{\tau_m, h_m, \tau_{in}, \tau_{out}, h_c, n_c, IV_c}{\text{minimize}} \quad \phi(\theta) = \begin{cases} -a_{max}, \text{if } a_{max} \leqslant 110\text{m/s}^2 \\ \min(-200 + P_{loss}, -110), \text{if } a_{max} > 110\text{m/s}^2 \end{cases}$$

$$\begin{aligned} &\text{s.t.} \\ &\sqrt{2}IV_c - 2r_{out} \geqslant 20 \\ &0 < r_{out} \leqslant \tau \\ &0.5\text{mm} < IV_c - 2r_{out} \leqslant \frac{\tau}{2} \\ &n_c \geqslant 3 \\ &\|I_i\| \leqslant 12, i = 1, \cdots, 25 \end{aligned} \tag{8-5}$$

整体电磁性能优化参数结果见表 8.1，可以看出，直接面向整体电磁性能的优化方法较之以局部为对象的优化结果[8]更优，验证了面向线圈阵列与磁钢阵列整体的电磁性能优化思路和方法的有效性。

表 8.1　整体电磁性能优化参数结果与性能

	h_m	τ_m	n_c	r_{out}	r_{in}	h_c	IV_c	P_{loss}	a_{max}
局部优化	7.2mm	26.1mm	5	30mm	5mm	16.5mm	1mm	17.76W	105.70m/s^2
整体优化	6.40mm	26.88mm	5	29.82mm	3.09mm	17.58mm	3.71mm	**15.45**W	**110.15**m/s^2

8.2.2　刚度性能计算框架

为优化平面电机动子的刚度性能，本节针对动磁式磁浮平面电机动子，构建一种磁钢-铝板模型对其进行描述，而后开展网格划分和固有频率求解，以表征磁浮平面电机动子的刚度性能。

为描述动子模型，图 8.3 给出磁钢-铝板交叉模型，模型包括背板、磁钢与铝

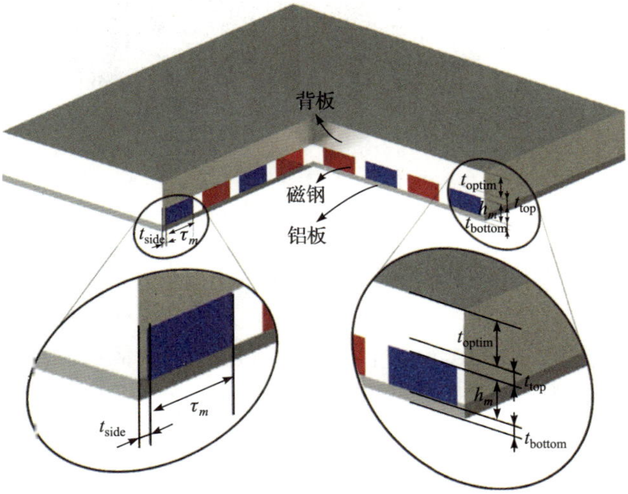

图 8.3　优化对象：动子磁钢及背板模型

板，优化参数涉及磁钢宽度、厚度、背板厚度等，并涉及背板拓扑形状。

采用有限元方法求解固有频率，首先进行图 8.4 所示的网格划分，针对多材料交叉问题，采用虚拟密度法[9]和 SIMP 方法[10]表述网格的密度及弹性模量，即

$$\begin{cases} E_i = E_i(\tilde{x}_i) = E_{\min} + \tilde{x}_i^{penal}(E_0 - E_{\min}) \\ \rho_i = \rho_i(\tilde{x}_i) = \rho_{\min} + \tilde{x}_i^{penal}(\rho_0 - \rho_{\min}) \end{cases} \tag{8-6}$$

结合本构方程，构建整体刚度方程和质量方程，即

$$\begin{cases} \boldsymbol{K}(\tilde{x}) = \sum_{i=1}^{n} \boldsymbol{K}_i(\tilde{x}_i) = \sum_{i=1}^{n} E_i(\tilde{x}_i)\boldsymbol{K}_i^0 \\ \boldsymbol{M}(\tilde{x}) = \sum_{i=1}^{n} \boldsymbol{M}_i(\tilde{x}_i) = \sum_{i=1}^{n} \rho_i(\tilde{x}_i)\boldsymbol{M}_i^0 \end{cases} \tag{8-7}$$

根据振动学理论，通过下面两式求解固有频率：

$$(\boldsymbol{K}(\tilde{x}) - \lambda_\gamma \boldsymbol{M}(\tilde{x}))\boldsymbol{\varphi}_\gamma = 0 \tag{8-8}$$

$$f_\gamma = \frac{\sqrt{\lambda_\gamma}}{2\pi} \tag{8-9}$$

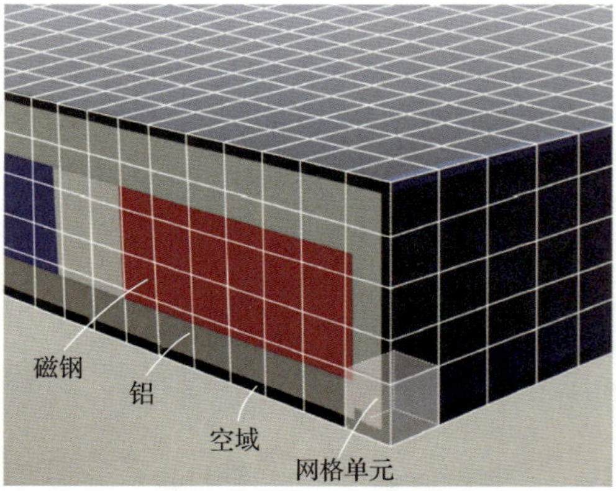

图 8.4　网格划分示意

通过式(8-6)～式(8-9)，利用虚拟密度法可构建从模型参数求解到动子固有频率的映射。在开展拓扑优化时，面对大量网格变量，采用直接遍历或多参数优化算法不可行，本章采用 MMA 求解器[11]进行求解，结合固有频率梯度函数可实现固有频率优化，梯度通过数学变换可由以下两式表达：

$$\frac{\partial f_\gamma}{\partial \tilde{x}_i} = \frac{1}{2\pi\sqrt{\lambda_\gamma}} \boldsymbol{\varphi}_\gamma^{\mathrm{T}} \left(\frac{\partial \boldsymbol{K}(\tilde{x})}{\partial \tilde{x}_i} - \lambda_\gamma \frac{\partial \boldsymbol{M}(\tilde{x})}{\partial \tilde{x}_i} \right) \boldsymbol{\varphi}_\gamma \tag{8-10}$$

$$
\begin{cases}
\dfrac{\partial \boldsymbol{K}(\tilde{x})}{\partial \tilde{x}_i}=\sum\limits_{i=1}^{n}\dfrac{\partial E_i(\tilde{x}_i)}{\partial \tilde{x}_i}\boldsymbol{K}_i^0 \\
\qquad\qquad=\sum\limits_{i=1}^{n} penal\cdot \tilde{x}_i^{penal-1}(E_0-E_{\min})\boldsymbol{K}_i^0 \\
\dfrac{\partial \boldsymbol{M}(\tilde{x})}{\partial \tilde{x}_i}=\sum\limits_{i=1}^{n}\dfrac{\partial \rho_i(\tilde{x}_i)}{\partial \tilde{x}_i}\boldsymbol{M}_i^0 \\
\qquad\qquad\sum\limits_{i=1}^{n} penal\cdot \tilde{x}_i^{penal-1}(\rho_0-\rho_{\min})\boldsymbol{M}_i^0
\end{cases}
\tag{8-11}
$$

其中，*penal* 指惩罚系数，惩罚系数越大，优化越激进。至此，可针对磁浮平面电机动子，以固有频率为优化目标进行参数优化及拓扑形状优化。

8.2.3　电磁性能与刚度性能并行优化框架

本章并行优化的目标涵盖电磁性能(推重比、损耗功率)与刚度性能(固有频率)，基于前两节的模型构建，开展并行优化并搭建优化框架。由于动子模态频率优化部分耗时过长(涉及多次迭代，每次迭代都包含大规模矩阵运算)。本节给出一种精简的并行优化方案：以模态频率优化首次迭代所得的固有频率替代多次迭代后的固有频率，参与整体并行优化框架。预实验已验证该精简模型的准确性和合理性[12]。

根据所提简化方法，构建的精简并行优化框架如图 8.5 所示。

依据最终的并行优化精简框架，并行优化的数学表达式可写为式(8-12)，继而开展最终的并行优化。

$$
\begin{aligned}
&\phi(\theta)\begin{cases}
-a_{\max},\ \text{if } a_{\max}<100\text{m/s}^2 \\
\min(10P_{\text{loss}}-360,100),\ \text{if } a_{\max}\geqslant 100\text{m/s}^2,\ P_{\text{loss}}>16\text{W} \\
-f_1^*,\ \text{if } a_{\max}\geqslant 100\text{m/s}^2,\ P_{\text{loss}}\leqslant 16\text{W}
\end{cases} \\
&\text{s.t.} \\
&\begin{cases}
\|I_i\|\leqslant 12\text{A}, i=1,\cdots,25 \\
(\boldsymbol{K}(\tilde{x})-\lambda_\gamma \boldsymbol{M}(\tilde{x}))\boldsymbol{\varphi}_\gamma=0,\ f_\gamma=\sqrt{\lambda_\gamma}/2\pi \\
\dfrac{\sum\limits_{\text{OptimRegion}} x_j v_j}{\sum\limits_{\text{OptimRegion}} v_j}\leqslant frac \\
0\leqslant h_m\leqslant 15\text{mm},\ 20\leqslant \tau_m\leqslant 30\text{mm} \\
1\text{mm}\leqslant t_{\text{top}}\leqslant 5\text{mm},\ 5\text{mm}\leqslant t_{\text{optim}}\leqslant 30\text{mm} \\
0.5\text{mm}\leqslant t_{\text{bottom}}\leqslant 3\text{mm},\ 0.5\leqslant frac\leqslant 0.8
\end{cases}
\end{aligned}
\tag{8-12}
$$

其中，*frac* 指体积分数(volume fraction)，用于约束动子拓扑优化区域内材料的占比(如式中约束“0.5 ≤ *frac* ≤ 0.8”表示优化区域中材料体积占比需控制在 50%～80%)。

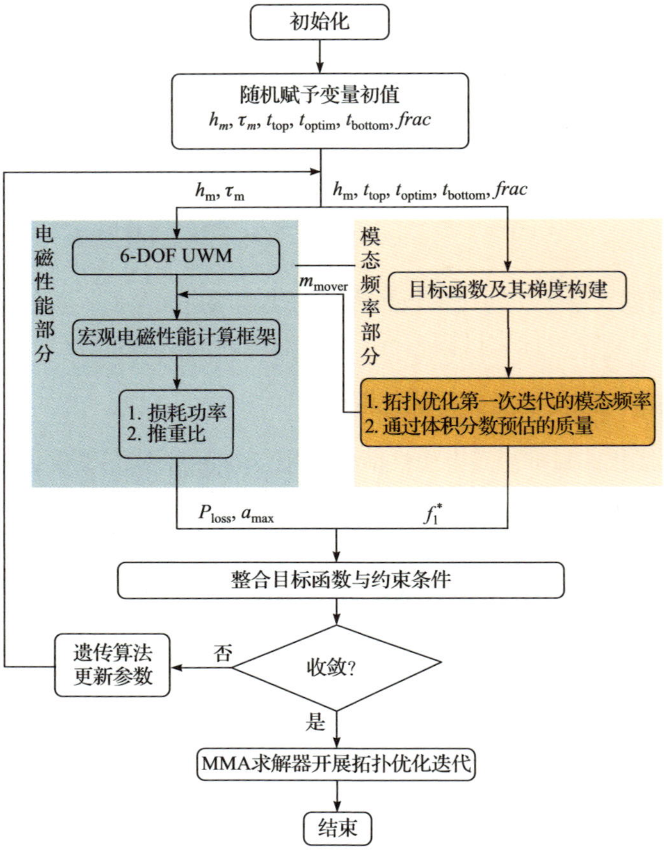

图 8.5　并行优化精简框架

8.2.4　并行优化结果

对于上述并行优化框架，整体采用遗传算法进行求解，最终得到表 8.2 和图 8.6 所示的参数结果及拓扑结果。

表 8.2　并行优化的参数结果

h_m	τ_m	t_{top}	t_{bottom}	t_{optim}	$frac$
7.01mm	27.94mm	1.30mm	0.98mm	5.98mm	0.55

基于优化结果开展性能验证，仿真数据见表 8.3。结果表明，相对于已有方法，该优化方案全面的性能提升：对比顺序优化(优化前)和并行优化(优化后)，并行优化后，m_{mover} 质量下降 7.79%，损耗功率下降 12.78%，推重比提升 7.73%，一阶柔性固有频率提升 16.6%。

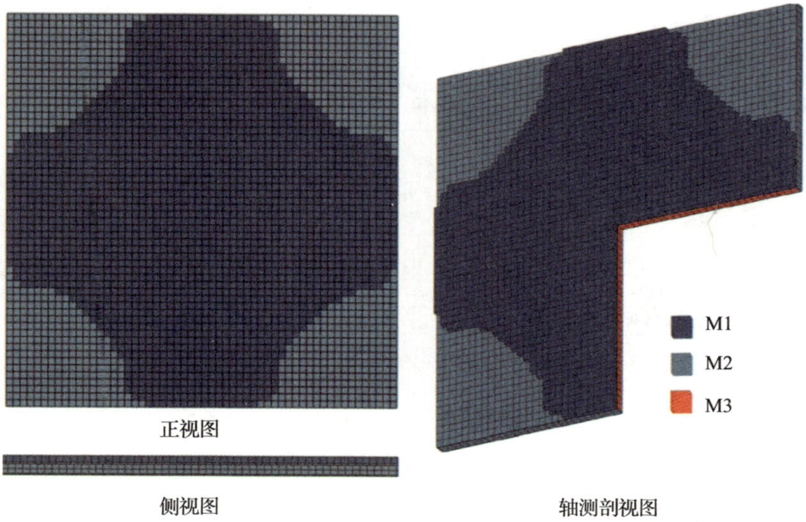

图 8.6　并行优化的拓扑结果
(M1：结构板材的参与拓扑优化区域，M2：结构板材的非拓扑优化区域，M3：磁钢)

表 8.3　性能对比

	m_{load}	m_{mover}	P_{loss}	a_{max}	f_1
顺序优化	2.21kg	6.80kg	17.76W	105.70m/s^2	492.23Hz
并行优化	1.41kg	6.27kg	15.49W	113.88m/s^2	573.91Hz

8.3　超精密测量系统设计

为了确保平面电机实现精密/超精密性能，精密/超精密测量必不可少。本节在 7.1 节并行优化电机系统基础上，进一步搭建精密/超精密测量系统。

如图 8.7 所示，精密/超精密测量系统由粗、精两套测量系统组成，粗测量系统包含 3 组激光三角传感器和 3 组电涡流传感器，其中，3 组激光三角传感器测量平面方向三自由度，3 组电涡流传感器测量垂向三自由度；精测量系统由三轴激光干涉仪、单轴激光干涉仪和 3 组电涡流传感器组成，三轴激光干涉仪和单轴激光干涉仪测量平面三自由度和绕 y 轴转角自由度，3 组电涡流传感器测量剩余垂向二自由度。

粗-精测量系统在平面电机运行过程中动态切换，初始由静止到悬浮状态采用粗测量系统，当平面电机悬浮稳定且达到干涉仪的测量工作空间后，测量系统切换为精测量系统。两套测量系统相辅相成，共同保障测量精度。

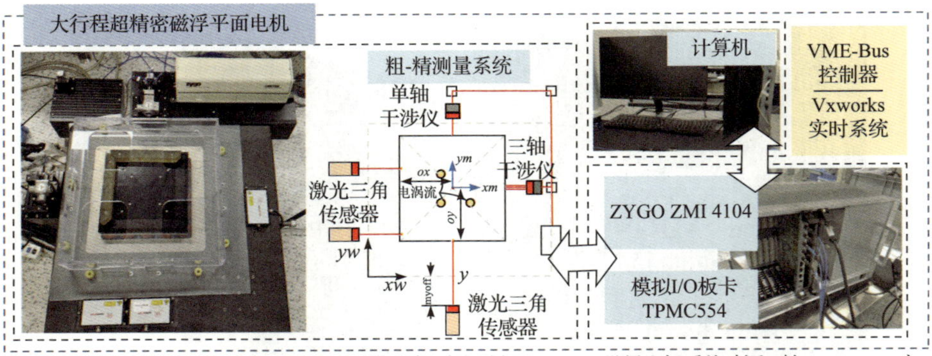

xm,*ym*：磁钢坐标系的*x*轴和*y*轴；*ox*,*oy*：磁钢坐标系的原点；*xw*,*yw*：世界坐标系的*x*轴和*y*轴；myoff：*y*方向的激光三角传感器偏离*xw*轴的距离。

图 8.7　平面电机精密/超精密测量系统

粗测量系统的解算方式如下。

由 3 组电涡流传感器的示数 e_1、e_2 和 e_3 得到垂向三自由度的位移：

$$p_z = \frac{e_1 + e_2 + e_3}{3} \tag{8-13}$$

$$\theta_x = \arctan\frac{e_1 - e_2}{l_e} \tag{8-14}$$

$$\theta_y = \arctan\frac{e_3 - e_2}{l_e} \tag{8-15}$$

其中，l_e 为电涡流传感器安装间距。

由 3 组激光三角传感器求解得到平面方向三自由度：

$$\theta_z = \arctan\frac{x_2 - x_1}{\delta L} \tag{8-16}$$

$$p_x = \frac{x_1 + x_2 + L_x}{2} \tag{8-17}$$

$$p_y = y_1 + \frac{L_y}{2} \tag{8-18}$$

其中，x_1、x_2 和 y_1 为激光三角传感器在世界坐标系下的测量结果，L_x 和 L_y 分别为动子激光三角传感器反射壁 x 方向和 y 方向的长度，δL 是两激光三角传感器的距离。

当平面电机悬浮至预定零点位置后，测量系统切换为精测量系统，精测量系统的解算方式如下：

$$p_x = \frac{Ix_1 + Ix_2 + Ix_3}{3} \tag{8-19}$$

$$p_y = Iy_1 \tag{8-20}$$

$$p_z = \frac{e_1 + e_2 + e_3}{3} \tag{8-21}$$

$$\theta_x = \arctan\frac{e_1 - e_2}{l_e} \tag{8-22}$$

$$\theta_y = \frac{Ix_1 - Ix_3}{\delta I_{lz}} \tag{8-23}$$

$$\theta_z = \frac{Ix_2 - Ix_3}{\delta I_{lx}} \tag{8-24}$$

其中，Ix_1, Ix_2, Ix_3, Iy_1 为四轴干涉仪的测量结果，$\delta I_{lx}, \delta I_{lz}$ 分别是三轴激光干涉仪在 x 方向和 z 方向的间隔，e_1, e_2, e_3 是电涡流传感器的测量结果。利用上述精密/超精密的六自由度测量系统，可以在每个伺服周期内得出动子磁钢阵列的位置。

8.4　系统性能验证

8.4.1　并行优化性能验证

基于所提出的并行优化设计方案及设计结果，加工制造了优化后的磁浮平面电机动子，顺序优化与并行优化的平面电机系统如图 8.8 所示。图 8.8(a)和图 8.8(b)分别为顺序优化和并行优化得到的磁浮平面电机系统，图 8.8(c)是平面电机系统的硬件和软件系统配置，以及控制流程。其中，图 8.8(b)中实际加工优化的动子

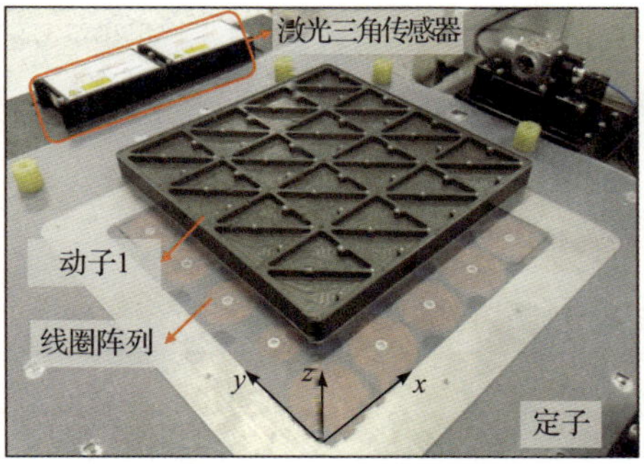

(a) 顺序优化得到的磁浮平面电机系统

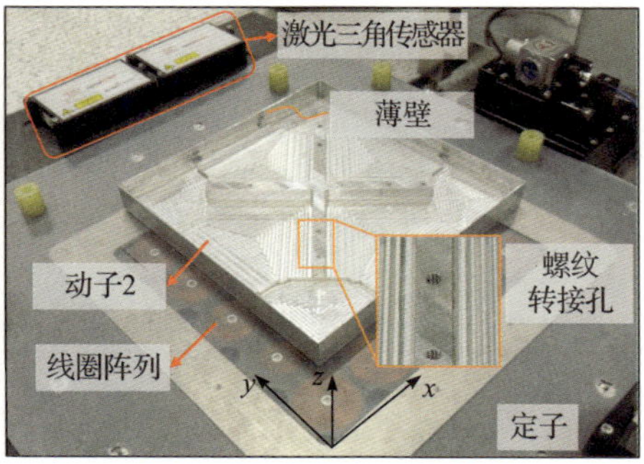

(b) 并行优化得到的磁浮平面电机系统

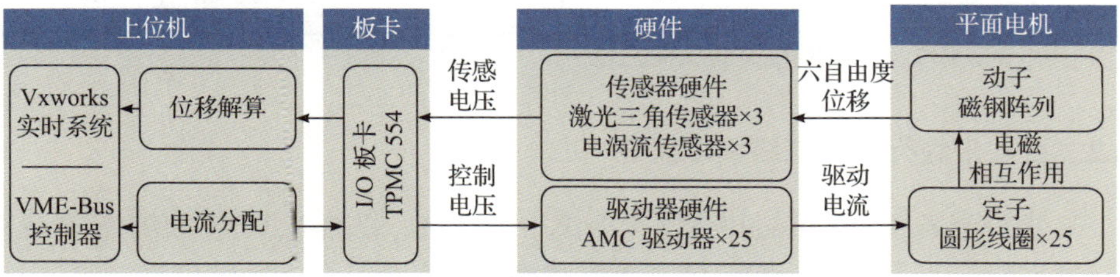

(c) 控制流程框图

图 8.8　并行优化实验平台对比

相比于优化所得的初始结果，除对参数进行圆整外，还增加了激光三角反射板和激光干涉仪转接孔。

基于研制的磁浮平面电机系统，开展轨迹跟踪实验及精度、电流分配实验。平面电机运行轨迹如图 8.9(a)所示，两个平面电机系统运行误差的定性对比如图 8.9(b)所示，电流绝对值的定性对比如图 8.9(c)所示，进一步得到定量对比结果见表 8.4。从图 8.9 和表 8.4 中可以看出，并行优化在提升精度和降低电流均值方面效果显著。

值得一提的是，表 8.4 所示的精度在微米级水平，并未达到纳米级的精密/超精密精度水平，这是因为验证并行优化性能采用的是粗测量系统，仅通过该测量系统已能验证并行优化带来的系统性能提升。

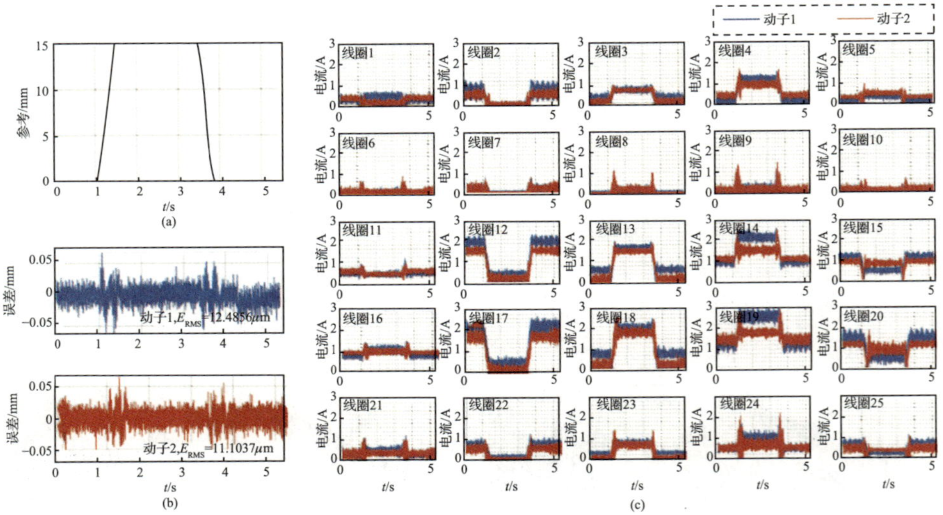

图 8.9　运行轨迹电流情况对比

表 8.4　误差和电流均值定量对比

	E_{RMS}	I_{AVG}
动子 1	12.48μm	0.737A
动子 2	11.10μm	0.609A

注：由于数据修约，本表中数据与图 8.9 略有差异。

8.4.2　百毫米级行程纳米级精度验证

本节基于 8.2 节介绍的并行优化磁浮平面电机，结合 8.3 节介绍的精密/超精密测量系统，对搭建的精密/超精密磁浮平面电机系统开展运动精度性能验证。运动性能验证分为两部分，悬浮状态时的抖动精度与轨迹跟踪时的跟踪误差。

对于悬浮状态的抖动精度，测量步骤如下，将磁浮平面电机动子悬浮至工作高度，在激光干涉仪闭环状态下，测量磁浮平面电机 x 轴的定位抖动。悬浮时，闭环控制采用的是预先设定的 PID 参数，电流分配算法为基于扩展统一推力模型的最小二乘法。测量结果如图 8.10 所示，误差均方根为 164nm，最大值为 669nm。

对于运动状态的跟踪精度测量，要求磁浮平面电机在激光干涉仪闭环状态下，跟踪图 8.11 所示的橙色轨迹。该橙色轨迹为随机 NURBS 曲线，行程为百毫米级。运动控制算法采用迭代学习控制，其余电流分配、PID 参数设定与悬浮实验相同。最终得到图 8.11 所示的蓝色误差曲线，误差均方根为 895nm，最大值为 5276nm。

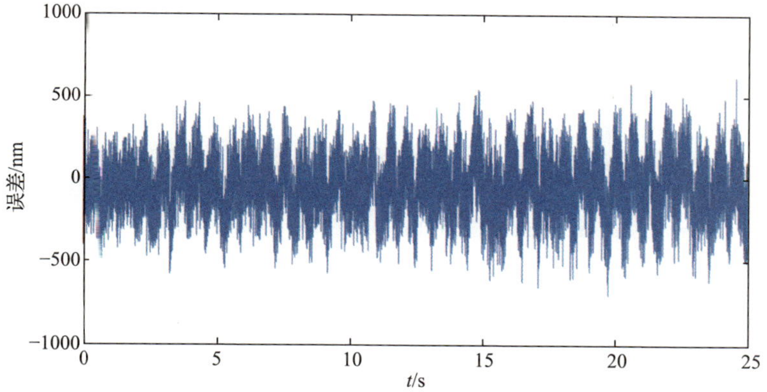

图 8.10　悬浮定位误差

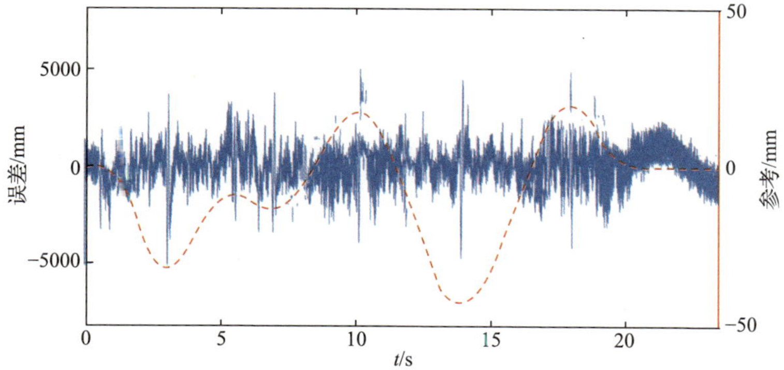

图 8.11　磁浮平面电机轨迹跟踪及误差情况

运动性能验证实验表明，基于本书介绍的推力模型、电流分配方法、精密测量方法和运动控制方法搭建的精密/超精密磁浮平面电机系统，能够实现百毫米级行程、纳米级精度的精密/超精密运动性能。

参考文献

[1] Jansen J W, Lierop C M M, Lomonova E A, et al. Magnetically levitated planar actuator with moving magnets[C]//Proceedings of the 2007 IEEE International Electric Machines & Drives Conference. IEEE, 2007.

[2] Jansen J W, Lierop C M M, Lomonova E A, et al. Magnetically levitated planar actuator with moving magnets[J]. IEEE Transactions on Industry Applications, 2008, 44(4): 1108-1115.

[3] Jansen J W. Magnetically levitated planar actuator with moving magnets: electromechanical analysis and design[D]. Eindhoven: Eindhoven University of Technology, 2007.

[4] Guo L, Zhang H, Galea M, et al. Multiobjective optimization of a magnetically levitated planar motor with multilayer windings[J]. IEEE Transactions on Industrial Electronics, 2016, 63(6): 3522-3532.

[5] Guo L, Zhang H, Galea M, et al. Analysis and design of a magnetically levitated planar motor with novel multilayer windings[J]. IEEE Transactions on Magnetics, 2015, 51(8): 1-9.

[6] Zheng T, Xu F, Lu X D, et al. A new multi-objective optimization method of magnetic levitation planar motor[J]. IEEE Transactions on Magnetics, 2019, 55(8): 1-8.

[7] Peng R, Xu X, Zheng T, et al. Multi-objective optimization method of magnetic levitation planar motor[J]. Chinese Journal of Scientific Instrument, 2020, 41(8): 76-83.

[8] 刘峰. 模块化大角度旋转磁浮平面电机设计[D]. 北京: 清华大学, 2016.

[9] Bendsøe M P. Optimal shape design as a material distribution problem[J]. Structural Optimization, 1989, 1(4): 193-202.

[10] Svanberg K. The method of moving asymptotes: a new method for structural optimization[J]. International Journal for Numerical Methods in Engineering, 1987, 24(2): 359-373.

[11] Bendsøe M P, Sigmund O. Topology Optimization: Theory, Methods, and Applications[M]. Berlin: Springer Science & Business Media, 2003.

[12] Fu H, Hu C, Zhang M, et al. Integrated optimization of 3D structural topology and 2D Halbach parameters for maglev planar motor[J]. Materials & Design, 2023, 230: 111945.

第 9 章　未 来 展 望

9.1　引　　言

无铁芯永磁同步平面电机技术，凭借其高精度、多自由度、高动态响应及结构紧凑等优势，已在先进光刻、生物医药、自动化物流等前沿领域展现出巨大潜力。本书系统阐述了其基础理论、关键技术突破(如电机统一推力模型(UWM)的构建与扩展、计算驱动控制策略、模块化设计与并行优化方法等)及应用。这些成就为平面电机向更高性能演进奠定了坚实基础。

然而，科技进步与应用需求的提升永无止境，持续对平面电机技术提出新的挑战。本章旨在基于当前成果，展望其在建模仿真、驱动控制、设计制造及拓展应用等核心维度的未来发展趋势，推动平面电机系统向更智能、自适应、超精密、高效及经济的目标迈进[1]，以服务于未来尖端科技与高端制造业的发展。

9.2　建模与仿真技术的深化

精确建模与高效仿真是平面电机性能提升和应用拓展的基石。在本书 UWM 系列模型的研究基础上，面对未来更严苛的需求，建模与仿真技术需进一步深化，以提升模型保真度、挖掘电机潜能，提高设计验证效率。

9.2.1　下一代力/推力模型的探索

精确的力/推力模型是超精密运动控制的核心。在本书 UWM 系列模型已取得重要突破的基础上，未来探索将聚焦于以下方面。

解析模型的持续精进与物理边界拓展，进一步提升模型在极端条件(如极高加减速、亚纳米精度)下的保真度[2]，精确表征微小弹性形变、材料非理想特性等对电磁力的影响。

人工智能与数据驱动建模的深度融合，发展“物理知识引导-数据智能驱动”的混合建模策略[3]，利用人工智能补偿解析模型的局限性，平衡高分辨率与模型复杂度[4]。

边缘与端部效应的普适化高效建模，针对任意磁钢/线圈阵列几何及复杂边界，发展更普适高效的边缘效应建模理论[5]，以最大化有效行程和力密度。

9.2.2 多物理场耦合仿真与数字孪生技术的应用

为精确预测与优化系统行为，多物理场耦合仿真和数字孪生技术至关重要。

迈向深度多物理场耦合仿真：实现电磁-热-结构等物理场间的双向乃至多向强耦合动态仿真[6]，精确预测热致漂移、振动模态等，为多目标并行优化设计提供依据。

高保真数字孪生系统的构建与应用：构建平面电机系统的完整数字孪生体[7]，用于设计验证、虚拟调试、状态监测、预测性维护及智能控制策略的在线优化[8]。

9.2.3 复杂几何结构与系统动力学先进仿真工具

实现精细化模型与数字孪生，离不开先进仿真工具的支撑。

高效处理复杂几何的参数化建模与优化能力：仿真工具需支持参数化与拓扑优化驱动的几何建模，具备对复杂几何的自适应高质量网格剖分及多材料界面处理能力[9]。

深度集成的“控-机-电-热”一体化协同仿真平台：实现高保真多物理场电机模型与复杂控制算法的统一平台协同仿真，支持模型在环(Model in Loop，MiL)、软件在环(Software in Loop，SiL)与硬件在环(Hardware in Loop，HiL)测试[10]。

面向设计优化与数字孪生的高性能计算与效率提升：发展高效数值算法、模型降阶技术[11]，并充分利用并行与异构计算资源，大幅缩短复杂模型的求解时间。

专用化知识库与自动化工作流：集成平面电机专用材料/组件库，以及自动化分析与后处理流程，提升设计效率。

9.3 驱动、控制与执行智能化的革新

在高保真模型基础上，平面电机的驱动、控制与执行正迎来以“智能化”为核心的变革，使其从精确执行的“肌肉”进化为具备感知、决策与自适应能力的“智能体”。

9.3.1 计算驱动技术的持续演进

计算驱动通过逆向辨识电机实际推力特性并实时校正驱动电流，已在提升推力线性度与控制精度方面展现成效。未来演进方向包括以下方面。

电机推力系数数学模型的优化与革新：探索更优模型结构以平衡高分辨率与低参数复杂度，如非均匀分段建模、神经网络与解析模型结合[12]，并动态表征时变与非理想因素。

在线辨识算法的鲁棒性、实时性与信息提取效率提升：开发在极限工况下仍

能快速、准确辨识参数的算法，并提升算法对参数变化的跟踪速度与收敛效率[13]。

电流精准计算与未建模高频扰动的前馈/反馈深度补偿：研究驱动器层面的闭环力/推力控制，以及考虑驱动器非线性与动态特性的电流指令预修正，实现从电流指令精准到实际作用力精准的跨越[14]。

9.3.2 智能化电流分配与多轴协同控制

在计算驱动提供精确力的基础上，通过智能分配电流以实现复杂多自由度运动，并抑制耦合与振动至关重要。

柔性模态抑制技术的深化与自适应化：开发能同时辨识并主动抑制多阶、时变柔性模态的电流分配策略[15]，并智能规划最优激励力空间分布，以最小化干扰和能耗。

能量最优与热感知型智能电流分配：面向任务全局优化总能耗，并将实时温度作为决策输入，动态调整电流分配以避免局部过热，维持长期精度稳定性[16]。

人工智能驱动的多轴高精度解耦与轨迹规划：利用人工智能(AI)在线学习和补偿难以精确建模的非线性、时变耦合效应[17]，并在轨迹规划中综合考虑耦合规避、能耗、热效应及模态激发等多维度性能指标，实现动态协同最优。

9.3.3 先进测量技术与多传感器信息融合

驱动控制的智能化高度依赖于快速、精确且全面的状态感知。

集成化、智能化多传感器测量系统：采用异构、分布式多传感器系统，通过先进估计算法深度融合激光干涉仪、光栅尺、IMU、嵌入式温度/力传感器等数据[18]，实现超越单一传感器的测量性能，发展具备边缘计算能力的“智能传感器”[19]。

系统自校准、在线自诊断与动态误差智能映射补偿：开发传感器在线自校准与健康自诊断技术。从静态几何误差补偿拓展至实时辨识和补偿由热变形、力致变形等引起的动态几何误差。利用机器学习预测并前馈补偿复杂系统误差[20]。

9.3.4 分布式驱动与多传感融合控制的智能体技术展望

随着系统规模扩展与智能化需求的深化，平面电机驱动与控制架构有望向基于智能体(Agent)的分布式协同模式演进。在此模式下，各驱动单元或功能簇被视为具备局部感知(依赖多源传感信息)、决策与执行能力的智能体，通过分布式智能控制算法[21](如分布式强化学习)和高效协同机制，实现对复杂任务的自适应分解、动态资源调度及系统级容错，将平面电机的智能化执行推向更高层次[22]。

9.4 新一代设计、制造与系统集成理念

为实现上述性能与智能化水平，平面电机的设计、制造与集成理念亦需革新，强调全系统优化、高效制造、便捷集成与经济成本。

9.4.1 整体化与并行优化设计策略的深化

传统串行设计难以达到整机全局最优，需深化并行优化思想。

全生命周期多目标协同设计(co-design)：将并行优化范畴扩展至控制、传感、制造、成本等全生命周期多维度[23]，在概念设计阶段即进行综合权衡。

基于先进算法的大规模优化与鲁棒性设计：引入高效全局优化算法，结合制造公差、参数波动等不确定性分析，追求实际应用中的性能鲁棒性[24]。

9.4.2 模块化与可重构平面电机技术的发展

模块化是应对多样化需求、降本增效的核心途径。

接口标准化与“智能模块”研发：推动模块化接口的标准化，为模块赋予自识别、自存储、自监测及局部闭环控制等嵌入式智能[25]。

自动化重构与自适应校准：实现系统配置改变后的拓扑自动识别与控制参数自适应调整。

9.4.3 新型材料与先进制造技术的探索与应用

高性能新材料探索：研发更高性能的永磁材料、线圈材料及轻质高强高阻尼结构材料[26, 27]。

增材制造(3D 打印)的深度融合：用于制造复杂优化线圈、轻量化功能集成结构件[28]，以及快速原型与小批量定制生产。

自动化与智能化精密装配：发展机器人辅助或全自动化的磁体精密装配工艺，实现线圈、冷却、传感等组件的自动化精密装配与检测[29]。

9.4.4 高效智能热管理解决方案的革新

热管理是高性能指标的关键瓶颈。

源头集成式高效散热：如微通道冷却[30]、先进冷却介质及浸没/喷淋冷却技术。

先进散热技术与材料集成：如微型化两相流散热器件、高性能导热界面材料(Thermal Interface Material，TIM)与高导热基板。

闭环智能热管理系统：通过分布式实时温度监测与基于模型的自适应冷却控制[31]，实现按需精准散热与热应力管理。

9.5 拓展应用领域与新兴市场机遇

上述技术革新将推动平面电机在现有核心领域持续深化，并开辟广阔新兴市场。

持续引领半导体制造与检测的极限突破：支撑下一代极紫外光刻(如 High-NA EUV)[32]、先进封装、高通量晶圆检测与量测、微纳电子制造等对超高精度的极致需求。

深度革新工业自动化生产模式与高端机器人技术：构建高度柔性的智能产线非接触式精准输送系统[33]，赋能新一代高性能、多功能高端机器人。

深化并拓展在尖端科学仪器与精密计量学中的应用：用于超高分辨率显微成像[34]、大科学装置光束线精密仪器、先进天文观测及国家级计量基准装置。

开拓与深化在生物医学工程及生命科学研究中的新兴应用机遇：应用于高通量自动化药物筛选与基因测序、先进医疗影像与微创手术机器人、生物材料三维打印与组织工程[35]，以及微流控与实验室芯片的智能操控[36]。

探索驱动技术从二维平面向三维空间的演进：借鉴动量球等三维球形电机在卫星姿态控制中通过精确三维磁场控制实现多轴力矩输出的成功经验[37]，有望催生通用型三维精密定位与微操作平台及更灵活的机器人执行部件。虽然在三维电磁场精确建模、多自由度动态解耦控制，以及空间热管理等方面面临更高挑战，但其成功突破将开启多维精密驱动技术的崭新篇章，带来巨大的技术创新机遇与新兴市场潜力。

9.6 总结与展望

无铁芯永磁同步平面电机技术正沿着以“更精密、更智能、更高效、更柔性、更经济”为核心目标的轨迹，向更高阶形态持续演进。这一过程的显著特征是多学科知识的高度交叉与深度融合创新[38]，涉及材料、制造、信息、AI、控制、精密测量、热管理及系统工程等。

可以预见，未来的平面电机将从高精度“执行器”进化为高度集成化、网络化、具备边缘智能乃至云端协同能力的精密运动子系统。它们将凭借更卓越的综合性能、更灵活的系统配置、更优的效费比及更强的环境适应性，深度赋能新一轮科技革命与高端产业升级，在尖端科学探索、智能制造核心竞争力塑造、人类健康福祉提升等领域扮演愈发关键的角色。这条演进之路充满挑战，但也昭示着无尽的技术创新机遇与广阔的产业应用前景。

参考文献

[1] Oomen T. Advanced motion control for precision mechatronics: control, identification, and learning of complex systems[J]. IEEE Journal of Industry Applications, 2018, 7(2): 127-140.

[2] Butler H. Position control in lithographic equipment: An enabler for current-day chip manufacturing[J]. IEEE Control Systems Magazine, 2011, 31(5): 28-47.

[3] Karniadakis G E, Kevrekidis I G, Lu L, et al. Physics-informed machine learning[J]. Nature Reviews Physics, 2021, 3(6): 422-440.

[4] Qiu W, Zhao X, Tyrrell A, et al. Application of artificial intelligence-based technique in electric motors: a review[J]. IEEE Transactions on Power Electronics, 2024, 39(10): 13543-13568.

[5] Vlachou V I, Sakkas G K, Xintaropoulos F P, et al. Overview on permanent magnet motor trends and developments[J]. Energies, 2024, 17(2): 538.

[6] Staton D A, Boglietti A, Cavagnino A. Solving the more difficult aspects of electric motor thermal analysis in small and medium size industrial induction motors[J]. IEEE Transactions on Energy Conversion, 2005, 20(3): 620-628.

[7] Tao F, Zhang M, Liu A, et al. Digital twin in industry: state-of-the-art[J]. IEEE Transactions on Industrial Informatics, 2019, 15(4): 2405-2415.

[8] Leng J, Wang D, Shen W, et al. Digital twins-based smart manufacturing system design in Industry 4.0: a review[J]. Journal of Manufacturing Systems, 2021, 60: 119-137.

[9] Sigmund O, Maute K. Topology optimization approaches: a comparative review[J]. Structural and Multidisciplinary Optimization, 2013, 48(6): 1031-1055.

[10] Shylla D, Shah P, Jain A, et al. Model in loop (MiL), software in loop (SiL) and hardware in loop (HiL) testing in MBD[C]// Proceedings of the 2023 4th IEEE Global Conference for Advancement in Technology (GCAT). IEEE, 2023: 1-6.

[11] Benner P, Gugercin S, Willcox K. A survey of projection-based model reduction methods for parametric dynamical systems[J]. SIAM Review, 2015, 57(4): 483-531.

[12] Zhu Z Q, Liang D, Liu K. Online parameter estimation for permanent magnet synchronous machines: an overview[J]. IEEE Access, 2021, 9: 68616-68636.

[13] Isermann R, Münchhof M. Identification of Dynamic Systems: an Introduction with Applications[M]. Berlin:Springer Science & Business Media, 2011.

[14] Buettner M A, Monzen N, Hackl C M. Artificial neural network based optimal feedforward torque control of interior permanent magnet synchronous machines: a feasibility study and comparison with the state-of-the-art[J]. Energies, 2022, 15(5): 1838.

[15] Preumont A. Vibration Control of Active Structures: an Introduction[M]. Berlin:Springer Science & Business Media, 2011.

[16] Yu S, Haspolat C, Yalcin Y, et al. Motor-temperature-aware optimal energy management for dual-motor electric buses[C]// Proceedings of the 2024 IEEE Vehicle Power and Propulsion Conference (VPPC), Washington, 2024.

[17] Kober J, Bagnell J A, Peters J. Reinforcement learning in robotics: a survey[J]. The International

Journal of Robotics Research, 2013, 32(11): 1238-1274.

[18] Khaleghi B, Khamis A, Karray F O, et al. Multisensor data fusion: a review of the state-of-the-art[J]. Information Fusion, 2013, 14(1): 28-44.

[19] Shi W, Cao J Y, Zhang Q, et al. Edge computing: vision and challenges[J]. IEEE Internet of Things Journal, 2016, 3(5): 637-646.

[20] Hu C, Ou T, Chang H, et al. Deep GRU neural network prediction and feedforward compensation for precision multiaxis motion control systems[J]. IEEE/ASME Transactions on Mechatronics, 2020, 25(3): 1377-1387.

[21] Gronauer S, Diepold K. Multi-agent deep reinforcement learning: a survey[J]. Artificial Intelligence Review, 2022, 55(2): 799-844.

[22] Dorri A, Kanhere S S, Jurdak R. Multi-agent systems: a survey[J]. IEEE Access, 2018, 6: 28573-28593.

[23] Martins J R R A, Lambe A B. Multidisciplinary design optimization: a survey of architectures[J]. AIAA Journal, 2013, 51(9): 2049-2075.

[24] Beyer H G, Sendhoff B. Robust optimization: a comprehensive survey[J]. Computer Methods in Applied Mechanics and Engineering, 2007, 196(33-34): 3190-3218.

[25] Liang G, Wu D, Tu Y, et al. Decoding modular reconfigurable robots: a survey on mechanisms and design[J]. arXiv preprint, arXiv:2310.09743.

[26] Gutfleisch O, Willard M A, Brück E, et al. Magnetic materials and devices for the 21st century: stronger, lighter, and more energy efficient[J]. Advanced Materials, 2011, 23(7): 821-842.

[27] Krenkel W. Ceramic Matrix Composites: Fiber Reinforced Ceramics and Their Applications[M]. Weinheim: John Wiley & Sons, 2008.

[28] Ngo T D, Kashani A, Imbalzano G, et al. Additive manufacturing (3D printing): a review of materials, methods, applications and challenges[J]. Composites Part B: Engineering, 2018, 143: 172-196.

[29] Liu S, Xu D, Zhang D, et al. High precision automatic assembly based on microscopic vision and force information[J]. IEEE Transactions on Automation Science and Engineering, 2016, 13(1): 382-393.

[30] Kandlikar S G, Grande W J. Evolution of microchannel flow passages: thermohydraulic performance and fabrication technology[J]. Heat Transfer Engineering, 2003, 24(1): 3-17.

[31] Bartolini A, Cacciari M, Tilli A, et al. Thermal and energy management of high-performance multicores: distributed and self-calibrating model-predictive controller[J]. IEEE Transactions on Parallel and Distributed Systems, 2013, 24(1): 170-181.

[32] Huang S D, Cao G Z, Xu J, et al. Predictive position control of long-stroke planar motors for high-precision positioning applications[J]. IEEE Transactions on Industrial Electronics, 2021, 68(1): 796-806.

[33] Wang R, Zhang L, Yang K. Overview of the development of planar motor technology[J]. Energies, 2024, 17(15): 3955.

[34] Fleming A J. A review of nanometer resolution position sensors: operation and performance[J]. Sensors and Actuators A: Physical, 2013, 190: 106-126.

[35] Murphy S V, Atala A. 3D bioprinting of tissues and organs[J]. Nature Biotechnology, 2014, 32(8): 773-785.

[36] Whitesides G M. The origins and the future of microfluidics[J]. Nature, 2006, 442(7101): 368-373.

[37] Rossini L, Chételat O, Onillon E, et al. Force and torque analytical models of a reaction sphere actuator based on spherical harmonic rotation and decomposition[J]. IEEE/ASME Transactions on Mechatronics, 2013, 18(3): 1006-1014.

[38] Tomizuka M. Mechatronics: from the 20th to 21st century[J]. IEEE/ASME Transactions on Mechatronics, 2000, 5(4): 332-333.